油气管道安全检测与评价

YOUQI GUANDAO ANQUAN JIANCE YU PINGJIA

主　编◎喻建胜　彭星煜

副主编◎何　莎　蒋宏业

石油工業出版社

内容提要

本书系统介绍了应用于油气管道的各类检测方法以及实施工艺，内容主要包括油气管道外环境腐蚀性检测、油气管道腐蚀防护系统检测、油气管道腐蚀缺陷检测、油气管道穿跨越设施检测、城市燃气 PE 管道检测、油气管道腐蚀完整性评价等。

本书可供从事油气管道安全检测的技术人员、科研人员和管理人员使用，也可供石油高等院校相关专业师生参考阅读。

图书在版编目（CIP）数据

油气管道安全检测与评价 / 喻建胜，彭星煜主编
.—北京：石油工业出版社，2019.12

ISBN 978-7-5183-3939-6

Ⅰ．①油… Ⅱ．①喻… ②彭… Ⅲ．①石油管道－安全管理 Ⅳ．① TE973

中国版本图书馆 CIP 数据核字（2020）第 052347 号

出版发行：石油工业出版社
（北京安定门外安华里 2 区 1 号 100011）
网　址：www.petropub.com
编辑部：（010）64523687　图书营销中心：（010）64523633
经　销：全国新华书店
印　刷：北京中石油彩色印刷有限责任公司

2019 年 12 月第 1 版　2019 年 12 月第 1 次印刷
787×1092 毫米　开本：1/16　印张：16.25
字数：330 千字

定价：80.00 元
（如出现印装质量问题，我社图书营销中心负责调换）

前言

PREFACE

随着我国西气东输一线、二线、三线、四线的建设，五线的规划，以及“新疆大庆”战略的实施和“一带一路”倡议的提出，我国已经基本形成连通海外、覆盖全国、横跨东西、纵贯南北、区域管网紧密跟进的油气管网布局，无论是集输或长输管道的长度都成几何数量级增长。与此同时，管线沿途各省市、城镇之间的能源结构得到进一步的调整，城市燃气管道的建设规模日益增大，截至目前，我国的城市燃气管道已四通八达，城市燃气管网已经成为现代城市重要的基础设施。当今，确保管道安全运行的重要性已日益显现出来。国家从法律层面相继出台了《中华人民共和国石油天然气管道保护法》《中华人民共和国特种设备安全法》，以及从上至下的条例、规章、技术法律、技术标准，形成了关于保障油气管道安全的法律法规体系，要求依法依规开展管道检验工作；自青岛黄岛输油管泄漏爆炸事故发生后，国家对全国油气管道启动了全面的隐患整治，国家质量监督检验检疫总局、国务院国有资产监督管理委员会、国家能源局发布了《关于规范和推进油气输送管道法定检验工作的通知》等，要求全面加强管道安全运行保障。

油气管道安全检测与评价，即结合油气管道失效机理，应用各类检测技术和评价方法，采用适用的检测设备和评价软件，对油气管道定期开展质量检测和安全评价，及时发现隐患并采取措施降低风险，保障油气管道安全运行。

本书以国家颁布的最新标准及规范为准绳，以保证管道安全运行为出发点，着重于基本原理及工程应用，系统介绍了应用于油气管道的各类检测方法以及实施工艺，内容涉及外环境腐蚀性、腐蚀防护系统、管体腐蚀缺陷检测技术和穿跨越设施、城市燃气 PE 管道的专项检测技术，以及油气管道适用性评价、腐蚀防护综合评价、ICDA 和 ECDA 评价方法等多方面内容，力求系统反映油气管道安全检测与评价技术的发展，并为油气管道检测维护方提供技术支撑。

本书由中国石油川庆钻探安全环保质量监督检测研究院和西南石油大学石油与天然气工程学院联合编写。由喻建胜、彭星煜担任主编，何莎、蒋宏业担任副主编。具体编写分工如下：喻建胜编写第四章第二节、第三节，第五章第二节、第三节、第五节、第六节、第七节；彭星煜编写第六章、第三章第二节；何莎编写第二章及第三章第三节；蒋宏业编写第一章第一节、第二节、第三节；骆吉庆编写第五章第一节、第四节；王小梅编写第四章第一节；赵琪月编写第三章第一节；王仕强编写第一章第四节。宋小娟、李超等参与了资料整理和绘图等工作，全书由喻建胜统稿。

由于编者水平有限，书中难免有疏漏或错误之处，望读者批评与指正。

目录

CONTENTS

第一章　油气管道外环境腐蚀性检测

随着我国油气管道建设的快速发展，在役油气管道里程将迅速增加。同时，我国许多现役埋地管线已进入老龄期，由于管道本身的老化、腐蚀，严重影响了管道的正常运行，油气输送管道失效事故一旦发生，不但给生产企业带来巨大经济损失，还会对社会和自然环境造成严重影响。管道防腐保护系统的定期检测与评价，及时准确地掌握油气输送管道的腐蚀状态，对确保油气管道的安全运行日显重要。油气管道的外环境腐蚀主要包括大气腐蚀、自然水腐蚀、土壤腐蚀以及杂散电流腐蚀，本章节主要是真对这四种环境腐蚀进行展开。

第一节　大 气 腐 蚀

大气腐蚀是指由大气中的水、氧、酸性污染物等物质的作用而引起的腐蚀。材料在大气环境下发生的腐蚀是非常普遍的现象。工程上、生产生活中用得最多的是金属材料，而大气腐蚀所造成的金属损失约占金属总腐蚀量的 50% 以上。大气腐蚀受材料所处环境因素变化的影响。我国幅员辽阔，不同地区大气差异极大，所以其腐蚀破坏程度差别也很大。在空气中含有硫氧化物、硫化氢、氯化物、煤烟、工业粉尘的工业区，如石油加工生产区，大气腐蚀更加严重。据估计，工业区比沙漠区的大气腐蚀严重 50～100 倍。现实的情况是，随着矿物能源的过度使用和空气污染的加重，材料的大气腐蚀日趋严重。

一、大气腐蚀的分类

金属表面的潮湿程度通常是决定大气腐蚀速率的主要因素。按照金属表面的潮湿程度，也就是按照金属表面电解质液膜的存在和状态的不同，可以把大气腐蚀分成下列三种类型：

（1）干型大气腐蚀：指大气很干燥、金属表面不存在水膜或金属表面的吸附水膜厚度不超过 10nm 时的腐蚀。干型大气腐蚀的特点是金属表面没有形成连续的电解液膜，腐蚀速率很低，化学氧化的作用较大。往往金属在表面形成不可见的保护性氧化膜，使某些金属在室温下失去光泽。这些基本上属于化学腐蚀过程，一般只影响表面美观和表面的导电性，而不会使金属发生明显的腐蚀破坏。

（2）潮型大气腐蚀：指大气相对湿度足够高，金属表面形成肉眼看不见的薄液膜层时产生的腐蚀。此时，水膜厚度可达 10nm～1μm，形成了连续的电解液薄膜，并开始了电化学腐蚀，腐蚀速率急剧增大。钢铁在未受雨淋和冰雪覆盖时也会生锈就是一例。

（3）湿型大气腐蚀：指大气相对湿度在 100% 以下，金属表面由于雾、雨等形式的水分直接溅落而形成肉眼可见的水膜时发生的腐蚀。湿型大气腐蚀的特点是水膜较厚，约为 1μm～1mm。随着水膜加厚，氧扩散困难，腐蚀速率下降。大气腐蚀与金属表面上水膜层厚度之间的关系如图 1–1 所示，当水膜厚度大于 1mm，就相当于金属全浸在电解质溶液中的腐蚀，腐蚀速率基本不变。

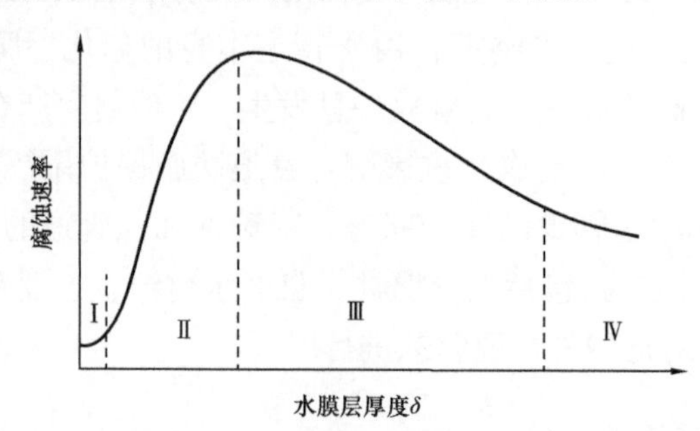

图 1–1　大气腐蚀速率与金属表面上水膜层厚度之间的关系

Ⅰ—水膜层厚度 δ=1～10nm 的区域；Ⅱ—水膜层厚度 δ=10nm～1μm 的区域；
Ⅲ—水膜层厚度 δ=1μm～1mm 的区域；Ⅳ—水膜层厚度 δ>1mm

二、大气腐蚀机理

金属的表面在潮湿的大气中会吸附一层很薄的湿气层，即水膜，当这层水膜达到 20～30 分子层厚度时，就变成电化学腐蚀所必需的电解液膜。所以在潮和湿的大气条件下，金属的大气腐蚀过程具有电化学腐蚀的本质，即大气腐蚀是金属处于表面薄层电解液下的腐蚀过程。因此，大气腐蚀主要是电化学腐蚀，遵从电化学腐蚀的一般规律；同时，由于电解液膜比较薄，而且常常干湿交替，所以大气腐蚀的电极过程又有自身的特点。

1. 大气腐蚀的电化学过程

1）阴极过程

当金属发生大气腐蚀时，由于表面液膜膜层很薄，氧容易到达阴极表面，阴极过程以氧的去极化为主。

在中性或碱性介质中，阴极过程的反应为：

$$O_2+2H_2O+4e \longrightarrow 4OH^-$$

在酸性介质中，阴极过程的反应为：

$$O_2+4H^++4e \longrightarrow 2H_2O$$

2）阳极过程

腐蚀的阳极过程就是金属作为阳极发生溶解的过程。在大气腐蚀的条件下，反应为：

$$M+xH_2O \longrightarrow M^{n+} \cdot xH_2O+ne^-$$

一般来讲，当大气腐蚀时，随着被腐蚀金属表面水膜的减薄，阳极去极化的作用也会随之减小。其原因可能有两个方面：一是当电极存在很薄的水膜时，阳离子的水化作用发生困难，使阳极过程受到阻滞；二是在非常薄的水膜下，氧易于到达阳极表面，促使阳极的钝化作用。后者是更重要的原因，因而使阳极过程受到强烈的阻滞。

所以可以得出腐蚀的一般规律：随着浸水表面电解液膜变薄，大气腐蚀的阴极过程更容易进行，而阳极过程变得越来越困难。对于潮大气腐蚀，腐蚀过程主要是受阳极过程控制。对于湿大气腐蚀，腐蚀过程是受阴极过程控制。但与全浸于电解液的腐蚀相比，已经大为减弱。可见随着水膜厚度的变化，电极过程控制特征发生了明显的变化。了解这一点对采取适当的腐蚀控制措施有着重要的意义。如在湿度不大的阳极控制的腐蚀过程中，用合金化的办法提高阳极钝性是有效的，而对受阴极控制的过程则效果不大，此时应采用降低湿度、减少空气中有害成分的措施减轻腐蚀。

2. 锈层形成后的腐蚀机理

由于大气腐蚀的条件不同，锈层的成分和结构往往是很复杂的。一般认为，锈层对于锈层下基体铁的离子化将起到强氧化剂的作用。伊文思认为大气腐蚀的锈层处在潮湿条件下，锈层起强氧化剂的作用。在锈层内阳极反应发生在金属 Fe_3O_4 界面上：

$$Fe \longrightarrow Fe^{2+}+2e$$

阴极反应发生在 $Fe_3O_4/FeOOH$ 界面上：

$$6FeOOH+2e \longrightarrow 2Fe_3O_4+2H_2O+2OH^-$$

可见锈层参与了阴极过程。

当锈层干燥时，即外部气体相对湿度下降时，锈层和底部基体会使局部电池成为开路，在大气中氧的作用下锈层内的 Fe^{2+} 重新氧化成为 Fe^{3+}，即发生反应：

$$6FeOOH+2e \longrightarrow 2Fe_3O_4+2H_2O+2OH^-$$

因此，在干湿交替的情况下，带有锈层的钢腐蚀被加速。

一般来说，在大气中长期暴露的钢腐蚀速率逐渐减慢。原因有二：首先是锈层的增厚会导致电阻增大和氧的渗入困难，这些将使锈层的阴极去极化作用减弱；再者附着性良好的锈层内层将减小活性阳极面积，增大阳极极化。

三、大气腐蚀的影响因素

大气腐蚀的影响因素比较复杂，但主要受环境的湿度、温度及大气中污染物及腐蚀产物等的影响。

1. 大气相对湿度

按大气中含水量多少可区分为干大气、湿大气和饱和水大气。大气腐蚀性和其含水量关系极大。大气含水量常用相对湿度表示，即大气中的水蒸气的含量与相同温度下大气中饱和水蒸气量的比值的百分数。当相对湿度达到 100% 时，大气中的水蒸气会凝结成水滴，降落或凝聚在金属表面，形成肉眼可见的水膜。即使相对湿度小于 100%，由于毛细管凝聚作用、吸附凝聚作用，水蒸气也可以在金属表面形成肉眼看不见的水膜。金属表面凝结水膜并非纯净水，多数是含空气和盐类的电解液，有较强腐蚀性。

对于多数金属都存在一个临界湿度，在临界湿度以上，腐蚀速率迅速增大。临界湿度与金属和腐蚀产物的性质有关。例如铜的腐蚀产物，其临界湿度接近 100%；而铁的临界湿度约为 65%。临界相对湿度实际代表金属表面能够形成连续水膜时的最低相对湿度。临界相对湿度是金属大气腐蚀重要参数，由金属种类、表面状态及大气环境决定。同样材料在海洋大气中，由于金属表面沉积海盐粒子，临界相对湿度可能不再存在。大气腐蚀随大气含水量增加不断增大，接近饱和时，这种增大越来越慢，变成稳定。

2. 温度和温度差

一方面，如果同等条件比较，平均气温越高，金属腐蚀速率就越快；另一方面，若温度的升高足以使水膜干燥，则可以降低大气腐蚀速率。

温度变化即温差的存在对大气腐蚀的影响更大些，因为温差的存在会促使水蒸气在金属表面上凝聚形成水膜，造成大气腐蚀的条件。例如，用汽油清洗零件后，由于汽油的挥发吸热使构件温度降低等。在这些情况下，都可能使水蒸气在金属表面凝露形成水膜，使腐蚀加速。因此，为了防止大气腐蚀，在保管金属材料的仓库中，一般都要求在一定的温度范围内保持恒温。

3. 日照时间和气温

如果温度较高并且阳光直接照射到金属表面上，由于水膜蒸发速度较快，水膜的厚度迅速减薄，停留时间大为减少。如果新的水膜不能及时形成，则金属腐蚀速率就会下降。如果气温高、湿度大而又能使水膜在金属表面上的停留时间较长，则会使腐蚀速率加快。如我国长江流域的一些城市在梅雨季节就是如此。

4. 其他因素

此外，大气成分、大气中的 SO_2 和 HCl 等有害气体，以及酸、碱、盐、海盐粒子等固体颗粒等因素都会对管道造成严重的腐蚀。

四、大气腐蚀的主要检测方法——挂片法

挂片法一般选用易于称重和测量的矩形平板试样，并且形状简单便于固定在试验架上，适宜的尺寸为 150mm × 100mm。试样厚度应足以确保试样能经受预期的试验周期的腐蚀减薄，还应考虑某些材料的力学效应和晶间腐蚀的可能性，最适宜的厚度为 1～3mm。

带有金属覆盖层的试样表面积应尽可能大，任何情况下都不应小于 $50cm^2$（$5cm \times 10cm$）。如果涂镀件的面积小于 $50cm^2$，可将同类试样组合而达到所要求的最小表面积。但获得的结果不宜与按规定最小面积专门制备的试样进行比较。

此外，如有必要，也可对焊接件和螺栓、管材、棒材，甚至组件进行试验。

（1）试样制备。

挂片的制备通常是从大的金属料上切取，并去除毛刺。去除毛刺时，除非规定评价加工硬化的效果，否则应通过机械加工消除。当试验结果要与使用性能比较时，暴露的试样表面状况应与使用状况下的一致或相似。表面处理涉及脱脂除油和去除氧化皮，脱脂除油可用有机溶剂或碱液，去除轧制氧化皮、热处理氧化皮或锈可采用机械或化学方法。对于金属覆盖层和无机覆盖层，必须避免清洗方法侵蚀试样表面。

暴露前的试样清洗完后，应尽量减少搬动。在最后搬动操作中要戴清洁的手套。

在每个暴露时间间隔，用于预期评价的各种类型的试样数量不少于 3 个。

（2）试样标记。

试样可打上合适的数字进行标记，对于金属，一般可用缺口或打孔进行标记。对于金属覆盖层，首选方法是在涂镀保护层前进行定位缺口编码标识。标识影响的区域应最小化，并建议制定详实的试样类型、暴露数据和暴露架上位置的示意图。

（3）大气腐蚀试验场。

大气腐蚀试验场位置需根据环境因素和检查的便利性来选择，通常可划分为代表区域气候条件（例如工业、乡村、城市和海洋性气候）的永久试验场和仅在预定的时间内进行特殊腐蚀试验的临时试验场，一般有两种情况：

① 敞开暴露，即直接暴露在整个大气条件和大气污染物环境中；

② 遮蔽暴露，即在遮蔽下或局部封闭的空间内，避免大气沉降物和阳光照射，例如百叶箱等。

大气腐蚀试验一般选择的试验场应保证试验场地能暴露在气候环境的全部影响下，试验场附近存在的房屋、建筑物、树和某些地理形貌，如河流、湖泊、山或洞穴，可能对风、污染源或阳光产生不希望的遮蔽或暴露；生长缓慢的灌木和植物的存在也影响试验场温度和湿度的分布，因此宜去除或控制其高度不超过 0.2m。

① 试验场的安全措施。

大气腐蚀试验场应能提供足够的安全保障，防止偷盗、损坏或其他形式的干扰。同时应当注意安全墙不能影响试验，例如，不能使一些试样比其他试样受到更多的遮蔽或被积雪掩埋。

② 暴露架。

试样架用于安全地固定试样，不会使试样遭受明显损坏或影响试样的腐蚀，试样架的设计应保证全部或部分暴露在大气环境中。设计的暴露架应使试样的上表面和下表面暴露的面积尽可能的大，目的在于根据试验要求能评价朝天和朝地暴露面的差别。另外，暴露架的结构组件不应遮蔽试样。

在暴露架上固定试样的方法应能防止试样间相互接触、遮蔽或彼此影响，也能使试样与试样架间完全电绝缘。可使用带有固定孔洞的开槽的陶瓷绝缘体或惰性的、耐久的塑料材料制成的类似装置，也可使用带有电绝缘套筒或垫圈的螺栓或螺钉。试样与其固定装置的接触面积应尽可能小。

③ 遮蔽暴露的遮蔽物。

当在伞状遮蔽物下进行暴露试验，试样也应放在试样架上。通常的遮覆材料可用于建造伞状屋顶。屋顶应倾斜以便能排水，并能防止屋顶的雨水滴落和地面上水的飞溅影响试样。屋顶也能提供一定的遮蔽程度，防止阳光对试样的照射。屋顶距地面的最大高度和超出试样架边缘的范围不大于3m。

④ 封闭暴露试验箱（百叶箱）。

百叶箱的设计与标准的气象试验箱相同，能防止沉降、阳光照射和风，但应保持与外面有空气流动。箱壁和门的外表面应涂成白色。箱距离地面至少0.5m。

百叶箱的内部尺寸应适合一定数量的试样放置在箱内的架子上。试样架的设计和试样的定位应能保证试样间的空气自由流通。

百叶箱应放置在试验场的空旷区域中。如果在同一个试验场放置一个以上的百叶箱，箱之间的距离应能保证不影响彼此箱内的气候条件。建议箱之间最小距离应是箱高度的两倍。

（4）试样放置要求。

试样放置通常要遵循以下原则：各个试样不与试验条件下影响其腐蚀的任何材料接触；腐蚀产物和含有腐蚀产物的雨水不能从一个试样表面滴落到另一个试样上；便于观察试样表面；便于取样；防止试样脱落（例如风的作用）、意外污染或损伤；所有试样暴露在同样条件下，各个方向的空气能均匀流通；对于敞开暴露，一般在北半球试样面朝南，但应考虑腐蚀源的方向，除非有其他规定或协议，试样最好与地平面成45°（也可以30°）；除非有其他规定或协议，遮蔽暴露的试样最好与地平面成0°、30°、45°、60°或90°；试样可随意放置在试样架整个有效范围内进行暴露。

（5）试验持续时间。

暴露的总时间和季节取决于试样的类型和试验目的。由于大气腐蚀过程相对缓慢，根据试验金属或覆盖层的耐蚀性，建议暴露试验计划可安排为1年、2年、10年或20年。在某些情况下，整个暴露时间可少于2年。应当注意，特别是短期暴露的结果取决于暴露开始的季节，因此建议在腐蚀性最高的时期（通常为秋季或春季）开始暴露。

（6）定期观测检查。

应定期观察试样，看是否需要移动，对任何明显的外观变化或不寻常特征的出现应说明或拍照。应观察试样正反两面，以发现腐蚀作用的任何差别。

记录应包括：任何腐蚀产物的颜色、结构和均匀性，它们的附着性，以及随暴露时间的延长与表面的剥离倾向。

定期检查也能较早地对改进金属或合金的冶金或化学特性提供意见，从而安排材料开发计划，应核对试样，以证实标记仍是清晰的。定期观察也有益于试验场的安全、仪器运行和设施的维护。

（7）试样数据记录。

对于每一系列的试样，需要记录评价腐蚀效果的数据，这些记录应包括：

① 无覆盖层试样。

化学成分，质量，形状和尺寸，表面加工情况，热处理，基本物理性能（力学、电或物理化学）和表面粗糙度，试验前试样表面初始状态（对于金属，在大气条件下长期暴露可能改变它们的结构）；

试样的制备方法；

金属表面处理方法，符合相关标准或牌号的金属规范，评价各性能所用试验方法规范，制造试样的中间产品规范。

② 有覆盖层试样。

基体金属说明；涂镀前表面处理方法；涂镀工艺和涂镀材料的说明；覆盖层厚度；覆盖层基本性能（即孔隙率、硬度、延展性等），包括评价性能的试验方法。

③ 部件或零件。

性能的基本技术数据（即厚度、孔隙率、硬度、延展性等），评定性能的试验方法及试验前性能的初始值。

试验前应目视检查试样状态，必要时拍照记录。小心保存记录结果。

（8）结果评价。

通过目测、金相检查、失重、材料力学性能或行为特征（如反射率）的变化进行结果评价，并使用彩色照相记录试样的外观。

（9）完成试验报告。

试验报告应包含以下内容：

① 试样的数据，包括试样暴露的倾斜角度和朝向；

② 试验场的描述；

③ 参比试样和试验试样的数量；

④ 暴露、取出和评价的日期；

⑤ 试样初始性能及制备；

⑥ 每次评价中表面外观变化的定性描述，如可能，附上试验前、试验期间和试验后的照片；

⑦ 定性评价腐蚀结果，失重、金相观察、物理性能变化、坑的深度、密度和分布或其他评价方法。

此外，试验报告也可包括主要结果的概要和讨论可能影响试验结果的任何问题。

（10）对比试样和参比试样。

在试验项目中，为了满足对比和参照的要求，需要额外试样。对比试样与暴露试样相同，储存在无腐蚀的条件下，用来确定暴露试样试验后物理和机械性能的变化。

①参比试样。

当试验新的或改进的材料时，用原有（已知）的材料作为参比试样进行比较，参比试样和暴露试样一起进行暴露试验。

②存储。

暴露试验前试样和对比试样的存储应避免机械损伤和与其他试样接触。存储室可控制温度，且相对湿度不大于65%。特别敏感的试样可储存在干燥器或有干燥剂的塑料袋中（见GB/T 11377—2005《金属和其他无机覆盖层储存条件下腐蚀试验的一般规则》）。

第二节　自然水腐蚀

一、淡水腐蚀

1. 淡水的特性

淡水的种类有很多，通常分为地下水和地表水。地下水中分布最广的是K^+、Na^+、Mg^{2+}、Ca^{2+}、Cl^-、SO_4^{2-}和HCO_3^-7种离子。地下水不同于地表水的是它含有极小量的溶解氧，而CO_2则溶解较多；有一些地下水还含有H_2S、CH_4和氡。地表水中又有湖水、河水。

淡水是一种天然的电解质，其主要的阳离子为Ca^{2+}、Mg^{2+}、Na^+、K^+，主要的阴离子为HCO_3^-、CO_3^{2-}、SO_4^{2-}、Cl^-。

淡水与金属腐蚀有关的物理化学性质主要有pH值、溶解氧、溶液成分、水温、流速等。

2. 淡水腐蚀机理

淡水腐蚀主要是电化学腐蚀过程，溶液中金属离子浓度低，阳极过程容易进行，通常受阴极过程所控制。

阳极过程：$Fe \longrightarrow Fe^{2+}+2e$

阴极过程：$\frac{1}{2}O_2+H_2O+2e \longrightarrow 2(OH)^-$，$2H^++2e \longrightarrow H_2$

溶液中反应：$Fe^{2+}+2(OH)^- \longrightarrow Fe(OH)_2$

$Fe(OH)_2+O_2 \longrightarrow Fe_2O_2 \cdot H_2O$ 或 $2FeOOH$

3. 影响淡水腐蚀的环境因素

1）pH值

在pH值为4～9的范围内，腐蚀速率与淡水的pH值无关（钢表面有一层氢氧化物保护膜）。pH值小于4时，膜被溶解，发生放氢，腐蚀加剧。软钢腐蚀速率与溶液 pH 值的关系如图 1–2 所示。

2）溶解氧含量

淡水的腐蚀受阴极过程控制，除酸性较强的水以外，其腐蚀速率与溶解氧含量及氧的消耗成正比。腐蚀速率与氧气浓度的关系如图 1–3 所示。

金属耗氧腐蚀达到最大对应的氧浓度为 10mL/L，金属形成钝态，腐蚀速率急剧下降。

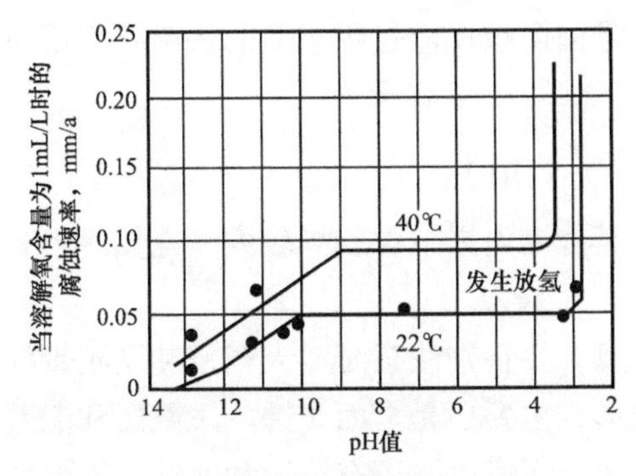

图 1–2　软钢腐蚀速率与溶液的 pH 值的关系

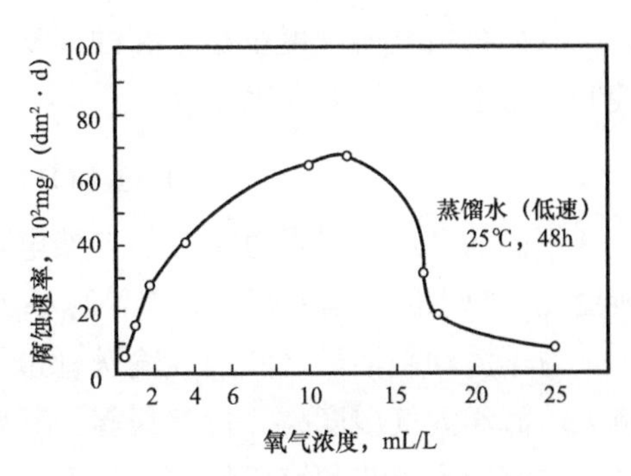

图 1–3　腐蚀速率与氧气浓度的关系

3）溶液成分

水中含盐量增加（到一定程度），腐蚀加快。当含盐量达到一定值的时候腐蚀速率反而降低，这是因为随着水中盐浓度的增加，溶解氧含量降低所致。

一般阳离子对腐蚀影响不大，部分阳离子有缓蚀作用。阴离子一般都有害，但有部分例外（PO_4^{3-}、NO_2^-）。

4）水温

一般来说，水温变化对腐蚀也有影响，随着温度上升腐蚀速率增加。

5）流速

金属在水中的腐蚀与流速的影响和其他因素的联系很复杂。基本上遵循以下规律：初始，流速增加，腐蚀速率增加→流速增大到一定值，腐蚀速率降低→流速继续增大，腐蚀速率降低。

二、海水腐蚀

1. 海水的特性

海洋占地球表面积的 71%，约为 361×10^6km^2，平均水深为 3795m，pH 值为 8.1 ± 0.2。海水的成分较复杂，而且随水的深度而变，含盐量在 3.0%～3.5% 之间，溶解氧含量为 3～8mg/L，并随水的深度而变化。海水中溶有卤化钠为主的大量盐类，还含有溶解氧、二氧化碳、海生物和腐败的有机物。海水具有高的含盐量、导电性、腐蚀性和生物活性，其电导率远高于淡水。

海水与金属腐蚀有关的物理化学性质主要有盐类及其浓度、电导率、氧含量、pH 值、温度、流速、海洋生物等。

2. 海水的腐蚀机理及特点

由于海水接近中性，并含有大量的氯离子，故海水对于钢铁等大多数金属的腐蚀，其阳极极化的程度很小，腐蚀速率主要是由阴极反应过程中氧的去极化作用所控制。海水中的氧去极化反应：

$$O_2+2H_2O+4e \longrightarrow 4(OH)^-$$

不同的金属材料在海水中的自然电位与其标准电极电位差异较大，电偶序也有所变化。海水的电阻率很小，腐蚀速率大。

对于海洋采油平台和油气输送管道的防腐，要特别注意海洋大气带和飞溅带的特点。海洋大气湿度高并含有盐雾，其腐蚀形式主要还是全面腐蚀。飞溅区和潮差区，构筑物受浪花和海潮的冲击，不仅会发生全面腐蚀，还有坑蚀和冲蚀，需要采取特殊的防腐保护层。

不同水深处，腐蚀速率不同。将若干块互不连通的碳钢小试件放在不同水深处所测得的腐蚀速率与位置的关系如图 1–4 所示，可见飞溅区与潮差区腐蚀最重；在全浸区，腐蚀速率随水深的增加而减小，因为在不同深度处，海水的含氧量不同。

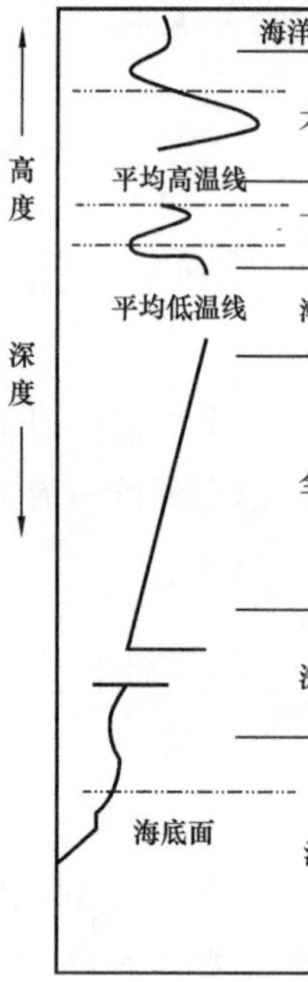

海洋区域	环境条件	腐蚀特点
大气层	风带来细小的海盐颗粒； 影响腐蚀因素：高度、风速、雨量、温度辐射等	海盐粒子使腐蚀加快，但随距离而不同
飞溅区	潮湿，充分充气的表面，无海洋生物沾污	海水飞溅，干湿交替，日照，腐蚀最激烈
潮汐区	周期沉浸，供氧充足	钢和水线以下区组成氧浓差电池，本区受保护
全浸区	在浅水区海水通常为氧饱和； 影响腐蚀因素：流速、水温、污染、海洋生物、细菌等； 在大陆架，生物沾污大大减少，氧含量有所降低，温度也比较低	腐蚀随浓度变化，浅水区腐蚀较重； 阴极区往往形成石灰层水垢，生物因素影响大； 随浓度增加，腐蚀减轻，但不易生成水垢保护层
深海区	深海区，氧含量不一，一定浓度后比表层高，温度接近0℃，水流速低，pH值比表层低	钢的腐蚀通常较轻
海泥区	常有细菌（为硫酸盐还原菌）	泥浆通常有腐蚀性，有可能形成泥浆海水腐蚀电池，有微生物腐蚀作用的产物生成硫化物

图 1–4　不同海洋区域的腐蚀比较

3. 影响海水腐蚀的环境因素

1）盐类及其浓度

海水中盐的种类很多，其中以氯化物的含量最多，约占总盐量的85%以上。其所含盐量常以盐度表示，系指1000g海水中溶解的固体盐类的克数。在表层海水中，总盐度一般在32‰～37.5‰的范围内。含盐量的多少会直接影响海水的电导值。

2）电导率

海水电导率约为4×10^{-2}S/cm，远远超过河水的电导率（2×10^{-2}S/cm）和雨水的电导率（1×10^{-2}S/cm）。所以海水中的金属腐蚀，不仅有微电池作用，也存在宏电池作用。

3）氧含量

金属在海水中的腐蚀过程是受阴极反应中氧的去极化作用控制的，因此海水中溶解的氧量是影响腐蚀性的一个重要因素，腐蚀速率随氧含量的增高而加快。

海水中的氧含量随深度的增加而降低，根据挪威西部海面的实测，表面海水中的氧含量为6.2～6.6mol/L。

4）pH值

通常海水的pH值一般为8.1～8.3，对腐蚀影响不大。

5）温度

温度越高，金属在海水中的腐蚀速率越快。海水温度是随纬度、季节和深度不同而变化的。水温高处，往往盐度也高。

6）流速

海水的运动有助于将空气中的氧扩散到金属表面，因此随着海水运动速度的加大，腐蚀速率将加快。此外，挟带着泥砂的海水对金属构筑物表面的高速冲刷，还会产生“磨蚀”。

7）海洋生物

海洋生物附着时，附着层下面造成氧浓差电池腐蚀。生物生命活动，局部改变了海水介质成分。锈层或附着生物的遗体黏附在金属上，形成缺氧环境，促进了硫酸盐还原菌等厌氧微生物的腐蚀破坏作用。

三、海水及淡水单项指标评测技术

1. 盐类及其浓度

盐度是水中化学物质含量的度量单位，是水的特性参数。由于海水及淡水的盐度和氯度、密度、电导等物理性质有密切的关系，利用这关系，它们之间的数值可以相互换算，及盐度测定可以通过某一物理性质的测定获得。

（1）化学分析法。

莫尔—克纽森方法和法扬氏方法。

（2）物理化学分析方法。

电位滴定法：测氯度，较精确，用电位法指示滴定终点。

（3）物理方法。

① 折射率测定法：根据水的折射率随盐度增大而增大的性质，通过水的折射率与盐度的关系式计算盐度。由于该法的水溶液处理问题，以及测定时间较长，不适合海上调查的需要，所以这种方法已很少采用。

② 直接比重测定法：通过测定水的密度计算盐度，这种方法限于基础研究。

③ 电导法：水的导电性是水中溶解盐类正负离子在外加电场作用下定向运动的结果。水的电导是测定盐度最有效的实用参数，目前世界上已有多种型号的电导盐度计，在实验室和现场的盐度测定中普遍使用。

2. 电导率

电导率是以数字表示溶液传导电流的能力。纯水的电导率很小，当水中含有无机酸、碱、盐或有机带电胶体时，电导率就增加。电导率常用于间接推测水中带电荷物质的总浓度。水溶液的电导率取决于带电荷物质的性质和浓度、溶液的温度和黏度等。

由于电导率是电阻的倒数，因此，当两个电极（通常为铂电极或铂黑电极）插入溶液中，可以测出两电极间的电阻 R。根据欧姆定律，温度一定时，这个电阻值与电极的间距 L（cm）成正比，与电极截面积 A（cm^2）成反比，即：$R=\rho\cdot L/A$。

由于电极面积 A 与间距 L 都是固定不变的，故 L/A 是一个常数，称电导池常数（以 Q 表示）。比例常数 ρ 叫作电阻率，其倒数 $1/\rho$ 称为电导率，以 K 表示。

3. 溶解氧含量

水中的溶解氧含量会加剧金属的腐蚀，溶解氧含量的检测可采用碘量法来测定。其原理是由于水样中溶解氧与氯化锰和氢氧化钠反应，生成高价锰棕色沉淀。加酸溶解后，在碘离子存在下即释出与溶解氧含量相当的游离碘，然后用硫代硫酸钠标准溶液滴定游离碘，换算溶解氧含量。

水样中溶解氧浓度：

$$\rho_{O_2}=\frac{8cvf_1}{V_1}\times 1000 \tag{1-1}$$

$$f_1=V_2/(V_{2-2}) \tag{1-2}$$

式中 ρ_{O_2}——水样中溶解氧浓度，mg/L；

V——滴定样品时用去硫代硫酸钠溶液体积，mL；

c——硫代硫酸钠溶液的浓度，mol/L；

V_1——滴定用全部或部分固定水样的体积，mL；

V_2——固定水样总体积（水样瓶的容积），mL；

V_{2-2}——试剂体积，mL。

4. pH 值

水的 pH 值是测量水酸碱度的一种标志，海水一般呈弱碱性，pH 值一般在 7.4～8.4。海水 pH 值因季节和区域的不同而不同：夏季时，由于增温和强烈的光合作用，使上层海水中二氧化碳含量和氢离子浓度下降，于是 pH 值上升，即碱性增强，冬季时则相反，pH 值下降；淡水的 pH 值一般在 6～7。

测量海水的 pH 值一般可采用光度法来测定，其基本原理是向待测样品添加指示剂，测定解离平衡后指示剂不同形态的吸光值并结合其热力学参数来计算 pH 值。针对海水 pH 值的范围（一般为 7.4～8.4），海水光度法一般利用磺肽指示剂的二级解离平衡反应来测 pH 值（其一级解离平衡反应发生在 pH=2 的酸性条件下）。

测量淡水的 pH 值一般可采用玻璃电极法来测定，其原理是因为 pH 值由测量电池的电动势而得，该电池通常由饱和甘汞电极（参比电极）和玻璃电极（指示电极）所组成。在 25℃，溶液中每变化 1 个 pH 单位，电位差改变为 59.16mV，据此在仪器上直接以 pH 的读数表示。温度差异在仪器上有补偿装置。

5. 温度

水温一般用的是颠倒温度计来测量的，颠倒温度计用以测量表层以下水温。颠倒温度计表分为：测量海水温度的闭端颠倒温度计和测量海水深度及温度的开端颠倒温度计。由主温计和辅温计组装在厚壁玻璃套管内而成的温度计。专用于测量海洋或湖泊表层以下各水层的温度，准确度高达 ±0.02℃，只适用于定点不连续的测量。适用于测量水深在 40m 以上的各层水温。

6. 流速

海水流速一般可用超声波流速计来测定，其常用的测量方法为传播速度差法、多普勒法等。传播速度法又包括直接时差法、相差法和频差法。其基本原理都是通过测量超声波脉冲顺水流和逆水流时速度之差反映流体的流速。

而淡水的流速一般采用的是便携式流速仪，流速仪最主要的形式是旋杯式和旋桨式。在水流中，杯形或桨形转子的转数（N）、历时（T）与流速（V）之间存在 $V=KN/T+C$ 的关系。K 是水力螺距，C 是仪器常数，要在室内长水槽内检定。测验时，测定历时和转数，可得出流速。用流速仪测流，要选择顺直河段，垂直流向设置断面，并设置一个起点桩。常规做法是沿断面在若干测深垂线上测量各垂线的起点距和水深，取得断面资料，在部分或全部测深垂线上用流速仪测量流速。在每条垂线上，常用在 2/10、8/10 相对水深处测速的两点法，或在 6/10 相对水深处测速的一点法。在精密测验时，可以用测点更多的五点法或十一点法，按垂线将断面划分若干部分，以部分平均流速与部分面积的乘积，计算部分流量，其总和即为流过断面的总流量。流量除以断面面积，可以求得断面平均流速。

四、海水腐蚀及淡水腐蚀检测方法

1. 海水腐蚀试验方法

1）试验地点和条件

试验地点应选在要试验的金属使用的典型天然海水环境。理想的天然海水试验地点应建在能够满足这些试验（飞溅、潮汐、全浸）所必需的条件，并有防护措施避免灾害的位置。除非为了确定由污染引起的腐蚀，试验地点的海水应洁净、无污染。应了解热带环境与其他环境的差别，以及温度的季节性变化，有明确“污损季节”的地点应了解试验板上的海生物附着随季节的变化。在选择潮汐或飞溅暴露的试验地点时，气候和大气性质也是重要的。

应进行主要海水参数的观测和记录。参数通常包括海水温度、盐度、电导率、pH 值、氧含量、其他组成参数（如：氨、氢、硫化物、二氧化碳、重金属）和潮流（速度）。海水参数的测量周期应根据暴露时间长度和这些参数随时间的变化而定。常用的是海水环境因素的月平均值。

2）试验架

试验架应由在整个预计试验期间保持完好的材料制成。钛、NS336，NS334 和 Mone1400 是做试验架的优秀材料。有涂层的铝试验架（6061–T6 和 5086–H32）与固定试样的绝缘片（如聚丙烯）、尼龙螺栓、螺母一起也能使用。可使用非金属材料试验架，它们对试样的腐蚀没有影响。可使用强化塑料试验架。做过防腐处理的木料不适合做试验架，因为防腐剂浸出可能影响试验材料的腐蚀。

试样安放在试验架上，试样应由陶瓷或塑料绝缘体固定。使试样与其他试样或与试验架之间不产生电接触。为了显示所有试样的位置和暴露资料，应填制试验架图表。

挂放试样的间隔可能是重要的。因为试验的试样表面之间需要有足够的空间以保证它们之间有充分的水流，并保证长期暴露积累的污损海生物不会阻塞试样表面暴露到海水环境中。

试验架应悬挂固定，以便使固定的试样取垂直于水平面的方向并易受海水的充分影响，同时使试样上的泥沙和碎片沉积减小到最低限度，但要避免与其他试样的电接触。

3）试样

要试验的材料是板材时，推荐的试样尺寸为100mm×200mm或100mm×300mm。为适应特殊要求的试验，也可采用其他尺寸试样。

如果材料以特有的形状（螺栓、螺母、管等）进行试验，需要另外设计在试验架上固定它们的方式。要防止电偶腐蚀电池的形成，除非这是研究的内容，应使试样与它们各自的固定件及试样间保持电绝缘。在有些情况下，要防止一种材料的腐蚀，仅电绝缘是不够的。例如，对铝试样或试验架应格外小心，不要使它们受到铜污染，铜污染会引起铝的加速腐蚀。铜加速铝的腐蚀，不一定要形成电偶对。位置靠近铝的铜或含铜的合金溶液下的铜离子在铝上沉积，能引起铝的加速腐蚀。

试样应称量到所要求的精度，通常为 ±1mg。试验开始前，应记录每个试样的质量、尺寸和形貌，包括表面和边缘。这样就能测定因暴露引起的外观变化和任何腐蚀损失。

需要的试验试样的总数量应由试验持续时间和因中间评定而计划取样的周期来确定。一般试验，第1周期的暴露时间应不少于6个月。为了得到可靠的结果，各暴露周期所取的试样都应有必需的平行样数。对每个暴露周期，至少要有三个平行样。取样时间可为0.5年、1年、2年、5年、10年和20年。在合金的耐蚀性不确定的情况下，可选择更短的时间间隔，腐蚀速率数据可以用于确定更适当的暴露时间。每年应检查一次试样，遇特殊情况（如台风），应及时检查，以确保试样安全。

4）试验试样的评定

在预定的时间或其他适当的时间取出暴露的试样。

刮除海生物时，不要擦伤试样。应使用塑料或木制的刮板去除海生物。按GB/T 16545—2015《金属和合金的腐蚀。腐蚀试样上腐蚀产物的清除》清洗试样，然后再称量到适当的精度。对有些试验，为了实验室评定，应注意保护腐蚀产物。清洗前、后的试样照片通常都是有价值的资料。

由暴露前、后的质量确定每个试样的失重，将失重结果换算成腐蚀速率或作出单位面积的失重与暴露时间的关系曲线。当腐蚀以局部腐蚀（如点蚀、缝隙腐蚀）为主而质量损失又低时，失重结果可能使人产生误解。在这种情况下，可测定暴露试样的拉伸性能并与未暴露的空白样进行比较。

测量腐蚀破坏深度并详细地记述试样边缘及表面的变化。在试样评定时，小心辨认腐蚀破坏的任何其他类型，如应力腐蚀破裂、选择性腐蚀。

5）试验报告

试验报告应包括暴露试样的详细描述、暴露条件的有关数据、试样表面形成的堆积物和腐蚀评定结果。暴露试样的资料应包括外形尺寸、化学成分、冶金工艺、表面状态、试验前油污去除及暴露后腐蚀产物的清洗方法。暴露条件的资料应包括地点、暴露日期和周期、试验期间主要的海水参数。对有些试验，要求有更详细的资料。

腐蚀失重结果应以腐蚀速率表达，如单位时间的腐蚀深度（例如，mm/a 或 pm/a）或暴露期间的厚度损失，或绘制单位面积的失重与暴露时间的关系曲线。腐蚀速率应是试样所有表面和边缘的平均值。应指明暴露期间试样外观的任何变化，如果腐蚀破坏是不均匀的（即如果点蚀或缝隙腐蚀是主要的），腐蚀速率可能使人产生误解。

如果暴露以后测量了试样的拉伸性能，应报告它与未暴露的原始试样及对比试样相比的拉伸强度损失百分比。暴露期间，试样在任何时候被侵扰，如被漂浮碎片碰撞，应记录发生的日期和确切情况。

2. 淡水腐蚀试验方法

淡水（包括地下水和地表水）的现场腐蚀试验基本上与海水腐蚀相同，可采取一般试样，也可采用考察缝隙腐蚀、接触腐蚀或应力腐蚀的专门试样，且可直接进行实物试验。

淡水腐蚀试验可在专门试验站进行，也可依傍水闸或桥梁设点挂片。为进行不同部位的暴露试验，可设专门试验支架。

第三节 土壤腐蚀

人们在生产、生活中，在工程建设等方面使用的设备、设施要在地下掩埋基础构件，地下还需埋入大量的油、气、水管线、电缆等。土壤中产生的腐蚀行为是普遍和大量的，严重的腐蚀会造成设施毁坏、管线损坏，导致油、气、水泄漏，进而引发火灾、爆炸等，造成重大的经济损失。

土壤是一个有气相、液相、固相三相组成的复杂系统。土壤中还有数量不等的多种微生物。土壤微生物的新陈代谢产物也会对材料产生腐蚀。土壤腐蚀这一概念是指土壤中的各种组分和理化特性对材料所产生的腐蚀。土壤对材料产生腐蚀的性能称为土壤的腐蚀性。由于土壤不像大气、海水那样具有流动性，因此不同的土壤，其物理化学特性就很不相同，对材料的腐蚀性也不同。

一、土壤腐蚀的分类

土壤腐蚀和其他介质中的电化学腐蚀过程一样，都是金属和介质的电化学不均一性所形成的腐蚀原电池作用所致，这是腐蚀发生的主要原因。同时土壤介质具有多相性及不均匀性等特点，所以除了有可能生成和金属组织不均一性有关的腐蚀微电池外，土壤介质的宏观不均一性所引起的腐蚀宏电池，在土壤腐蚀中往往起着更大的作用。根据土壤的不均匀性引起的腐蚀主要有以下几种类型：

（1）差异充气引起的腐蚀。

由于氧气分布不均匀而引起的金属腐蚀，称为差异充气腐蚀，又称氧浓度差电池。在土壤的固体颗粒间有许多弯曲的微孔（或称毛细管），土壤中的水分和空气通过这些微孔而深入到土壤内部。土壤中的水分除了部分与土壤的组分结合在一起，部分黏附在土壤的颗粒表面，还有一部分可在土壤的微孔中流动。于是，土壤的盐类就溶解在这些水中，成为电解质溶液。因此，土壤湿度越大，含盐量越多，土壤的导电性就越强。

（2）微生物引起的腐蚀。

有人曾在电子显微镜下观察被土壤腐蚀的金属，发现有种细菌，其形状为略带弯曲的圆柱体，长度约为 2×10^{-6}m。它依赖于硫酸盐还原反应而生存的，被称为硫酸盐还原菌。如果土壤中有硫酸盐还原菌存在，它将产生生物催化作用，使 SO_4^{2-} 离子氧化被吸附的氢，从而促使析氢腐蚀顺利进行。整个过程的反应如下：

阳极：

$$4Fe-8e = 4Fe^{2+}$$

阴极：

$$8H^{+}+8e = 8H\text{（吸附在铁表面）}$$

$$SO_4^{2-}+8H = S^{2-}+4H_2O$$

$$Fe^{2+}+S^{2-} = FeS\text{（二次腐蚀产物）（}\downarrow\text{）}$$

$$3Fe^{2+}+6HO^{-} = 3Fe(OH)_2\text{（二次腐蚀产物）（}\downarrow\text{）}$$

总反应：$4Fe+SO_4^{2-}+4H_2O = FeS(\downarrow)+3Fe(OH)_2(\downarrow)+2OH^{-}$

其腐蚀特征是造成金属构件的局部损坏，并生成黑色而带有难闻气味的硫化物。硫酸盐还原菌是依靠上述化学反应所释放出的能量进行繁殖的。

据目前研究，能参与金属腐蚀过程的细菌不止一种，有的细菌因新陈代谢能产生某些具有腐蚀性的物质（如硫酸、有机酸和硫化氢等），从而改变了土壤中金属。它们并非本身使金属腐蚀，而是细菌生命活动的结果间接地对金属电化学腐蚀过程产生影响。

（3）杂散电流引起的腐蚀。

由于某种原因，一部分电流离开了指定的导体，而在原来不该有电流的导体内流动，这一部分电流，称为杂散电流。它主要来自电气火车、直流电焊、地下铁道及电解槽等电源的漏电。

（4）异金属接触腐蚀。

地下金属构件有时采用不同的金属材料。电极电位不同的两种金属材料连接时，电位较负的金属腐蚀加剧，而电位较正的金属获得保护，这种腐蚀称为异金属接触腐蚀。在工程中要尽量避免此种腐蚀的发生。

二、影响土壤腐蚀的主要因素

1. 材料因素

钢铁是地下构件普遍采用的材料。铸铁、碳钢、低合金钢在土壤中的腐蚀速率并无明显差别。冶炼方法、冷加工和热处理对其土壤腐蚀行为影响不大，腐蚀速率约为 0.2mm/a。通常，金属的腐蚀速率随着地下埋置时间的增长而逐渐减缓。

2. 土壤性质

1）土壤含水量

土壤中总是含有一定量的水分，当土壤中可溶性的盐溶解在其中时就组成了电解液。因此，含水量的多少对于土壤腐蚀有很重要的影响，图 1–5 表示钢管腐蚀速率与水饱和度的关系。

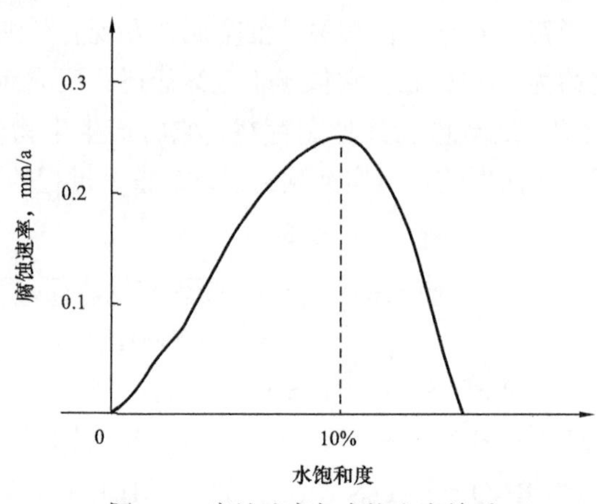

图 1–5　腐蚀速率与水饱和度关系

2）盐分

土壤中一般含有硫酸盐、硝酸盐和氧化物等无机盐。这些盐类大多是可溶的。除了 Fe^{2+} 之外，一般阳离子对腐蚀影响不大，但是 SO_4^{2-}、NO^{3-} 和 Cl^- 等阴离子对腐蚀影响较大。

3）含氧量

氧对土壤腐蚀影响很大，因为除了在少数酸性很强的土壤中，金属腐蚀的阴极过程是氢去极化以外，在绝大多数土壤中，氧为阴极去极化剂：

$$O_2+2H_2O+4e \longrightarrow 4OH^-$$

因此，如果土壤的透气性好，含氧量多，则会加速金属腐蚀。

4）土壤导电性

土壤的导电性受土质、含水量、含可溶性盐分数量等因素的影响。例如，砂土中水分容易渗透流失，土壤导电性差，腐蚀性小；而黏土中的水分不容易流失，含盐量大，盐分溶解得多，因此土壤导电性好，腐蚀性强。

5）pH 值

一般认为，当 pH 值越低时，土壤的腐蚀性越大。这是因为土壤的酸性越大，H^+ 就越多，越容易发生氢离子的阴极去极化作用，从而加速了阴极反应，也就加剧了腐蚀。应当指出，当土壤含有大量有机酸时，其pH值虽然接近于中性，但其腐蚀性仍然很强。

6）温度

由文献可知，随着温度升高，电解液的导电性提高，氧的渗透扩散速度也加快，因此会加速腐蚀；同时，当温度升高到25～30℃时，最适宜细菌的生长，也会加速腐蚀。

7）孔隙度

较大的孔隙度有利于氧渗透和水分保存，而它们都是腐蚀初始的促进因素。透气性良好一般会加速微电池作用的腐蚀过程，但是在透气件良好的土壤中也更容易生成具有保护能力的腐蚀产物层，阻碍金属的阳极溶解，使腐蚀速率减慢下来。透气性不良会使微电池作用的腐蚀减缓，但是当形成腐蚀宏观电池时，由于氧浓差电池的作用，透气性差的区域将成为阳极而发生严重腐蚀。

当然，影响土壤腐蚀的因素远不止于上述这几个方面，土壤腐蚀是各种因素综合作用的结果，是相当错综复杂的。

3. 微生物

土壤中含有硫酸盐还原菌等厌氧菌类、硫氧化菌等嗜氧菌类和硝酸盐还原菌等厌氧性菌类。有氧无氧决定了它们在土壤中能否繁殖，而水分、养料、温度和pH值等条件与它们的生长有密切关系。例如，硫酸盐还原菌在中性条件下（pH=7.5）很容易繁殖，但在pH＞9时，它们的繁殖就很困难了。

这些细菌的存在可能会导致土壤理化性质的不均性，从而造成氧浓差电池腐蚀；细菌在生命活动过程中会产生硫化氢、二氧化碳等酸性物质，这些物质可腐蚀金属；细菌还可能参与腐蚀的电化学过程。例如，在硫酸盐还原菌的参与下，能发生下述反应：

$$4Fe+SO_4^{2-}+4H_2O \longrightarrow FeS+3Fe(OH)_2+2OH^-$$

也就是在硫酸盐被还原的同时，铁被腐蚀生成了FeS和$Fe(OH)_2$。

三、土壤腐蚀性评价指标

影响土壤腐蚀性的指标很多，且各种因素的影响大小也不相同。目前在生产实践中广泛采用多指标进行土壤腐蚀性研究的方法。目前，对于判定土壤腐蚀性的多指标评价方法，美国ANSIA21.5法和德国的Bceckman法受到了广泛的应用。

然而，美国的ANSIA21.5法只适用于铸铁管在土壤中使用时是否需用聚乙烯保护膜，对于其他情况未必可行。

对于德国的Bceckman法，其总共纳入了12项指标，由于考虑的指标过多，而且有的指标测量也十分不方便，导致其在实际操作中存在数据难以收集完全的问题。我国土壤腐蚀试验网站还制定了有关材料土壤腐蚀试验方法，考虑的因素多达20种以上，最近一些学者还开始尝试用模式识别和模糊数学的方法来研究土壤腐蚀性的预测问题，效果良好。

通过GB/T 19285—2014《埋地钢质管道腐蚀防护工程检验》进行土壤腐蚀性综合评价。根据标准，一般情况下，土壤腐蚀性调查应包括土壤电阻率、管道自然腐蚀电位、氧化还原电位、土壤pH值、土壤质地、土壤含水量、土壤含盐量、土壤氯离子含量等8项指标的测试。测试数据宜视不同季节分别给出，特殊条件下可适当调整。

不同评价方法的指标筛选见表1–1。

表1–1　土壤腐蚀性综合评价方法指标筛选表

评价方法	选用指标
ANSI A21.5法	土壤电阻率、氧化还原电位、土壤pH值、土壤酸碱度、土壤酸化
Bceckman法	土壤质地、土壤电阻率、土壤含水量、土壤pH值、土壤酸碱度、土壤硫化物、土壤中性盐、土壤酸盐、埋设试样处的地下水情况、垂直方向土壤均匀性、材料/土壤电位（参比电极：$Cu/CuSO_4$）
GB/T 19285—2014法	土壤电阻率、管道自然腐蚀电位、氧化还原电位、土壤pH值、土壤质地、土壤含水量、土壤含盐量、土壤氯离子含量

下面对GB/T 19285—2014中的单项指标评测技术进行介绍。

1. 土壤电阻率

土壤电阻率和电导率都是土壤导电性能的指标，一般土壤腐蚀性和土壤电阻率呈反相关，与土壤电导率呈正相关。以土壤电阻率来划分土壤的腐蚀性是各国的常用方法，对于大多数情况都是适用的，但有些场合违反这一规律，呈现土壤电阻率大腐蚀性也大，其原理图如图1–6所示。

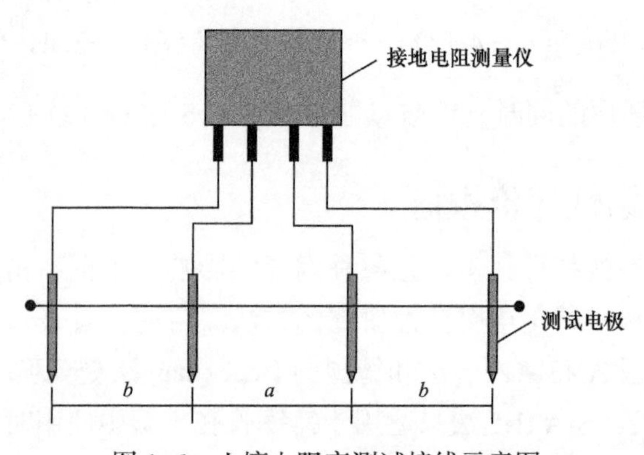

图1–6　土壤电阻率测试接线示意图

土壤电阻率的检测可采用等距法和不等距法两种方法，具体检测步骤见表1–2。

表 1–2　土壤电阻率检测方法

<table>
<tr><td>方法</td><td>等距法</td><td>不等距法</td></tr>
<tr><td>仪器</td><td colspan="2">接地电阻测量仪（精度 0.5 级）</td></tr>
<tr><td>检测步骤</td><td>（1）采用四级法进行检测，检测接线如图 1–6 所示；
（2）将测量仪的 4 个电极布置在一条直线上，a 为内侧相邻两电极间距，单位为 m，其值与测试土壤的深度相同，且 $a=b$，电极入土深度应小于 $a/20$；
（3）测试并记录土壤电阻值 R</td><td>（1）按图 1–6 接线，此时 $b>a$，a 值通常情况可取 5～10m，b 值确定方法如下：
$$b=h-\frac{a}{2}$$
式中　b——外侧电极与相邻内侧电极之间的距离，m；
h——土壤测试深度，m。
（2）将测量仪的 4 个电极布置在一条直线上，电极入土深度应小于 $a/20$。
（3）测试并记录土壤电阻值 R，若 R 值出现小于零时，应加大 a 值并重新布置电极</td></tr>
<tr><td>数据处理</td><td>从地表至深度 h 的平均土壤电阻率：
$$\rho=2\pi aR$$
式中　ρ——从地表到深度 h 土层平均电阻率，Ω·m；
a——内侧两电极之间的距离，m；
R——接地电阻测量仪示值，Ω</td><td>土壤深度 h 的平均土壤电阻率：
$$\rho=\pi R\left(b+\frac{b^2}{a}\right)$$
式中　ρ——从地表到深度 h 土层平均电阻率，Ω·m；
R——接地电阻测量仪示值，Ω</td></tr>
</table>

土壤电阻率是反映土壤腐蚀性强弱的一个综合性指标，即土壤电阻率越小，土壤腐蚀性越强，但不同的国家判定的标准并不相同，见表 1–3。在我国，很多油田和生产部门都采用土壤电阻率作为评价土壤腐蚀性的指标，这种方法非常便捷，在某些场合也较为可靠，但影响土壤腐蚀性的因素众多，单纯用土壤电阻率来评价会有一定局限性。

表 1–3　不同国家土壤电阻率评价土壤腐蚀性标准

腐蚀程度	土壤电阻率，Ω·m					
	中国	美国	苏联	日本	法国	英国
低	＞50	＞50	＞100	＞60	＞30	＞100
较低	—	—	—	45～60	—	50～100
中等	20～50	20～45	20～100	20～45	15～25	23～50
较高	—	10～20	10～20	—	—	—
高	＜20	7～10	5～10	＜20	5～15	9～23
特高	—	＜7	＜5	—	＜5	＜9

2. 管道自然腐蚀电位

管道自然腐蚀电位即管道在未施加阴极保护时的管地电位。常采用地表参比法测量，测量方法见表 1–4。

表 1–4　管地电位检测方法

方法	地表参比法
适用范围	管道自然腐蚀电位、试片自然腐蚀电位、阴极通电点电位、管道保护电位等
仪器	数字万用表：内阻不小于 10MΩ，精度不低于 0.5 级。 参比电极：CSE，并符合下列要求： （1）过 CSE 的允许电流密度不大于 $5\mu A/cm^2$； （2）电位漂移不能超过 30mV
检测步骤	（1）按照图 1–7 接线； （2）将参比电极放在管道正上方地表湖湿的土壤上，保证参比电极与土壤电接触良好； （3）数字万用表调至适宜的量程，读取数据，做好记录，注明该电位值的名称

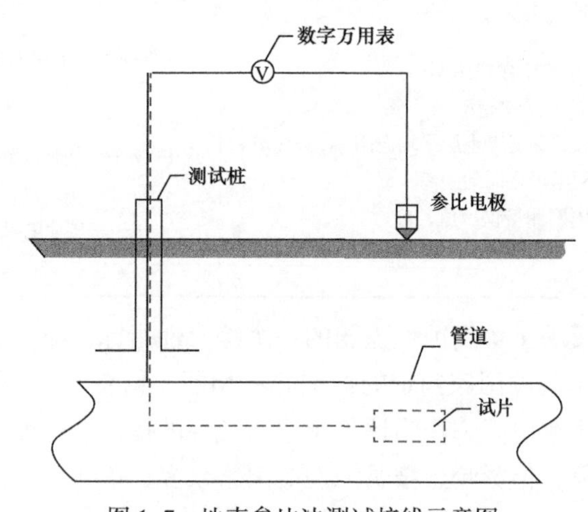

图 1–7　地表参比法测试接线示意图

管道自然腐蚀电位评价土壤腐蚀性分级标准见表 1–5。

表 1–5　管道自然腐蚀电位与土壤腐蚀性的关系

土壤腐蚀性	强	中	较弱	弱
管道自然腐蚀电位（参比电极：CSE），mV	＜500	–500～–450	–450～–300	＞–300

3. 氧化还原电位

土壤氧化还原电位是反映土壤中各种氧化还原平衡的一个多系列的无机、有机综合体系，也是判断土壤腐蚀性的一个主要指标，它受土壤水分、有机质、盐基状况、通气性的影响，氧化还原电位检测方法见表 1–6，其与土壤腐蚀性的关系见表 1–7。在还原性较强的土壤中，它预示微生物腐蚀也较强。故在低的土壤氧化还原条件下，要注意厌氧微生物导致金属的土壤微生物腐蚀。

表 1–6　氧化还原电位检测方法

仪器	多功能土壤腐蚀速率测量仪套，见图 1–8（包括主机 1 台、多功能土壤探针 1 根、氧化还原电极 1 支、预孔器 1 支、配线 2 根等）
适用范围	管道氧化还原电位、土壤温度、土壤电阻率、土壤腐蚀速率
检测步骤	（1）按照图 1–8 接线； （2）用预孔器在管道上方地表潮湿的土壤中打孔（深 30～50mm），将多功能土壤探针放入孔中，保证土壤探针与土壤电接触良好； （3）将氧化还原电极放在土壤探针附件潮湿的土壤上，保证氧化还原电极与土壤电接触良好； （4）通电检测，读取主机上的各种数据，做好记录

表 1–7　氧化还原电位与土壤腐蚀性的关系

管道自然腐蚀电位（参比电极：CSE），mV	＞400	200～400	100～200	＜100
腐蚀程度	不腐蚀	低	中等	高

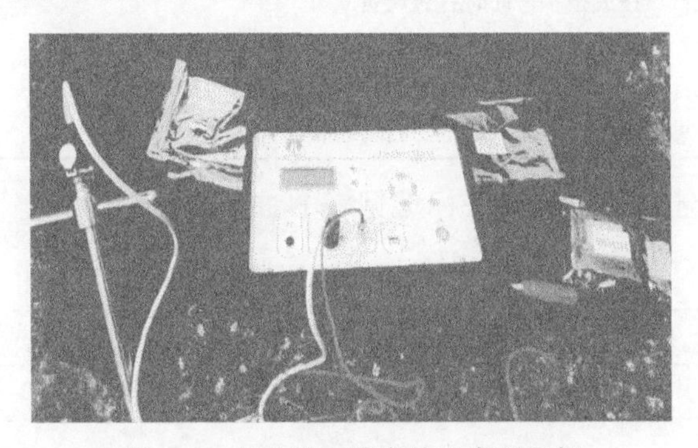

图 1–8　多功能土壤腐蚀速率测量仪

4. 土壤 pH 值

pH 值表示土壤的酸碱性，在氧的阴极去极化占主导的一般土壤中，土壤酸度是通过中和阴极过程形成的氢氧根离子而影响阴极极化的。土壤 pH 测量可采用电位法（表 1–8）。

表 1–8　土壤 pH 值检测方法

方法	电位法
仪器	pH 计：测量范围为 0～14，基本误差 ±0.01，被测溶液温度 5～10℃。 试剂：pH 值为 4.01、6.86 和 9.18 的标准缓冲溶液
检测步骤	（1）称取风干土样 25g，放在 50mL 高型烧杯中，加入 25mL 去 CO_2 的水在磁力搅拌器上搅动 1min 或人工剧烈搅动 1～2min（或人工断续搅拌 20～30min），使上体充分散开，放置半小时使其澄清，此时应避免空气中有氨或挥发性酸。 （2）首先使用 pH 6.87 标准缓冲剂液对 pH 计进行校准，然后用 pH 计测定 pH 值，每测试 5 个样品后对 pH 计重新进行校准

土壤 pH 值评价土壤腐蚀性分级标准见表 1–9。

表 1–9 土壤 pH 值与土壤腐蚀性的关系

pH 值	>8.5	7.0～8.5	5.5～7.0	4.5～5.5	<4.5
腐蚀程度	极低	低	中等	高	较高

5. 土壤质地

土壤质地的测试方法见表 1–10。

表 1–10 土壤质地检测方法

方法	直接观察法
检测步骤	（1）取土壤 5～10g，加适量水搓揉，破坏原结构。 （2）根据以下特征进行判断： 砂土：无论加多少水和多大压力，也不能搓成土球，而呈分散状态。 轻壤土：可团成表面不平的小土球，搓成条状时易碎成块。 中壤土：可搓成条，弯曲时有裂纹折断。 重壤土：可搓成 1.5～2mm 的细土条。在弯曲处发生断裂。 轻黏土：容易揉成细条，弯曲时没有裂纹，压扁时边缘没有裂纹。 黏土：可揉搓成任何形状，弯曲处均无裂纹

土壤质地评价土壤腐蚀性分级标准见表 1–11。

表 1–11 土壤质地与土壤腐蚀性关系

土壤质地	砂土	壤土	黏土
腐蚀程度	极低	低	中等

6. 土壤含水量

实际的土壤液相分为地表水和地下水两部分。从地表至地下水间是地表水的移动范围，常伴有气相。地下水有滞留性和移动性水两种。前者存在于不透水的黏土层下面，后者在深部砂砾层的空隙中移动。在土壤的液相和气相中，通常随湿度增加，O_2 和 CO_2 也增加，导致对金属电极电位和阴极极化产生作用。土壤的腐蚀性随着湿度的增加而增加，直到达到某一临界湿度时为止，再进一步提高湿度，土壤的腐蚀性将会降低。当土壤含水率大于 25% 以后，腐蚀速率会逐渐降低。

烘干法是目前国际上测定土壤水分的标准方法，见表 1–12。

表 1–12 土壤含水检测方法

方法	烘干法
仪器	铝盒、天平（精度 0.1mg）、玻璃干燥器、烘箱
检测步骤	（1）将铝盒烘干，冷却之后，在天平上称至恒重（前后两次称重相差小于 0.01g），记为 g_0； （2）取样品 10g（精确到 0.01g），均匀地平铺于已知重量的铝盒中并称重，记为 g_1； （3）去盖后放入烘箱，盖子放在铝盒的旁边，在 105℃温度下烘 6h 左右；

续表

方法	烘干法
检测步骤	（4）取出后加盖放入干燥器中冷却，一般冷却 20min 即可使其冷却至室温； （5）从干燥器中取出铝盒，称重，精确到 0.01g，记为 g_2； （6）再打开盖子烘 4h，冷却，称重以验证是否恒重（前后两次质量差不超过 0.03g）
数据处理	以烘干土为基数得水分百分数计算： $W=(g_1 \cdot g_2)/(g_2-g_0)\times 100\%$ 式中 W——含水量； g_0——铝盒质量，g； g_1——铝盒 + 湿土（或风干）样品质量，g； g_2——铝盒 + 烘干样品质量，g

土壤含水量评价土壤腐蚀性分级标准见表 1–13。

表 1–13　土壤含水量与土壤腐蚀性关系

土壤含水量，%	12～25	25～30 或 10～12	30～40 或 7～10	＞40 或≤4.5
腐蚀程度	强	中	较弱	弱

7. 土壤含盐量

一般情况下，可溶性盐增加，离子导电性增加，宏腐蚀电池的腐蚀性增大，可溶性盐在土壤中的分散和积聚，导致盐浓差电池的产生，其中氯化物和硫酸盐会破坏金属的保护膜，土壤中盐分对土壤电阻率、金属电极电位、溶解氧和微生物活动都有一定的影响。土壤中溶解于水的盐类总量测试常用干渣称重法，见表 1–14。

表 1–14　土壤含盐检测方法

方法	干渣称重法
仪器	往复式电动震荡机、真空泵、天平、巴氏滤管、布氏漏斗或离心机、广口塑料瓶、电热板、水浴锅、干燥器、蒸发皿、15%H_2O_2
检测步骤	（1）将待测土壤放在 80～120℃的干燥箱中加热 2h 烘干后粉碎，称取土样 100g，放入 1000mL 广口塑料瓶中，加入去离子水 500mL，用橡皮塞塞紧瓶口，在往复式震荡机震荡 3min； （2）将上述水土混合物立即用抽滤管（吸漏斗）过滤，如滤液浑浊，则应重新过滤滤液，直到获得清亮的浸出液； （3）取 50mL 滤液放入已知质量（W_0）的烧杯或蒸发皿中蒸干后，放入 105～110℃的干燥箱中干燥加热 4h 烘干； （4）在上述烘干残渣中滴加 15%H_2O_2 溶液，使残渣湿润，放在沸水浴上蒸干，如此反复处理，直至残渣完全变白，再按步骤（3）的方法烘干至恒重（W_t）
数据处理	可溶性盐总量 =（W_t-W_0）/$W\times 100\%$ 式中 W_0——烧杯或蒸发皿的质量，g； W_t——15%H_2O_2 处理并烘干后样品的总质量，g； W——与吸取待测液体积相当的土壤样品质量（吸取 50mL，则相当于 10g 样品）

土壤含盐量评价土壤腐蚀性分级标准见表 1–15。

表 1–15　土壤含盐量与土壤腐蚀性关系

土壤含盐量，%	＞0.75	0.15～0.75	0.05～0.15	≤0.05
腐蚀程度	强	中	较弱	弱

8. 土壤氯离子含量

土壤氯离子含量的测试方法见表 1–16。

表 1–16　土壤氯离子含量检测方法

仪器	多功能离子色谱仪 ICS–S5000、分析天平、容量瓶
检测步骤	（1）使用分析天平准确称取 20g 土壤样品于杯中，然后加入 100mL 去离子水，充分搅拌后静置 4h； （2）取上层清液过滤后，再对过滤后的清液使用 0.22μm 的滤头过滤，最后装入试样瓶中，留作离子色谱分析； （3）待离子色谱仪稳定 24h 后，依次对土壤样高溶液进行测试分析，测试完毕后，记录各氯离子含量

土壤氯离子含量评价土壤腐蚀性分级标准见表 1–17。

表 1–17　土壤氯离子含量与土壤腐蚀性关系

土壤氯离子含量，%	＞0.05	0.01～0.05	0.005～0.01	≤0.005
腐蚀程度	强	中	较弱	弱

9. 土壤采集

土壤腐蚀性检测分为现场检测与实验室采样检测两部分。现场检测包含沿线土壤电阻率、土壤质地、管地电位和氧化还原电位的检测；实验室采样检测主要进行土壤 pH 值、土壤含水率、土壤含盐量以及土壤氯离子含量的测量。实验室检测则需采集现场土壤样品，送回实验室进行处理检测。

土壤样品的采集主要按土壤发生层次采样，即采集土壤剖面样品。采集的步骤如下：

（1）根据地形、土质和管道埋设等选择取样的剖面地点。选择的要求为：

小地形要相对平坦稳定，也就是要有一个比较稳定的土壤发育条件，使土壤剖面具有代表性。

选择的剖面点不能距管道太近，以免腐蚀产物杂入土样中。一般选择取距管道 0.5m 的点。

（2）挖掘土壤的剖面。挖掘的要求为：

长方形土坑的尺寸：长 1.5m，宽 1m，深 1～2m。土壤的深度根据具体情况确定，一般要求达到母质或地下水即可，大多在 1～2m 之间。

长方形较窄的向阳一面作为观察面，挖出的土壤应放在土坑两侧。

（3）采集剖面样品。

采集方法：按发生层次由下层向上层逐层采集分析样品。通常采集各发生土层中部位置的土壤，而不是整个发生层都采。

采集的要求为：

用非金属小土铲切取土壤（原因：为了减少金属的影响）。

土壤样品采取后立即放入新聚乙烯塑料袋中，同时填好两张土壤标签，一张放在袋内，一张扎在袋上，并作好记录。

四、土壤腐蚀性综合评价技术

土壤结构复杂，影响土壤腐蚀性的因素众多，而且各种因素的交互作用也比较复杂。采用单项指标评价法对土壤腐蚀性进行评价只考虑影响土壤腐蚀性的部分因素，方法简单但带有片面性，有时还会出现错误的结论。多项指标综合评价法就是选择某些对金属腐蚀影响比较严重的土壤理化性质进行综合考虑，得出评价指标，美国 ANSIA 21.5 打分法、德国 DIN50929 打分法都是近些年应用广泛的综合指标评定法。但是，由于各国的实际情况不同，针对土壤腐蚀的认识和概念也有所不同，对不同土壤理化性质打分的标准也不一定都合适，这些方法在我国的适用性并不非常理想。目前国内在多项指标综合评价方面尚无一套成型的方法。

埋地钢质管道腐蚀防护常用的综合评价方法主要有专家评分法、主分量分析法、人工神经网络分析法以及模糊综合评价法。

1. 专家评分法

专家评分法是一种定性描述定量化方法，它首先根据评价对象的具体要求选定若干个评价项目，再根据评价项目制订出评价标准，聘请若干代表性专家凭借自己的经验按此评价标准给出各项目的评价分值，然后对其进行结集。具有简便、直观、计算简单等优点。

专家评分法在埋地钢质管道腐蚀防护综合评价中具有一定实用性，但专家在评判分值上具有很强的主观性，同时评价等级和评价标准的制定也对评价的真实结果有很大影响。

2. 主分量分析法

主分量分析法也称主成分分析法，旨在利用降维的思想，把多指标转化为少数几个综合指标。在食品、物理、数学、化学等领域运用广泛，但在石油天然气领域鲜有运用。在统计学中，主成分分析（Principal Components Analysis，PCA）是一种简化数据集的技术。它是一个线性变换，这个变换把数据变换到一个新的坐标系统中，使得任何数据投影的第一大方差在第一个坐标（称为第一主成分）上，第二大方差在第二个坐标（第二主成分）上，依次类推。主成分分析经常用减少数据集的维数，同时保持数据集对方差贡献最大的特征。这是通过保留低阶主成分，忽略高阶主成分做到的。这样低阶成分往往能够保留住数据的最重要方面。

3. 人工神经网络分析法

人工神经网络是 20 世纪 80 年代重新崛起的一种智能工具。其在结构上是由大量的结构非常简单的神经元按照一定规则连接而成的复杂网络系统。利用人工神经网络解题时不需做出任何关于数据的假设，而是通过网络对典型事例的学习，形成一个存有大量信息的稳定的系统。总体来说，神经网络与传统的数值计算相比具有大规模信息处理、分布式联想、自学习及自组织的特点，作为一个高度的非线性动力学系统具有很强的容错功能，在求解问题时对实际问题的结构没有要求，不必对变量之间的关系做出任何假设。除非问题非常简单，训练一个神经网络可能需要相当多的时间，建立神经网络需要做的数据准备工作量很大。

神经网络的上述特点对于解决埋地钢质管道腐蚀防护模糊性、随机性和不确定性问题提供了一条良好的途径。

4. 模糊综合评价法

模糊综合评价法是一种基于模糊数学的综合评标方法。该综合评价法根据模糊数学的隶属度理论，把定性评价转化为定量评价，即用模糊数学对受到多种因素制约的事物或对象做出一个总体的评价。它具有结果清晰，系统性强的特点，能较好地解决模糊的、难以量化的问题，适合各种非确定性问题的解决。

埋地钢质管道腐蚀防护的各评价参数分级界线都是确定的，在进行常规评价时往往会漏失一些有效信息，有时甚至会导致错误的结论。为此，基于模糊数学理论提出了评价埋地钢质管道腐蚀防护系统的模糊综合评价方法。该方法结合贴近度的概念，既考虑了埋地钢质管道腐蚀防护各因素本身的模糊性，又考虑了各因素间的不相容性。埋地钢制管道模糊综合评价流程如图 1–9 所示。

5. 灰色关联法

灰色关联分析方法，是根据因素之间发展趋势的相似或相异程度，来衡量因素间关联程度的一种方法。土壤腐蚀体系是一个非常复杂的体系，土壤腐蚀的影响因素众多，并且因素间交互关系不明确，腐蚀规律不清晰，具有模糊性。灰色关联法可对样本数据少、规律不明显的数据进行处理，从而找到系统内部因素本质的特征。

综上所述：针对土壤腐蚀性评价，国内外学者提出了包括专家评分法、主分量分析法、人工神经网络分析法、模糊综合评价法以及灰色关联法等，这些方法在多年的实践中取得了一定的成效，但也存在一定的弊端。例如，主成分分析法要求有多个非线性相关的指标样本；多项指标打分法的指标过多，且受人为主观因素的影响，实用性较差；模糊综合评价法对于隶属函数的选择带有较强的主观性。而灰关联分析法能克服评价中人为主观性强的缺点，且不限制样本数量的多少，不要求典型的分布规律，计算量较小，方便可靠，在工程实际中应用较为广泛。土壤环境系统是一个影响因素较多，且各因素之间相互作用的复杂矛盾体，故有学者提出运用可拓学理论进行土壤腐蚀性评价具有优于经典数学和模糊数学的许多特点。

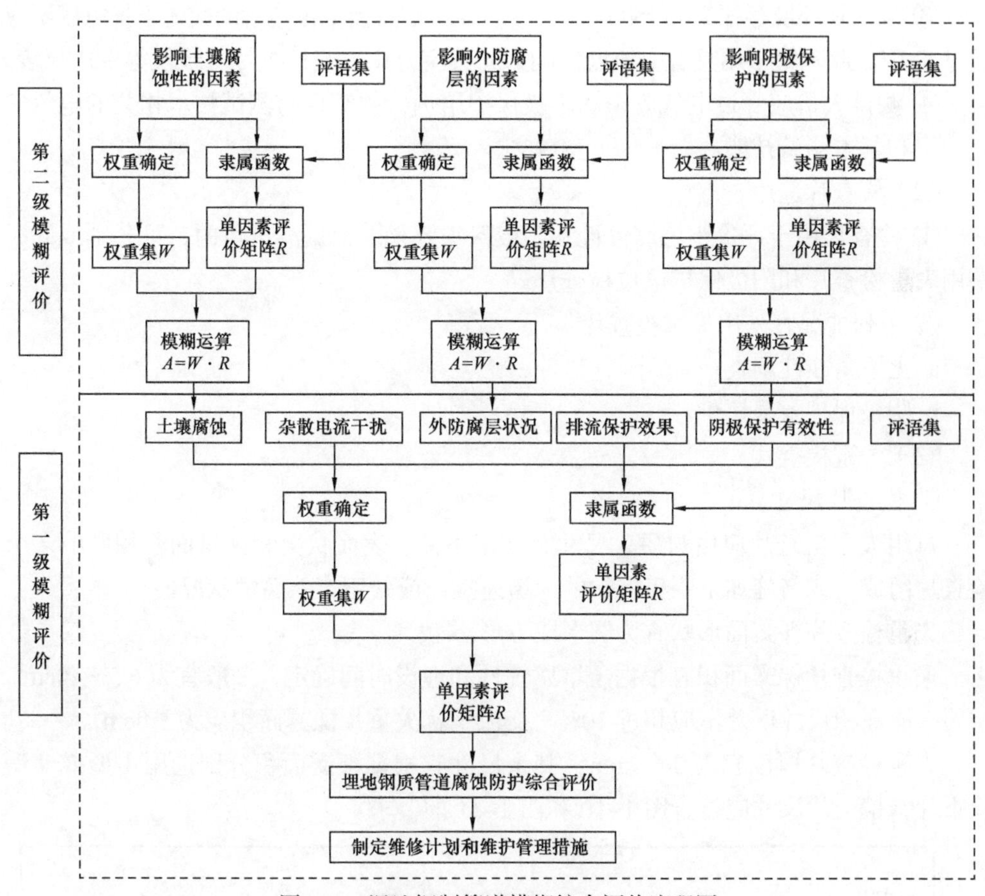

图 1-9　埋地钢制管道模糊综合评价流程图

五、土壤腐蚀检测方法

1. 间接检测

1）埋片法

在埋地钢质管道腐蚀防护检测评价中，试片法是非常直观有效的方法。试片法主要是通过在典型土壤和管道周围特殊环境中埋设自然腐蚀片和电流保护片，通过试片在一定时间后的失重和腐蚀状态，来对土壤腐蚀性、杂散电流干扰等方面进行综合检验。

（1）基本规定。

① 同一管道相同防腐层的检查片材质、裸露面形状、裸露面积、处理方式应保持一致。

② 失重检查片测量所采用的计量器具应满足测试精度要求，并在测量前对天平、卡尺和其他测量仪器进行校准。

③ 当测量环境存在交流干扰时，电压表显示的直流电位包含的交流干扰电压不应超过 5MV。此时宜采用具有交流滤波能力的数字万用表或检查片记录仪等专用仪表。

④ 测试人员应受过电气安全和阴极保护培训，并掌握与测试技术相关的电气安全知识和基本测试技能。

（2）检查片选用。

① 检查片用于评价土壤腐蚀性和阴极保护效果。根据测试目的，可分别或同时使用失重检查片和阴极保护电位检查片。

② 下列情况宜采用失重检查片：

a. 土壤腐蚀性调查；

b. 阴极保护效果评价。

（3）失重检查片。

① 检查片尺寸。

每组失重检查片应由材质、尺寸、加工条件、表面状况和裸露面积相同的多个检查片组成，或与施加了阴极保护的管道连接，或处于自然腐蚀状况。

失重检查片裸露面形状宜为圆形或方形。

失重检查片裸露面积宜根据土壤腐蚀性和埋设时间确定，一般宜为 6.5～40cm^2，相同裸露面积尺寸误差不应超过 10%。交流干扰失重片裸露面积应为 1.0cm^2。

失重检查片厚度宜为 3～5mm，其余尺寸宜根据裸露面积分别选用Ⅰ型或Ⅱ型检查片，检查片尺寸应符合图 1–10 和图 1–11 的要求。

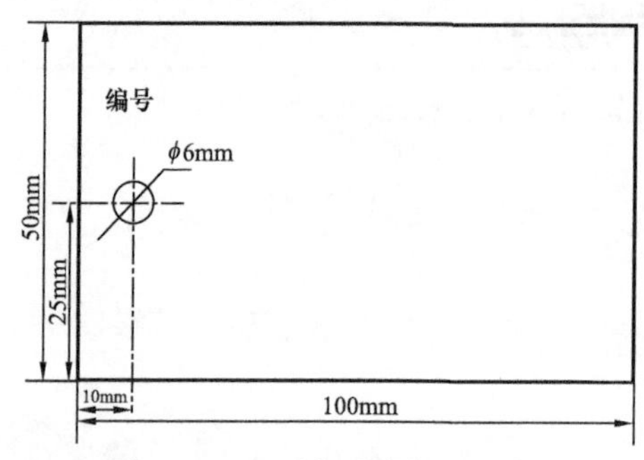

图 1–10　Ⅱ型失重检查片尺寸

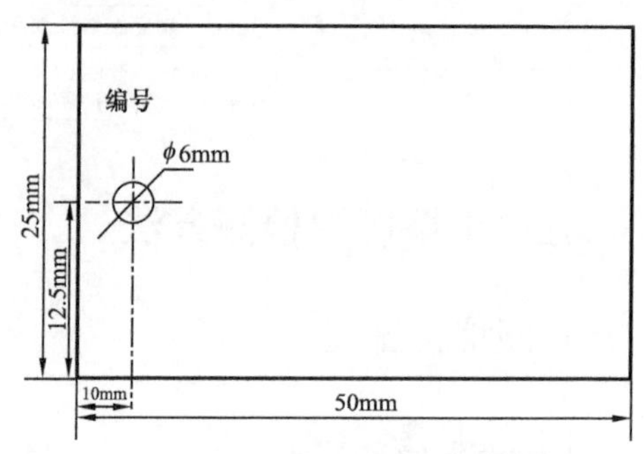

图 1–11　Ⅰ型失重检查片尺寸

② 材质。

钢材选用与被检测管道相同的材质。

③ 数量。

一组试片应包括电流保护片 3 片和自然腐蚀片 3 片，加工数量应根据现场的测试点数 N 和测试周期 M 决定，加工总数为 $6 \times N \times M$。

④ 加工要求。

a. 每组试片的材质、尺寸、加工条件、表面状况和裸露面积均相同。

b. 试片应采用加工制备，如果采用气割须去掉热影响区。加工后表面粗糙度 R_a 应为 3.2μm，可根据需要保持原始表面状态或保持与其结构相同的表面状态。

c. 试片材质表面不应有明显的缺陷，如麻点、裂纹、划伤、分层等，边缘不应有毛刺。

d. 试片应进行编号，采用中号钢字模打印在图 1–10 和图 1–11 中所示的位置。

e. 称重前应进行表面清洗，宜采用有机溶剂脱脂，再用自来水冲洗或刷洗，除去不溶污物，吹干后再放入无水酒精中浸泡脱水约 5min，取出吹干，再用干净的白纸包好，放入干燥器内干燥 24h 后称重。称重应精确到 0.1mg，记录原始重量及编号，并挂编号牌。

f. 电流保护片使用直径为 2.5mm 的铜导线连接，另一端预留 0.5m 左右。自然腐蚀片使用绝缘线连接，另一端预留 0.5m 左右。

g. 用易于被有机溶剂清洗的涂料或易于除去的耐水密封材料（如 905 胶或环氧树脂）覆盖标号和多余的裸露面，裸露面应位于试片阔面的中间部分。测量记录原始尺寸和裸露边长，精确到 0.1mm。

h. 制备、测试完的试片应真空塑封，并尽快埋入测试点。

（4）试片的埋设。

试片一般优先选择在以下位置的测试桩处埋设：强土壤质腐蚀性地段、土壤质地变化大的区域、污染区、高盐碱地带、杂散电流干扰区、管道阴极保护最薄弱的位置、低凹的湿地、站场出口、两座阴极保护站之间的中心位置、外防腐层破损严重的地段、环境变化较大或其他特别关注的地段。试片的埋设周期一般不小于 1 年。

挖掘埋设点时，挖掘土应分层放置，注意不要破坏原有土层次序，回填时应分层踩实，尽量恢复原状。埋设过程应严防试片受到机械损伤，禁止用脚踩等方式将试片踩入或打入土中，并注意保护导线。埋设时，试片阔面应平行于管道，且裸露面背对管道埋设，检查片中心应与管道中心处于同一标高，检查片中心与管壁净距离为 0.1～0.3m，检查片相互间距应为 0.3m 左右（图 1–12）。试片埋设完后，应在地面做好永久性的标记。

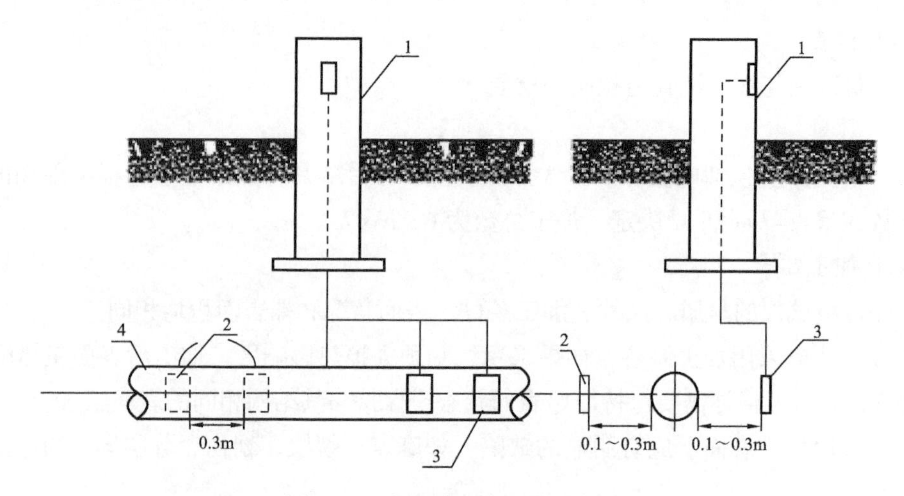

图 1–12　失重检查片埋设示意图

1—测试桩；2—失重检查片；3—阴极保护电位检查片；4—管道

（5）取样处理。

按照预定时间和位置取出同一周期的试片，取出时不得影响其他的试片。取出后，对试片进行外观拍照、腐蚀产物鉴别、清洗、称重。

清洗时，先用毛刷刷洗，粗略地除去试片疏松的腐蚀产物、沉淀物以及编号和安装孔的覆盖层，然后除去剩余的腐蚀产物和沉淀物。

清洗完毕后，放入无水酒精中浸泡脱水 5min，取出吹干，放在干燥器皿中 24h 后，采用与测量原始重量时精度相同的天平进行称重记录，精确到 0.1mg。

（6）数据处理。

经过埋设周期后，取出埋设坑中的试片，按照标准 SY/T 0029—2012《埋地钢质检查片应用技术规范》对其清洗、酸洗，并在各步骤中拍照记录，然后逐片称重分析。

失重法表示的腐蚀速率按公式（1–3）计算。

$$v = \frac{M_0 - M_1}{S_0 t} \tag{1-3}$$

式中　M_0——腐蚀试验前试片的原始重量，g；

M_1——腐蚀试验后，去除腐蚀产物且酸洗后的试片质量，g；

S_0——试片的裸露面积，cm^2；

t——腐蚀试验的时间，a。

2）其他间接检测方法

土壤腐蚀间接检测的方法包括有直流电位梯度法（DCVG）、音频信号检漏法或交流电位梯度法（ACVG）、密间距电位法（CIS）和交流电流衰减法。这些间接检测结果的评价等级见表 1–18。

表 1-18　间接检测结果的评价等级

检测方法	轻	中	严重
直流电位梯度法（DCVG）	电位梯度 *IR*% 较小，CP 在通 / 断电时均处于阴极状态	电位梯度 *IR*% 中等，CP 在断电时处于中性状态	电位梯度 *IR*% 较大，CP 在通 / 断电时均处于阳极状态
音频信号检漏法或交流电位梯度法（ACVG）	低电压降	中等电压降	高电压降
密间隔电位法（CIS）	通 / 断电电位轻微负于阴极保护电位准则	通 / 断电电位中等偏离并正于阴极保护电位准则	通 / 断电电位大幅度偏离并正于阴极保护电位准则
交流电流衰减法（PCM）	单位长度衰减量小	单位长度衰减量中等	单位长度衰减量较大

2. 直接检测

直接检测的目的是确定间接检测结果中腐蚀活性趋向最严重的点，从而收集数据进行管体腐蚀安全评价。

1）直接检测的步骤

（1）确定开挖顺序及数量，在最可能出现腐蚀活性的区域开挖并收集数据。

（2）进行土壤腐蚀性测试。

（3）测试防腐层损伤状况及管体腐蚀缺陷。

（4）腐蚀管道安全评价。

（5）原因分析。

（6）过程评价（间接评价分级准则、开挖顺序的修正）。

2）开挖顺序及数量

（1）根据间接检测结果，按表 1-18 评价后，按表 1-19 确定开挖顺序。

表 1-19　开挖顺序确定

类别	相关描述	开挖顺序及数量
一类	腐蚀可能正在进行的点，正常运行条件下可能对管道构成近期危险	原则上应全部开挖检测。如果数量多，可按抽样检查程序，按一定比例抽样开挖，并根据开挖验证的结果处理其他未开挖的点
二类	腐蚀可能正在进行的点，正常运行条件下可能不会对管道构成近期危险	① 在同一 ECDA（External Corrosion Direct Assessment）管段中，对二类点至少选择一处相对严重点进行开挖检测。首次开展 ECDA 时，至少选择两处； ② 如果在二类点的开挖检测结果表明腐蚀深度超出管壁原厚度的 20%，并比一类点更严重，那么需要至少增加一处以上的直接开挖检测点。首次应用 ECDA 时，应至少增加两处直接开挖检测点
三类	腐蚀活性低的点，正常运行条件下管道发生腐蚀的可能性极低	一般不需要开挖检测

（2）确定有效性检验的开挖点：为检验本评价方法和结果的有效性，应至少选择一处上次 ECDA 评价点进行开挖直接检测。首次进行 ECDA 时，应选择两处有效性检验的开挖检测点，一处为二类点（如无二类点，可选择三类点），另一处为任意点。

3）直接开挖检测的一般要求

直接开挖检测的主要内容有：土壤腐蚀性检测、防腐层检测、管体腐蚀状况检测、探坑处管地电位和其他需要检测并记录的项目。直接开挖检测时，探坑中暴露管段的悬空裸露长度不得小于 1m。

开挖时应保持土层顺序不混乱，检查后应按土层顺序分层回填，现场采集的土壤、防腐层等样品，均应按有关规定采集、封存、保管。直接开挖的检测点为原有测试装置时，应确保其完好、可靠，必要时应予以维修。开挖测量中破坏的防腐层或发现的管体损伤处应按评价结果采取局部修补、整体修补或更换等措施予以维修，其质量标准应不低于管道原有水平。

4）土壤腐蚀性检测项目及方法

（1）应对每个探坑中的土壤剖面进行分层描述，内容包括土壤颜色、土层干湿度野外观察（分为：干、润、潮、湿、水五级）、土壤质地、土壤松紧度野外观察（分为：疏松、松、稍紧、紧、很紧五级）、植物根系、地下水位。

（2）必要时可收集探坑处的土壤样品，送实验室分析。土壤理化性质分析一般包括单项指标评测相关参数，即土壤电阻率、氧化还原电位、pH 值、含水率、土壤容重、氯离子、硫酸根离子、碳酸根离子、土壤总含盐量等。

土壤采样点、土壤腐蚀性埋片点及土壤腐蚀电流密度测试点应一致，需要时可采集水样进行分析。

5）管道腐蚀状况的检查项目及方法

（1）清除破损防腐层后，应对管道金属表面的腐蚀产物、金属腐蚀状况进行检测和记录。

（2）外观目检：详细描述金属腐蚀的部位，腐蚀产物分布（均匀、非均匀）、厚度、颜色、结构（分层状、粉状或多孔）、紧实度（松散、紧实、坚硬），并应对现场腐蚀状况进行彩色拍照。

（3）腐蚀产物成分现场初步鉴定。

① 化学法鉴定：取少量腐蚀产物于小试管内，加数滴 10% 的盐酸，若无气泡，表明腐蚀产物为 FeO；若有气体，但不使湿润的醋酸铅试纸变色，可判为 $FeCO_3$；若产生有臭味气体，并使湿润的醋酸铅试纸变色，则可能为 FeS。进一步的成分和结构分析，可在现场取样，密封保存后送室内分析。

② 目检法鉴定：根据产物颜色按表 1–20 的方法进行初步判别。

（4）清除腐蚀产物后，记录腐蚀形状、位置，参照表 1–21 判定腐蚀类型；若均匀腐蚀与点蚀掺杂，可按主要腐蚀倾向予以估计；并对腐蚀的管体进行拍照。

表 1–20　现场腐蚀产物的成分判别（目检法）

产物颜色	主要成分	产物结构
黑	FeO	—
红棕至黑	Fe_2O_3	六角形结晶
红棕	Fe_3O_4	无定形粉末或糊状
黑棕	FeS	六角形结晶
绿或白	$Fe(OH)_2$	六角形或无定形结晶
灰	$FeCO_3$	三角形结晶

表 1–21　腐蚀面类型特征

类型	特征
均匀腐蚀	腐蚀深度较均匀一致，创面较大
点蚀	腐蚀呈坑穴状，散点分布，呈麻面，深度大于孔径
电干扰腐蚀	蚀点边缘清楚，坑面光滑

（5）管壁腐蚀坑深和腐蚀面积的测量：

① 对金属管壁腐蚀区域进行管壁金属腐蚀深度测量。首先清除该区表面腐蚀产物，用探针法或超声波法测量最小剩余壁厚 T_{mm} 或最大腐蚀坑深。

② 当管体存在大面积腐蚀坑时，除上述测量外，还须以管道最小要求壁厚 T_{min} 为基准，确定腐蚀坑内危险截面，测量危险截面的尺寸，即测定该截面的最大轴向长度 s 和最大环向分布长度。按 SY/T 0087.1—2018《钢制管道及储罐腐蚀评价标准 第 1 部分：埋地钢质管道外腐蚀直接评价》进行评价。

6）管壁腐蚀坑深数据的处理

（1）当检测的防腐层破损点没有全部开挖调查或开挖点的腐蚀管道没有全部测量钢管壁厚，那么，测量得到的管壁最大腐蚀损失只能代表该位置当时的情况。如需反映整体管道的情况，需要对测量数据进行处理。

（2）由局部探坑测量数据推算整个管段（或管道）最大腐蚀坑深：

① 需在局部探坑内测量 10^{-2} 个最大腐蚀坑深，并按附录 C 极值统计方法推算整体管道可能出现的最大腐蚀坑深，计算相应最小剩余壁厚 T_{mm}。

② 当上述方法实施有困难时，工程上可用以下方法估计：考虑安全系数，管道可能的最大腐蚀坑深近似取实测最大腐蚀坑深值的两倍，并依此计算 T_{mm}，认真填表。

第四节　杂散电流腐蚀

一、杂散电流定义及分类

1. 杂散电流定义

杂散电流是指沿非规定通路流动的电流。非规定通路包括大地、管线以及别的与大地连通的金属物体或结构。

2. 杂散电流易导致的危害

随着国家能源、电力和交通的飞速发展，长距离埋地管道、高压输电线路、电气化铁路持续增长，极易在土壤中形成循环的杂散电流；一旦埋地管道防腐蚀层出现破损，杂散电流就会流入管道通路并引起管道腐蚀，干扰管道阴极保护系统，从而造成经济损失甚至引发严重的安全事故和环境污染。

3. 杂散电流分类及特点

大地中形成杂散电流主要表现为直流、交流和大地中自然存在的地电流三种，另外还有离子型杂散电流和静电杂散电流两种补充类型。杂散电流可以是连续的或间歇的、单向的或者交变的，对管道腐蚀影响最大的是直流杂散电流。形成杂散电流的原因较多，而且各有特点。

直流杂散电流主要来自直流电解设备、电焊机、直流输电线路等，其中以直流电气化铁路最具代表性，对埋地管道造成影响和危害也是最大的。杂散电流引起的地电位差可达几伏至几十伏，对埋地管道具有干扰范围广、腐蚀速率大的特点。

交流杂散电流的主要来源是交流电气化铁路、输配电线路及其系统，通过阻性、感性、容性耦合对相邻近的埋地管道或金属体造成干扰，使管道中产生电流，电流进出管道而造成腐蚀。交流杂散电流干扰具有以下特点与危害：干扰规律复杂，阻性干扰与感性干扰并存；对目前普遍应用高绝缘防腐层管道的影响范围更广；交流感应电压过高易引发人身安全隐患；管道交流干扰腐蚀逐年上升；雷电或者电网单相故障产生的故障电流易引发管道防腐层甚至是管道本体的损坏；交流干扰值超过电气化设备抗干扰阈值，将影响设备的正常运行，严重时会损坏设备。

地中存在的自然电流，除了主要由地磁场的变化感应出来以外，还有由于大气中离子的移动，产生空中至地面的空地电流，地中的物质和温度不均匀引起的电动势以及地中各种宏电池形成的电位差等。

二、杂散电流腐蚀特征

杂散电流腐蚀是由非指定回路上流动的电流引起的外加电流腐蚀。通常称沿规定回路以外流动的电流为杂散电流。国内某条原油管道上，发生杂散电流电化学腐蚀。腐蚀产物为黑色粉末，填满了每个腐蚀凹坑，经过简单的清理后（未经打磨），腐蚀管体表面非常光滑，有金属光泽，这些现象都是杂散电流发生的明显特征。

1. 直流电力系统引起的腐蚀

电车、电气化铁路以及以接地为回路的输电系统等直流电力系统，都可能在土壤中产生杂散电流，图 1–13 为地下管道受电车供电系统杂散电流腐蚀的原理图。

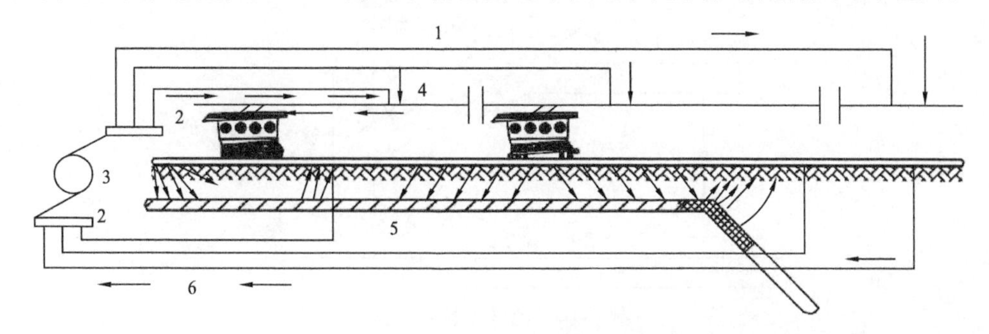

图 1–13　杂散电流腐蚀原理图

1—输出馈电线；2—汇流排；3—发电机；4—电车动力线；5—管道；6—负极母线

电流从供电所的发电机流经输出馈电线、电车、轨道，经负极母线返回发电机。电流在铁轨上流动过程中，当流动到铁轨接头电阻大处，部分电流将由轨道对地的绝缘不良处向大地漫流，流入经过此处的管道，又从管道绝缘不良处流入大地，再返回铁轨。杂散电流的这一流动过程中形成了两个由外加电位差引起的腐蚀电池，使铁轨和金属管道遭受腐蚀，而且比一般的土壤自然腐蚀要强烈。

2. 阴极保护系统的干扰腐蚀

阴极保护系统的保护电流流入大地，使附近金属的构件遭受此地电流的腐蚀，引起突然电位的改变，产生干扰腐蚀。导致这种腐蚀的情况各不相同，可能有以下几种情况：

（1）阳极干扰。

阴极保护系统中阳极地床附近的土壤中形成正电位区，电位的高低决定于地床形态、土壤电阻率以及保护系统的输出电流，若有其他金属管道通过这个区域，部分电流将流入管道，电流沿管道流动，又从金属管道的适当位置流回大地。电流从管道流入大地处为发生腐蚀的区域。由于这种情况遭受腐蚀的原因是受干扰的管道接近阴极保护系统的阳极地床，所以称为阳极干扰。

（2）阴极干扰。

阴极保护系统中受保护的管道附近的土壤电位，较其他区域的电位低，若有其他的金属管道经过该区域，则该管道远端流入的电流将从该处流出，发生强烈的干扰腐蚀。由于遭受腐蚀的原因是受干扰的管道靠近阴极保护系统的阴极，因此称这种干扰为阴极干扰。

（3）合成干扰。

当一条管道既经过一个阴极保护系统的阳极地床，又与这个阴极保护系统的阴极发生交叉，在这种情况下，其干扰腐蚀是两方面的：一是在阳极附近获得电流，而在管道的某一部位电流流回大地，发生阳极干扰；另一方面，在管道远端流入的电流，在交叉处流出而引起腐蚀。由于腐蚀既有阳极干扰，又有阴极干扰，所以称为合成干扰。

（4）诱导干扰。

地中电流以某一金属构筑物作媒介所进行的干扰称为诱导干扰，如图 1–14 所示。

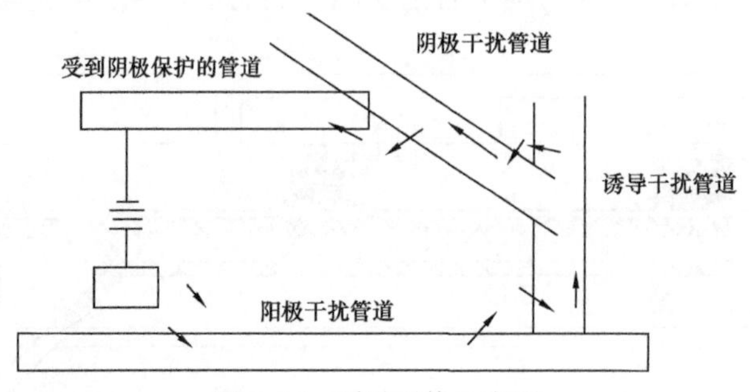

图 1–14　诱导干扰示意图

（5）接头干扰。

接头处由于电位不平衡而引起的腐蚀。这种腐蚀多发生在距绝缘法兰 5～10m 之内，所以规定在两侧 10m 之内的管道防腐覆盖层做特加强级防护。

三、杂散电流腐蚀机理

杂散电流指流动在规定或设计电路之外的电流，其流出于规定回路某处，通过大地、水等媒介传输至其他地方后流回规定电路。如果油气管道位于杂散电流流动的地方，由于金属相比于媒介电阻较小，杂散电流会流过管道通路。杂散电流流过管道时由于电位差会形成腐蚀电池，从而在电流流入处形成阴极区并发生阴极反应，而在电流流出处形成阳极区并发生阳极反应。阳极反应即为管道金属失去电子被氧化而发生腐蚀，即杂散电流腐蚀，而阴极反应通常随管道外界环境而有所不同。管道杂散电流腐蚀归属于电化学反应中的电解作用。

为了从本质上分析杂散电流腐蚀的机理，国内外学者提出了许多理论，如尼尔森提出了交流杂散电流碱化机理和振动模型，但这些理论只能解释特定条件下的杂散电流腐蚀行为，无法诠释普遍现象。

杂散电流的流动过程形成了 2 个由外加电位差建立的腐蚀电池，从而加速了金属管道的腐蚀。杂散电流正电荷从土壤进入金属管道的区域，其电位较高，属于腐蚀电池的阴极区，阴极区一般不会受到影响，当阴极区电位过大时，管道会发生消耗电子的阴极还原反应，表面会析氢。杂散电流流出管道经土壤返回电流源时，管道流出电流的区域电位相对较低，属于腐蚀电池的阳极区，发生金属原子放出电子转变成离子态的阳极氧化反应。

根据埋地钢质管道所处的环境不同，阴极反应有着不同的反应形式，但阳极反应却相同，见表 1–22 所示。可见，在阴极区积累了大量的 OH^-，而在阳极区则积累了大量的Fe^{2+}，由于扩散作用，Fe^{2+}和OH^-在土壤中结合成腐蚀产物Fe（OH）$_2$，它被继续氧化成Fe_2O_3·$2H_2O$或Fe_3O_4等铁锈成分，从而造成管道腐蚀。

无杂散电流时，土壤腐蚀电池两极的电位差仅为0.35V，而有杂散电流时管地电位会高达8～9V，使得杂散电流腐蚀强度高且速度快，对埋地油气管道的使用寿命和安全运行产生很大影响。

表1-22 杂散电流腐蚀反应式

土壤环境	阴极反应	阳极反应
无氧酸性	$4H^++4e \longrightarrow 2H_2\uparrow$	$2Fe \longrightarrow 2Fe^{2+}+4e$
无氧	$4H_2O+4e \longrightarrow 4OH^-+2H_2\uparrow$	$2Fe \longrightarrow 2Fe^{2+}+4e$
有氧碱性	$O_2+2H_2O+4e \longrightarrow 4OH^-$	$2Fe \longrightarrow 2Fe^{2+}+4e$

四、检测方法

近年来，油气管道杂散电流检测防护得到了重视和不断地研究。但由于杂散电流干扰程度和极性随干扰源变化而变化，同时杂散电流通过邻近防腐蚀层、良好的管道网络可以传输至较远距离，使得单一检测技术无法较好地检测埋地管道的杂散电流，而盲目选择防护措施不仅无法起到积极的减缓作用，还有可能加速腐蚀，给生产实际中杂散电流的检测防护带来很大的困难。因此开展埋地油气管道杂散电流干扰检测与防护研究，特别是针对多种检测方法的综合应用、检测数据的深入分析及系统的治理防护对于管道杂散电流的判定、有效检测和排除具有重要的实际意义和工程应用价值。

1.检测评价方法原理

埋地钢质管道在受到外界电流影响时，需要分析判别这个电流是对金属管道产生腐蚀影响还是起到阴极保护作用，其分析判断依据即是检测分析这个电流对埋地钢质管道产生的极化电位数据，当埋地钢质管道的极化电位比其在该位置土壤中的自然电位正向偏移时，埋地钢质燃气管道是腐蚀状态（阳极倾向）——即外界电流对管道产生电解腐蚀作用，说明这个电流是从埋地钢质管道中流出；当极化电位比埋地钢质燃气管道的自然电位负向偏移时，埋地钢质燃气管道是处于阴极保护状态——即外界电流对管道起阴极保护作用，说明外界电流是从周围环境中流入埋地钢质管道。因此检测获得埋地钢质管道在杂散电流影响情况下的极化电位是一项重要工作。

2.杂散电流检测评价方案和指标

依据SY/T 0087.1—2018《钢制管道及储罐腐蚀评价标准　第1部分：埋地钢制管道外腐蚀直接评价》、GB/T 21246—2007《埋地钢质管道阴极保护参数测量方法》和GB/T 50698—2011《埋地钢质管道交流干扰防护技术标准》等对输油管道全线进行杂散电流腐蚀检测评价，包括密间隔管地电位测试（CIPS）、地电位梯度测试、电压和电流检查等，初步确定管道杂散电流干扰位置、干扰情况和干扰距离等。依据全线检测评价结果确定干扰严重的管段，采用杂散电流智能测试仪（Stray Current Mapper，SCM）进行杂散电流腐蚀专项检测评价，确定杂散电流干扰类别、强度以及干扰电流流入流出点。基于检测评价结果对腐蚀区段进行开挖检测及排流防护，从而为建立杂散电流腐蚀防护措施提供依据。

关于杂散电流干扰腐蚀评价方法见表 1–23 和表 1–24。

表 1–23　直流杂散电流干扰评价

直流杂散电流干扰程度	弱	中	强
地电位梯度，mV/m	＜0.5	0.5～5.0	＞5.0

表 1–24　交流杂散电流干扰评价

土壤类别	严重程度		
	弱	中	强
碱性土壤，V	＜10	10～20	＞20
中性土壤，V	＜8	8～15	＞15
酸性土壤，V	＜6	6～10	＞10

（1）交流干扰检测准则。

① 交流杂散电流干扰检测。

国内外对于交流杂散电流干扰源的检测与干扰规律的确定，主要是通过长时间监测管地电压进行，此种方法的局限性是无法整体了解干扰的分布规律，无法准确定位干扰源。目前，通过使用存储式杂散电流测试仪，采用同步监测法，在同一时间段内，同时采集多个不同位置的交流电位数据，根据测试的交流电位瞬间值与平均值，详细了解干扰分布规律，辅以地面状况检测，可以准确定位管道干扰源。一般情况下，管道交流电位最大值处，为最靠近干扰源的位置。

交流杂散电流干扰的检测主要是干扰电压测试，需要进行管道交流参数现场测量，遵照相关石油行业标准，测试方法如图 1–15 所示。

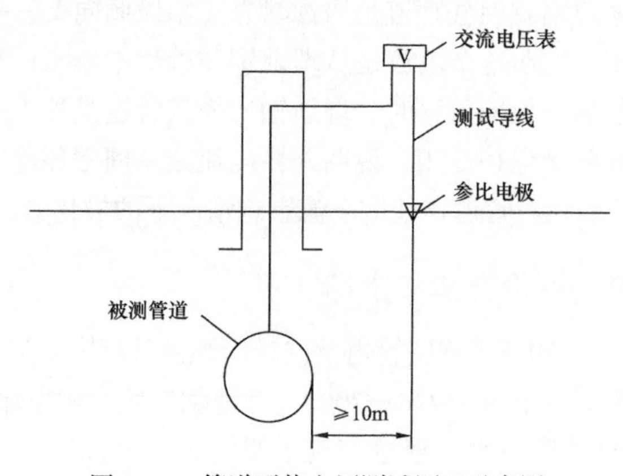

图 1–15　管道干扰电压测试原理示意图

② 交流杂散电流干扰评价指标。

目前，国内按照土壤酸碱性，将 6V、8V、10V 作为评价指标。国外则是从人身安全与管道腐蚀 2 个角度进行评价，欧洲标准 CEN/TS 15280 Evaluation of A.C Corrosion Likelihood of Buried Pipelines Application to Cathodically Protected Pipelines 使用交流电流密度、交直流电流密度比等作为评价指标。

新制定的国家标准——GB/T 50698—2011《埋地钢质管道交流干扰防护技术标准》引进了交流密度的指标评价交流干扰的大小，关于交流干扰的评价指标，新标准中有如下规定：当管道上任意一点上的交流干扰电压都小于 4V 时，可不采取交流干扰防护措施；高于此值时应采用交流密度进行评估。

交流电流密度可按式（1–4）计算：

$$J_{AC}=\frac{8V}{\rho\pi d} \tag{1-4}$$

式中 J_{AC}——评估的交流电流密度，A/m^2；

V——交流干扰电压有效值的平均值，V；

ρ——土壤电阻率，Ω · m；

d——破损点直径，m。

ρ 值应取交流干扰电压测试时，测试点处与管道埋深相同的土壤电阻率实测值。d 值按发生交流腐蚀最严重考虑，取 0.0113m。

交流干扰程度的判断指标，可按表 1–25 的规定进行判定。

表 1–25 交流干扰程度的判断指标

交流干扰程度	交流电流密度，A/m^2
弱	＜30
中	30～100
强	＞100

当判定为强时，应采取交流干扰防护措施；判定为中时，宜采取交流干扰防护措施；交流干扰程度判定为弱时，可不采取交流干扰防护措施。目前，国内外尚未建立综合的交流干扰评价指标来定量判断交流干扰的影响。

（2）管道交流干扰电压。

对于交流杂散电流干扰的评价指标，国内相关标准规定了交流排流保护效果评价指标：在弱碱性土壤中，管道交流干扰电压≤10V；在中性土壤中，管道交流干扰电压≤8V；在酸性土壤或盐碱性环境时，管道交流干扰电压≤6V。

（3）直流干扰检测准则。

国内相关标准规定当管地电位较自然电位偏移 20mV 或管道附近土壤电位梯度大于 0.5mV/m 时，确认有直流干扰。当管地电位较自然电位偏移 100mV 或管道附近土壤电位梯度大于 2.5mV/m 时，应及时采取直流排流保护或其他防护措施。

澳大利亚标准 AS 2832.1—2004《第一部分管道电缆的阴极保护》和美国标准 NACE SP0169—2007《地下或水下金属管道系统外部腐蚀控制》则规定可以利用 -850mV 或 100mV 极化准则判断管道是否充分受到保护。AS 2832.1—2004 从法律的角度规定新建阴极保护系统引起附近其他设施电位正向偏移最大不应超过 20mV，负向偏移最大不应超过 200mV，并指出存在杂散电流干扰或严重电偶腐蚀的情况下，100mV 极化准则不适用。NACE SP0169—2007 提示当管道操作压力和运行条件倾向于导致应力腐蚀开裂时，不应当使用 -850mV 标准。

国内相关标准规定了管地电位较自然电位正向偏移的限制，而 AS 2832.1—2004 和 NACE SP0169—2007 只是指出了 -850mV 或 100mV 极化准则的适用性。在直流电流干扰的情况下，即使使用断电法也无法消除 *IR* 降，而试片法需要较长的极化和测试时间，电位梯度法提供了一种较快的替代方法，但是由于杂散电流导致的管道腐蚀与流出管道的电流大小有关，所以采用电位梯度法时应当把当地的土壤电阻率考虑在内。

3. 杂散电流存在

为判断埋地钢质管道是否存在杂散电流干扰，依据当前相关标准提供的判据，可以检测管道的管地电位及其附近土壤的电位梯度。管地电位检测可使用符合精度要求的电压表与饱和硫酸铜参比电极（若使用钢棒，要求其直径不小于 16mm）进行检测，通过电压表直接读出管地电位值。一般测交流杂散电流时要求参比电极距埋地金属管道至少 10m，而测直流杂散电流时则要求放置在管道正上方。电位梯度检测要求在垂直的两个方向上分别测试，一般要求两个参比电极间距宜为 100m，如果环境所限可以适当缩小，参比电极最好选择稳定性较好的饱和硫酸铜参比电极。将所测试的电位值除以两个参比电极间距即为电位梯度。在电位梯度测试前应该对两个参比电极进行配对，测试在同一介质环境中两个参比电极的电位差，即将要使用的两个参比电极放入同一电介质中（如水），用电压表测试其相对电位差，如果电位为零最好，如果存在微小电位差，在检测结果中应将这个数值减去，如果相差很大则要更换电极。进行上述检测时需要考虑冰冻土、水泥地和旁边金属体的环境因素等不适宜电位检测的情况，特别在北方冬天的结冰。另外，现有专用的杂散电流测试设备（SCM）可以通过感应管道中的电流强度来测试管道的杂散电流。但是该方法没有相关的标准，需要检测人员自己把握，所以对检测人员要求较高。

4. 干扰源定位测试方法

确定管道遭受杂散电流干扰后，寻找到干扰源及干扰电流流入和流出的位置是一项重要的工作，一般通过以下几种手段来确定干扰源：

（1）干扰源的调查，本项工作不需要专业设备，但很重要，明确受干扰管道附近可能的干扰源分布有助于对检测结果的分析与判断。

（2）干扰段管道的管地电位分布检测，通过电位分布可判断阴极区及阳极区的分布，从而找到电流流入与流出的位置。

（3）对附近土壤相互垂直方向的电位梯度检测，通过矢量和可以判断杂散电流的强度与方向。

（4）用专业检测仪器 SCM 检测管道中电流的大小和方向判断电流的流入与流出点。

一套 SCM 包括一个智能信号发生器、二块智能感应器、二个灵敏探杖和控制分析软件。当怀疑某干扰源会对所测管道产生干扰时，可将智能信号发生器串联入干扰源回路中，智能发生器将干扰信号调节成区别于其他信号的特定频率，通过智能感应器可以很容易地判断出该信号。如怀疑被某管道的强制电流保护系统为干扰源，则可以将智能感应器串联入该阴极保护电流输出系统中。智能感应器／板即为信号接收器，其内嵌的感应线圈可接收管道电流的感应磁场并转为电流强度，同时还可判断管中电流的方向。定位干扰源检测时，将两块智能感应器放置在管道上方，一块固定板在某一位置不动测试的信号作为参考基准，另一块移动板以一定间距放置在不同位置检测，现场测试完成后对比分析两块感应器检测信号的强度和方向，就可以判断出杂散电流流入和流出的位置，如果可以确定干扰源并使用智能发生器，则检测效果更好。

5. 检测方法

1）极性排流法

该方法是在被干扰管道与地床间串联极性排流器，只允许电流进入管道而不允许流出，一般是牺牲阳极地床与极性排流配对使用。其优点是应用范围广、无需电流、安装简便。该种方法当前应用较多的是嵌位式排流器。

2）皮尔逊检测技术（PS）

Pearson 法通过在管道与大地之间施加典型值为 1000Hz 的交流信号，信号通过管道防腐层的破损点处时会流失到大地土壤中，电流密度随着远离破损点的距离而减小，在破损点的上方地表面形成一个交流电压梯度。检测时需要两名检测者沿着管道，保持 3～6m 的距离，将各自拾取的电压信号通过电缆送接收装置，经滤波放大后，由指示电路指示检测结果，其具代表性的是江苏海安无线仪器厂生产的 SL 系列地下管道防护层探测检漏仪。Pearson 法操作简单，检测速度快，检测不受有无阴极保护设施影响，但对检测人员检测经验要求较高，易受人为和外界环境影响。

皮尔逊检测技术的优点是操作简单、快速。缺点是检测结果准确率较低，易受外界电流的干扰，不同的土壤和防腐层电阻都能引起信号的改变，不能指示产生屏蔽的剥离防腐层，不能指示阴极保护效率，不能评定破损点的等级，也不能预测破损点的腐蚀程度。另外判断是否缺陷以及缺陷大小依赖于操作员的经验。

3）多频管中电流测试技术（PCM）

（1）PCM介绍及应用场合。

PCM主要是测量管道中电流衰减梯度，因此也叫电流梯度法。它是一套采用全新测试方法的埋地管道检测仪，主要应用在对输油管道外防腐层使用状况评估、新建管道防腐层施工质量的验收、管道防腐层破损点与内在缺陷（防腐层厚度不够或有密集型的针孔）的定位、管道阴极保护效果评估、目标管道与其他管道搭接点的查找和定位、盗接管道或分支管道的查找和定位、管道泄漏点的查找和定位以及作为大功率探测定位长输管道的仪器等。由于PCM本身就具有很强的管线定位功能，所以对于管道走向不清楚或管网情况比较复杂时，它都可以进行管线定位测量和管道防腐层测量，特别适合于管道铺设环境复杂的地区。根据防腐检测的需要，在仪器上同时提供防腐层破损点的定位测量。

（2）PCM系统的组成。

PCM系统包括发射机、接收机和A字架，如图1–16所示。通过分析电流的衰减梯度，可以对管线外防腐层的老化状况进行分段评估，与A字架配合使用可以精确定位防腐层破损点，其精度在厘米级。即使存在支管或管网，也能进行有效测量，对于不同管径、不同环境、不同防腐层的钢质埋地管道都可以进行精确检测。

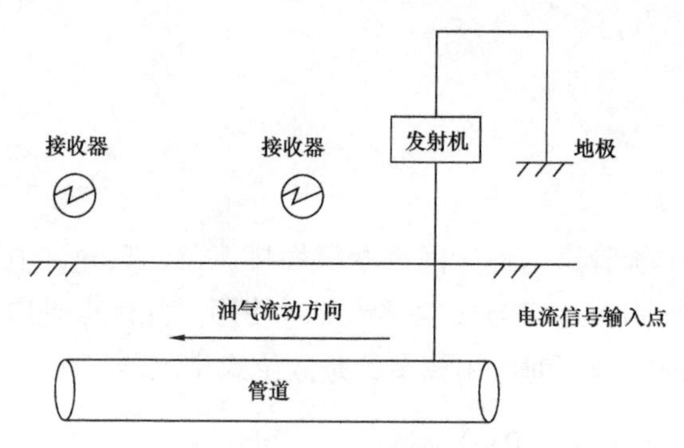

图1–16　PCM系统组成

（3）PCM方法检测原理。

管中电流法是通过发射机向埋地管道施加一定频率的交变电流信号，当覆盖层完好无损时，所加的交变电流信号沿着管道的两侧方向传播并随距离的增长呈缓慢的衰减趋势；当覆盖层存在破损点或老化处时就会使电流流失，电流信号加速衰减，接收机在管道上方可以检测到电流信号强度。通过检测一定距离的管道，接收机逐点记录检测点到发射点的距离、管道埋深和电流强度。在覆盖层破损点的上方，泄漏的电流形成一个地面电场，电场电位由中心向四周降低，利用检测装置捕获电位的差异，从而进行破损点的精确定位。以电流衰减为原理开发的仪器主要有英国RADIODETECTION公司的RD–PCM系列和DYNALOG公司的C–SCAN系列仪器。图1–17为PCM设备检测原理。

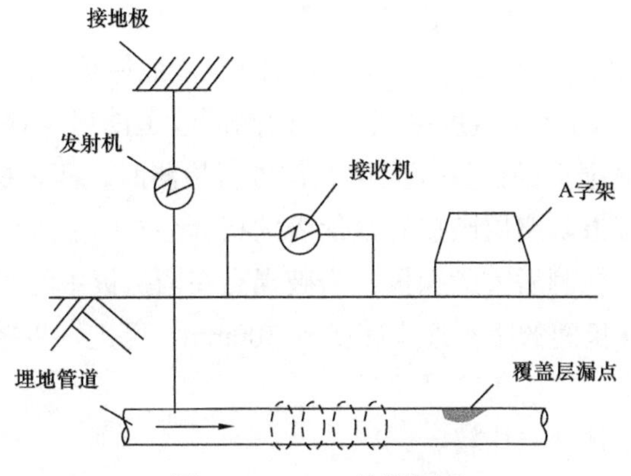

图 1-17 PCM 检测原理

（4）PCM 方法的实施。

使用 PCM 系统进行测量时，首先将发射端接地，通过发射机向管道接入一低频电流（通常为 4Hz），电流沿管线形成电磁场，利用接收机可以分析磁场信号来确定管道的位置、走向和深度，并逐点采集电流信号。当管线外防腐层存在破损，或管线本体由于疲劳、腐蚀等原因而产生微裂纹时，电流信号会出现异常的大幅衰减。当发现信号异常衰减时，可以配合使用 A 字架对管线的破损点位置进行确认，并确定破损点的大小。通过计算信号电流损失率来确定管道外防腐层的绝缘电阻值，得出外防腐层状况。通过检测管线上形成的电磁场信号和电流信号，PCM 系统可以对管线走向、埋深进行检测，也可以判断外防腐层破损点的位置和大小。

4）直流电位梯度方法（DCVG）

（1）DCVG 原理。

直流电压梯度检测技术的检测原理是当往管道上加直流信号时，在管道防腐层破损裸露点和土壤之间会出现电压梯度。在破损裸露点附近部位，电流密度将增大，电压梯度也随着增大。普遍情况下，裸露面积与电压梯度成正比（图 1-18）。

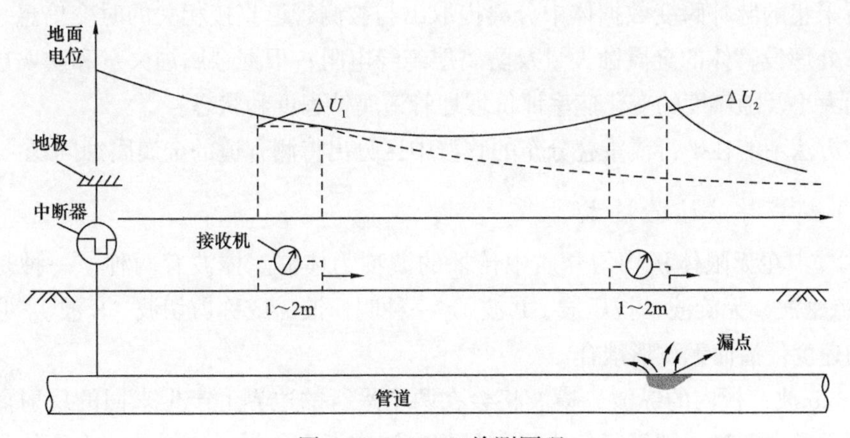

图 1-18 DCVG 检测原理

（2）检测过程。

DCVG检测技术通过在管道地面上方的两个接地探极（Cu/$CuSO_4$电极）和与探极连接的中心零位的高灵敏度毫伏表来检测因管道防腐层破损而产生的电压梯度，从而判断管道破损点的位置和大小。在进行检测时，两根探极相距2m左右沿管线进行检测，当接近防腐层破损时毫伏表的指针会指向靠近破损点的探极，走过缺陷点时指针会指向检测后方的探极，当破损点在两探极中间时，毫伏表指针指示为中心零位。将两探极间的距离逐步减少到300mm，可进一步精确地确定埋地金属管道缺陷位置。

（3）DCVG方法优缺点比较。

优点：不受直流杂散电流干扰，通过确定电流是流入还是流出管道，来判断管道是否正遭到腐蚀，缺陷检出率高。

缺点：不能直接给出破损点处的管地电位；对无阴极保护的管道无法检测；检测数据处理需要大量原始数据支持；*IR*降受许多因素影响，因此仍有可能造成误判。

5）管内电流—电位法测试技术

该方法借助施加于被测管段的阴极保护直流电流，用直流电位差计测取该管段漏失入地的电流，同时测得管段的平均对地电位，从而计算出其绝缘电阻。

优点：无需外接直流电源，测量结果直观，计算简单；同时，其测量是在阴极保护实际运行状态下的结果，从而消除了管道电容、电感的影响。

缺点：由于是接触测量，因而测量时比较麻烦，而且因接触不良、极化电位等的影响而存在较大的误差。

6）瞬变电磁法（TEM）

因为不同成分的物质会对电磁信号产生不同反应。采用激励涡流衰变原理，从地面所采集的脉冲瞬变数据体中分离提取出与被测管道直接相关的时变信息，计算检测点处埋设管体的金属蚀失量及防腐层绝缘电阻；根据金属蚀失量和防腐层绝缘电阻的大小及随年度的变化速率评价埋地管道腐蚀程度和状态。

该方法不能在平行或重叠分布的管群中区分出待测管道的金属腐蚀问题。

7）超声导波检验技术

体波：在无限体积均匀介质中传播的波称为体波。体波有两种：一种是纵波（或称疏密波、无旋波、拉压波、P波），一种叫横波（或称剪切波、S波），它们以各自的速度传播而无波形耦合。

Lamb波：板内的纵波、横波将会在两个平行的边界上产生来回的反射而沿平行板面的方向行进，即平行的边界制导超声波在板内传播，这样的一个系统称为平板超声波导。在此板状波导中传播的超声波即所谓的板波（Lamb 波）。

导波：板波在波导中传播时，纵波和横波不能独立存在，此时会产生一种与介质断面尺寸有关的特殊波动，称为导波（Guided Wave）。

在构件的一点处激励超声导波，由于导波本身的特性（沿传播路径衰减很小），它可以沿构件传播非常远的距离，最远可达几十米。接收探头所接收到的信号包含了有关激励和接收两点间结构整体性的信息，因此超声导波技术实际上是检测了一条线，而不是一个点。

由于超声导波在管（或板）的内、外（上、下）表面和中部都有质点的振动，声场遍及整个壁厚（板厚），因此整个壁厚（或板厚）都可以被检测到，既可以检测构件的内部缺陷也可以检测构件的表面缺陷。

利用超声导波检测管道时具有快速、可靠、经济且无须剥离外包层的优点，是管道检测新兴的和前沿的一个发展方向。

8）密间距电位测试技术（CIS、CIPS）

CIPS 是在有阴极保护系统的管道上通过测量管道的管地电位沿管道的变化（一般是每隔 1～5m 测量一个点）来分析判断防腐层的状况和阴极保护是否有效。具体的 CIPS 测试方法如图 1–19 所示，数据采集器一端与参比电极相连，另一端通过里程记录器的电缆（铜线）与管道测试桩相连。测量时操作人员沿管道行走，在管道正上方移动参比电极，每隔 0.9～1.8m 测量一次管地电位，根据 on/off 电位的变化曲线来评价管道的阴极保护情况和防腐层的状况。CIPS 能指示管道沿线的 CP 效果，指出缺陷的严重性，并自动采集数据样。缺点是检测时需步行整个管线，检测结果不能指示涂层的剥离，还可能受到干扰电流的影响，需拖拉电缆，使用范围有一定的限制。

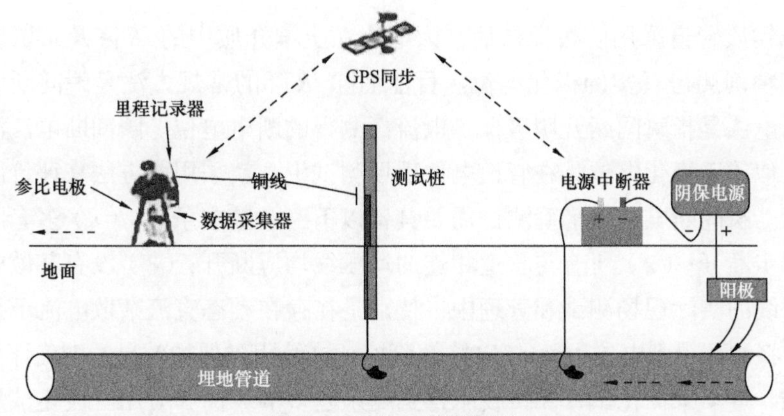

图 1–19　CIPS 检测原理

密间距电位和极化电位检测是通过测试阴极保护在管道上的密集电位和密集极化电位，确定阴极保护效果的有效性，并可间接找出缺陷位置、大小，反映防腐层状况。

优点是可以记录管道全线的管 / 地电位，并对管道防腐蚀情况作出分析，具有较高的检测精度，测试效率较高。

其局限性在于：由于管道所处环境的差异，如杂散电流、土壤变化等给数据分析带来较大难度；数据解释需要测量人员具有丰富的经验；不能准确判断防腐层缺陷的具体位置。

9）动态直流杂散电流的测试方法

关于直流干扰的识别，在 GB 50991—2014《埋地钢质管道直流干扰防护技术标准》中提出要采用地电位梯度或自然电位的偏移来判断土壤中杂散电流的强弱。管道工程处于设计阶段时，可采用管道拟经路由两侧各 20m 范围内的地电位梯度判断土壤中杂散电流的强弱，当地电位梯度＞0.5mV/m 时，应确认存在直流杂散电流；当地电位梯度≥2.5mV/m 时，应评估管道敷设后可能受到的直流干扰影响，并根据评估结果预设干扰防护措施。没有实施阴极保护的管道，宜采用管地电位相对于自然电位的偏移值进行判断。当任意点上的管地电位相对于自然电位正向或负向偏移超过 20mV，应确认存在直流干扰；当任意点上管地电位相对于自然电位正向偏移≥100mV 时，应及时采取干扰防护措施。对于已经运行的埋地管道，因为准确的自然电位无法获知，导致上述评价准则无法采用、实施。这是目前业界对于动态直流杂散电流干扰下管道受干扰程度的评价以及腐蚀风险评估的一个难点。在动态杂散电流干扰的治理研究中，已有主要针对断电电位的测试方法、极化试片设计等方面的研究，但鲜有关于埋地试片吸收或排放直流杂散电流的研究。本工作对流经埋地极化试片的直流电流进行了现场测试，以期为动态杂散电流的测试和缓解提供新的思路。

10）极化测试探头技术

埋地钢质管道采用阴极保护后，因电流在土壤介质中的 *IR* 降及杂散电流的影响，很难精确测得真实的极化电位。目前消除 *IR* 降的常规方法是瞬间断电法。所谓瞬间断电法是指瞬间断开阴极保护电流而测得的断电电位。瞬间断电法测得的断电电位近似等于极化电位，在管道电位现场测试中，就采用此方法来评价阴极保护的有效性。瞬间断电法的准确测试需要具备以下三个基本条件：（1）多套阴保系统要实现同步断开；（2）所有与管道相连的均压线均应断开；（3）没有杂散电流的干扰。在管线的实际现场测试和管理中，特别是在存在动态直流杂散电流干扰的情况下，很难将测试得到电位里面的 *IR* 降消除掉，这给阴极保护效果的准确评价造成一定的困难。近年来极化试片测试技术得到越来越多的关注和应用。极化试片采用与待测管道同样的钢材制作，埋设在管道附近，以模仿管道防腐蚀层上的破损点。如果该试片的断电电位满足阴极保护的准则要求，那么管道防腐蚀层上同等尺寸或者更小的破损点也会得到足够的阴极保护。在现场使用中，应令极化试片与参比电极尽可能接近。在测得的试片断电电位中，阴极保护电流及其他电流（杂散电流、平衡电流及大地电流）的影响会被尽量消除。但是在动态直流杂散电流的干扰情况下，该杂散电流引起的 *IR* 降很难被彻底消除。在这些情况下继续使用试片断电电位来判断管道的阴极保护水平和腐蚀风险，具有一定的不准确性。判断金属结构物是否达到足够阴极保护的另外一个参数是电流密度。在阴极保护设计中，保护电流的需求就是根据保护电流密度来计算和确定的。如果能对流经极化试片的直流电流进行连续测定，那么就有可能在极化试片吸收、排泄直流电流量的基础上，发展出一种新的杂散电流，严重影响阴极保护有效性的评价方法和准则。图 1–20 为数据记录仪与极化试片测试接线图。

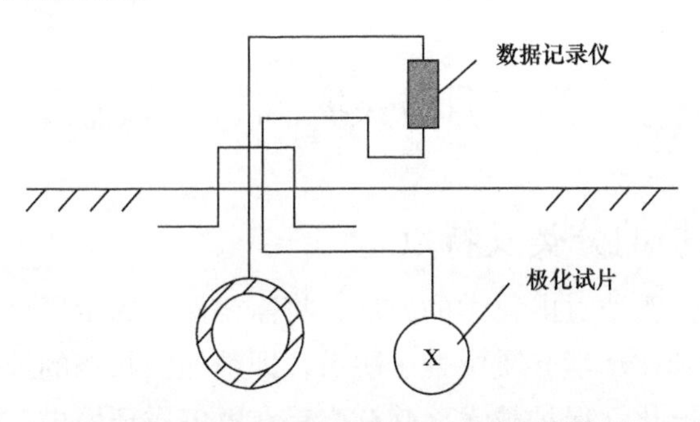

图 1–20　数据记录仪与极化试片测试接线图

第二章　油气管道腐蚀防护系统检测

埋地油气长输管道一般都设有外防腐层和阴极保护组成的腐蚀防护系统；外防腐层的破损会引起电流的消耗，使外加电流的阴极保护效果降低甚至失效；而阴极保护效果的降低又会加剧埋地钢管的腐蚀。如果不能及时发现并处理，严重时会导致油气泄漏事故的发生，造成严重的经济损失、能源浪费和环境污染。为了确保油气的安全输送，减少事故的发生，腐蚀防护系统的检测显得尤为重要。

第一节　阴极保护的分类及原理

一、阴极保护的分类及特点

阴极保护技术是指通过电化学的方法，将需要保护的金属结构极化，使之电位向负向移动，以达到在环境介质中处于阴极，即被保护状态的地位的一种方法。阴极保护技术是一种电化学保护技术，其核心是在电解质环境中，将金属的电位向负向移动，以达到免蚀电位。

根据阴极电流的来源方式不同，阴极保护技术可分为牺牲阳极阴极保护和外加电流阴极保护两大类。

1. 牺牲阳极阴极保护

选择一种电极电位比被保护金属（结构物）更负的活泼金属（合金），把它与共同置于电解质环境中的被保护金属从外部实现电路连接，这种负电位的活泼金属（合金）在所构成的电化学电池中为阳极而优先腐蚀溶解，释放出的电子（即负电流）使被保护金属阴极极化到所需电位范围，从而抑阻腐蚀实现保护，这种利用阳极腐蚀，阴极不腐蚀而使阴极得到保护的方法就是牺牲阳极的阴极保护技术。

如图 2–1 所示为埋地管道的牺牲阳极阴极保护系统。钢质管道与镁阳极（一种牺牲阳极）同时埋设于同一土壤（电解质）中，由于和镁阳极之间实现电连接而使钢质管道得到阴极保护。钢管—导线—镁阳极—回填料—土壤—钢管，构成了一个完整的电流回路。在钢管 / 土壤和镁阳极 / 土壤的界面处发生了电子导电与离子导电之间的转换，这种转换是通过界面电化学反应来实现的。在钢管 | 土壤 | 镁阳极这电化学电池中，作为电池阳极，在镁阳极上发生了 $Mg \longrightarrow Mg^{2+}+2e$ 的氧化反应，镁原子溶解转变成镁离子 Mg^{2+} 进入土壤环境，同时释放出电子，传输到钢管使之产生阴极极化，实现阴极保护。

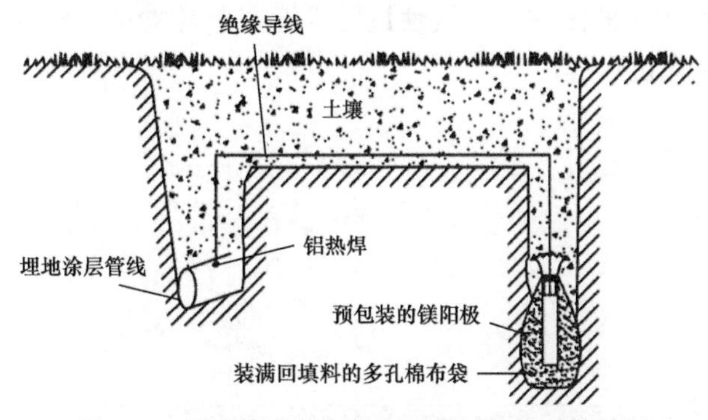

图 2-1 埋地管道的牺牲阳极阴极保护系统示例

为了达到有效保护，牺牲阳极不仅在开路状态（牺牲阳极与被保护金属之间的电路未接通）有足够负的开路电位（即自然腐蚀电位），而且在闭路状态（电路接通后）有足够的闭路电位（即工作电位）。这样，在工作时可保持足够的驱动电压。驱动电压指牺牲阳极的闭路电位与金属构筑物阴极极化后的电位之差，亦称为有效电压。

因此，可以得到作为牺牲阳极材料所具备的条件：

（1）要有足够负的电位，且很稳定；

（2）工作中阳极的极化率要小，电位极电流输出要稳定；

（3）阳极必须有高的电流效率，即实际电容量和理论电容量之比的百分数要大；

（4）溶解均匀，容易脱落；

（5）单位质量的电容量要大；

（6）腐蚀产物无害，不污染环境；

（7）材料价格低廉，来源充分。

在土壤中常用的阳极材料有镁和镁合金、锌和锌合金；在海洋环境中还有铝和铝合金。这三类牺牲阳极材料已被广泛应用。

2. 外加电流阴极保护

利用外部电源对被保护金属（结构物）施加一定的负电流，使被保护金属的电极电位通过阴极极化达到规定的保护电位范围，从而抑阻腐蚀获得保护，这就是外加电流阴极保护技术。

如图 2-2 所示为外加电流阴极保护系统的简明示例。外部电源（整流器或恒电位仪）通过对埋置于土壤中的钢质管道施加负电流而使钢管获得了阴极保护。整流器（负极）—导线—钢管—土壤—辅助阳极—导线—整流器（正极），构成了一个完整的电流回路。在钢管 / 土壤及辅助阳极 / 土壤的界面处发生了电子导电与离子导电之间的转换，这也是通过界面电化学反应来实现的。外加电流法阴极保护中的辅助阳极与牺牲阳极不同，并不要求它的电极电位自然地比被保护体（钢）更负，实际上这种情况很少。大多数辅助阳极为非消耗性的电极材料，它们往往自然地比钢更正。辅助阳极和被保护体的工作极性按要求通过整流器的接线来决定，它们分别连接整流器的正极和负极。

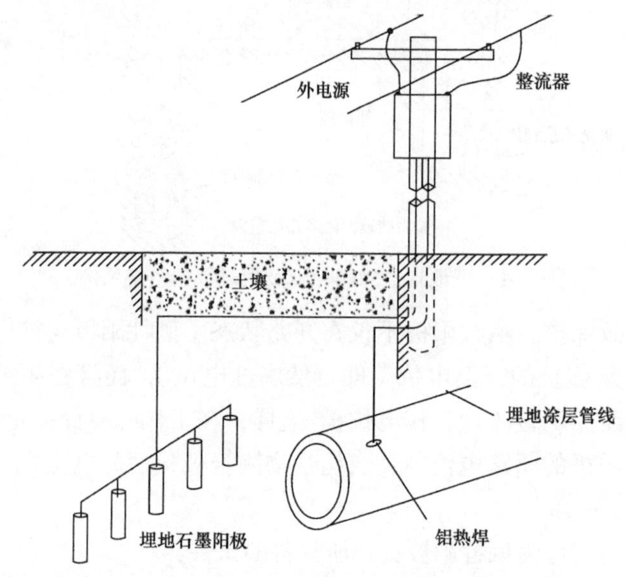

图 2–2　埋地管道的外加电流阴极保护系统示例

3. 阴极保护技术的特点

（1）牺牲阳极阴极保护。

优点：

① 不需要外部电源；

② 邻近金属构筑物无干扰或很小；

③ 产调试后运行维护管理工作量很小；

④ 工程规模越小越经济；

⑤ 保护电流分布均匀、利用率高。

缺点：

① 电阻率环境不宜使用；

② 保护电流几乎不可调；

③ 产调试工作复杂；

④ 对覆盖层质量要求较高；

⑤ 消耗有色金属。

（2）外加电流阴极保护。

优点：

① 输出电流、电压连续可调；

② 保护范围大；

③ 不受环境电阻率限制；

④ 工程规模越大越经济；

⑤ 保护装置寿命长。

缺点：

① 需要外部电源，且运行时耗电，后期投入较大；

② 对邻近金属构筑物干扰大；

③ 维护管理工作量大。

二、阴极保护原理及基本参数

1. 阴极保护原理

如图 2-3 所示的极化图可清楚地说明阴极保护的工作原理。

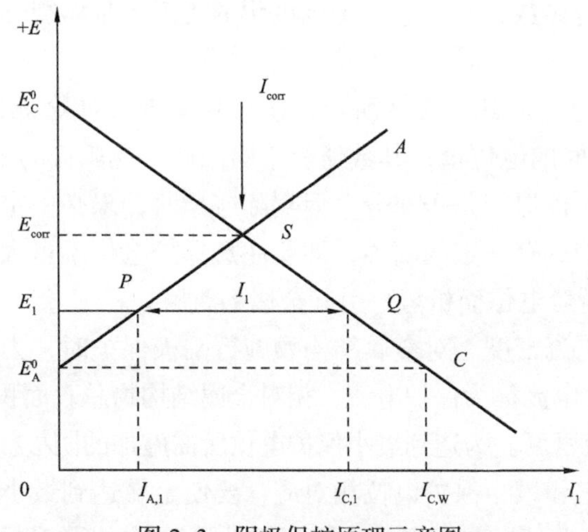

图 2-3 阴极保护原理示意图

当未进行阴极保护时，金属腐蚀微电池的阳极极化曲线 E_A^0A 和阴极极化曲线 E_C^0C 相交于点 S（忽略溶液电阻），此点对应的电位为金属的自腐蚀电位 E_{corr}，对应的电流为金属的腐蚀电流 I_{corr}。在腐蚀电流 I_{corr} 作用下，微电池阳极不断溶解，导致腐蚀破坏。

金属进行阴极保护时，在外加阴极电流 I_1 的极化下，金属的总电位由 E_{corr} 变负到 E_1，总的阴极电流 $I_{C,1}$（E_1Q 段）中，一部分电流是外加的，即 I_1（PQ 段），另一部分电流仍然是由金属阳极腐蚀提供的，即 $I_{A,1}$（E_1P 段）。显然，这时金属微电池的阳极电流 $I_{A,1}$，要比原来的腐蚀电流 I_{corr} 减小了。即腐蚀速率降低了，金属得到了部分保护。差值（$I_{corr}-I_{A,1}$）表示外加阴极极化后金属上腐蚀微电池作用的减小值，即腐蚀电流的减小值，称为保护效应。

当外加阴极电流继续增大时，金属体系的电位变得更低。当金属的总电位达到微电池阳极的起始电位 E_A^0 时，金属上阳极电流为零，全部电流为外加阴极电流 I_C（E_C^0C 段），这时，金属表面上只发生阴极还原反应，而金属溶解反应停止了，因此金属得到完全的保护。此时金属的电位称为最小保护电位。金属达到最小保护电位所需要的外加电流密度称为最小保护电流密度。

由此我们可得出这样的结论：要使金属得到完全保护，必须把阴极极化到其腐蚀微电池阳极的平衡电位。

2. 阴极保护基本参数

（1）自然腐蚀电位。无论采用牺牲阳极保护还是采用强制电流阴极保护，被保护金属构筑物的自然腐蚀电位都是一个极为重要的参数。它体现了金属构筑物本身的活性，决定了阴极保护所需电流的大小，同时又是阴极保护准则中重要的参考点。

（2）保护电位。按 GB/T 10123—2001《金属和合金的腐蚀基本术语和定义》的定义，保护电位为“为进入保护电位区所必须达到的腐蚀电位的界限值”。保护电位是阴极保护的关键参数，它标志了阴极极化的程度，是监视和控制阴极保护效果的重要指标。

（3）最小保护电位。如图 2–3 所示，阴极保护时，使金属结构达到完全保护（或腐蚀过程停止）时的电位值，其数值等于腐蚀微电池阳极的平衡电位（E_A^0）。常用这个参数来判断阴极保护是否充分。但实际应用时，未必一定要达到完全保护状态，一般容许在保护后有一定的腐蚀，即要注意保护电位不可太负，否则可能产生“过保护”，即达到析氢电位而析氢，引起金属的氢脆。

（4）最小保护电流密度。对金属结构物施行阴极保护时，为达到规定保护电位所需施加的阴极极化电流称为保护电流。相对金属结构物总表面积的单位面积上保护电流量称为保护电流密度。为达到最小保护电位所需施加的阴极极化电流密度称为最小保护电流密度。它和最小保护电位相对应，要使金属达到最小保护电位所需的保护电流密度不能小于此值。最小保护电流密度是阴极保护系统设计的重要依据之一。

最小保护电流密度的大小主要与被保护体金属的种类及状态（有无覆盖层及其类型、质量）、腐蚀介质及其条件（组成、浓度、pH 值、温度、通气情况）等因素有关。这些影响因素可能会使最小保护电流密度由每平方米几毫安变化到几百个毫安。特别是在石油、化工生产中，介质的温度和流动状态很复杂，在对设备进行阴极保护时，最小保护电流密度的确定必须要考虑温度、流速及搅拌的影响。

（5）分散能力及遮蔽作用。电化学保护中，电流在被保护体表面均匀分布的能力称为分散能力。这种分散能力一般用被保护体表面电位分布的均匀性来反映。

影响阴极保护分散能力的因素很多，诸如金属材料自身的阴极极化性能，介质的电导率及被保护体的结构复杂程度等。如果被保护体金属材料在介质中的阴极极化率大，而且介质的电导率也大时，那么这种体系的分散能力强。显而易见，被保护体的结构越简单，其分散能力也越好。

在阴极保护中，电流的遮蔽作用十分强烈，在靠近阳极的部位，优先得到保护电流，而远离阳极的部位得不到足够的保护电流，当被保护体的结构越复杂，这种遮蔽作用越明显。

减少遮蔽作用改善分散能力的措施有：

① 埋地布置阳极，适当增加阳极的数量；

② 适当增大阴、阳极的间距；

③ 在靠近阳极的部位采取阳极屏蔽层，增大该部位的电阻，适当增加该部位的电流屏蔽；

④ 若被保护体为新制设备，则尽可能简化设备形状设计，使其凸出部位或死角部位尽量减少；

⑤ 采用阴极保护与涂层联合保护，被保护体表面的涂层增加了金属表面绝缘电阻，从而减少单位面积电流的需要量，提高分散能力；

⑥ 向腐蚀介质中添加适量阴极型缓蚀剂，与缓蚀剂联合保护；

⑦ 向介质中添加导电物，提高介质的导电性以改善电流的分散能力。如混凝土中钢筋的阴极保护，采用导电涂层。

第二节　阴极保护系统检测

一、阴极保护检测技术的基本要求

阴极保护检测技术用于测试阴极保护参数。其基本用途是进行各种腐蚀调查、评价阴极保护系统的有效性和防腐层的性能以及为防腐蚀设计取得必备的技术数据和资料。

实施阴极保护参数测试，首先要求了解金属腐蚀的原理、阴极保护原理和阴极保护参数测试方法的原理。唯此才能正确运用阴极保护参数测试方法和检测技术，执行规定的测量、判断和维护保养，以确保对被保护结构物正确地和成功地实施阴极保护。

阴极保护技术是一种电化学保护技术。以其施加微小直流电实行保护的工作原理而习称电保护。因此，应由熟悉腐蚀学和电子学的技术人员从事阴极保护参数测试工作。

阴极保护检测技术中多数是应用电子仪器测量电参数，如保护电位、保护电流、接地（水）电阻等。其中所用的大多数测量仪表校验规程和阴极保护参数测量方法已纳入国家标准；少数尚未纳入国家标准的，也已习用成俗，得到普遍应用。

阴极保护技术大多数应用于现场、野外（如土壤、海洋）以及厂矿设备。因此阴极保护检测技术须适应这种特定的环境条件，要求所采用的各种测试仪表质量轻、便于携带、坚固耐震、耗电小、抗干扰能力强、显示速度快等。现场或野外往往不具备交流供电（AC220V，50Hz）的条件，检测技术的发展和规定使用的仪器仪表，应尽可能选用具备直流供电（电池）的仪器，相应地也要求耗电量要小。

各种测量仪表宜采用数字显示测读，据此可提高测量准确度，扩大灵敏间，读数直观，体积小，质量轻。选用的直流电流表内阻应小于被测电流回路总电阻的5%。指针式直流电压表的内阻应不小于100kΩ，数字电压表的输入阻抗应不小于1MΩ。直流电压表和电流表的灵敏阈（分辨率）均应满足被测值要求，至少应具有两位有效数字，当只有两位有效数字时，首位数必须大于1。电压表和电流表的准确度应不低于2.5级。

直流电压测量中最主要、最经常测量的项目是结构物对地（水）电位测量。对埋地管道而言，它的测量是用电压表测量管道相对于安放在土壤中的参比电极（饱和硫酸铜电极）的电位差。硫酸铜电极除内阻之外，还有与土壤的接界电阻，电压表的示值实际上是由三个电阻串联起来后在电压表内阻上的分压值。要使这个分压比接近于1，就要求电压表的内阻至少比硫酸铜电极的内阻及其与土壤的接界电阻之和大20倍，以使测试值的准确度高于2.5级。目前市售的指针式万用表中，内阻最高的是MF-10型，其灵敏度为100kΩ/V，在多数测量环境中已能满足管地电位测量的要求。这种万用表实际上应用得已十分普遍，所以无论是从测量准确度考虑，还是从内阻考虑，都是以MF-10型万用表为依据制定的。如果采用数字式万用表或直流电位差计（如用于埋地管道的管内电流测量），其内阻、准确度、灵敏阈均已高于MF-10型万用表的测量。

保护电位测量是阴极保护检测技术中最重要的参数之一，必须借助于参比电极才能完成测量。由于不同环境介质的理化指标和工况相差很大，应当有针对性地分别采用不同的参比电极，如在土壤中采用饱和硫酸铜参比电极，在海水中可采用锌电极、氯化银电极或硫酸铜电极等。

为保证阴极保护系统长期可靠地有效运行，应科学地组织阴极保护系统的运行管理，按规定对系统进行定期巡检，对各有关参数进行月测和年测。对异常现象和超标参数应从技术上分析原因、判断故障并及时予以排除。对系统电路装置进行日常巡检和记录，对阳极材料和参比电极经常检查保养等，以确保被保护结构物达到最佳腐蚀控制状态。

二、阴极保护检测的任务

通过各种阴极保护检测技术和参数测量方法可以获得所需要的各项测量参数。不同参数各有其特定用途。归纳起来，阴极保护检测（参数测量）有以下几项任务和目标：

（1）阴极保护设计前，进行一些预备性测试，为阴极保护设计预先取得必备资料；

（2）在阴极保护工程完成后，通过测量阴极保护参数，检查阴极保护工程是否达到设计要求；

（3）通过综合测试，分析判断阴极保护系统的有效性和正确性，确定是否需要做必要的修正和调整；

（4）在阴极保护系统运行过程中，定期例行测量规定的参数，判断阴极保护效果，发现问题，确认是否存在干扰，为阴极保护系统管理部门提供基础资料，以确保阴极保护系统长期、稳定、有效地运行；

（5）当阴极保护系统出现故障时，通过检测寻找故障点，判断故障原因，以便对阴极保护系统及时地进行故障排除及必要的维修和保养；

（6）通过一些特定的检测技术和参数测量方法，可综合评价防腐蚀措施的质量，如防腐层的质量、阴极保护系统的质量，尤其是阴极保护和防腐层联合使用的双保护措施质量和效果；

（7）在发生腐蚀破坏事故后，辅以进行腐蚀调查和失效分析。

阴极保护检测技术及需要检测的参数随被保护结构物种类不同及其所处环境介质不同而略有差异。但各种检测技术和参数测量方法的原理是相同的，只是在一些具体的技术要求方面有所不同。埋地（或水下）金属管道系统外部腐蚀控制的阴极保护系统应用广泛，相应的检测技术也比较完善，且已由许多国家制定了标准和规范。

三、阴极保护检测方法

1. 电位测试方法

1）直接参比法

在埋地管道的现代阴极保护设计和施工中，已采用了直接埋设于地下管道附近的埋地型长效参比电极。如图 2-4 所示。这是一种内阻很大的参比电极，通过设计，确保纯铜电极与饱和硫酸铜溶液之间具有非常大的接触面积，从而使参比电极工作时的电流密度不大于 5μA/cm^2，由此达到高内阻的目的。

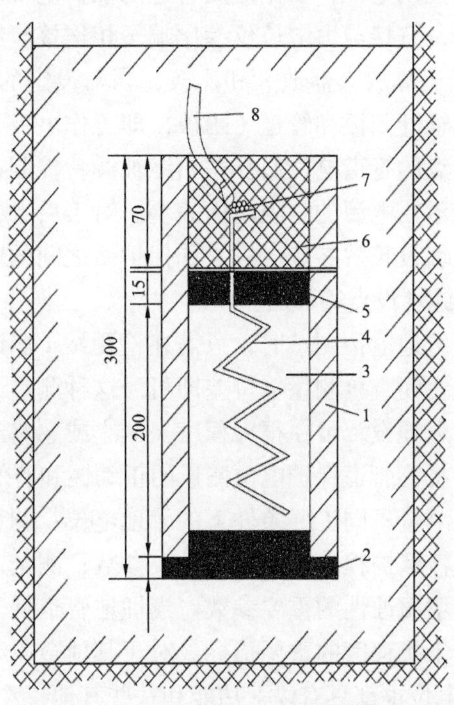

图 2-4　埋地型长效参比电极结构构型示意图（单位：mm）

1—素烧陶瓷筒；2—底盖；3—硫酸铜晶体；4—螺旋铜棒；
5—上盖；6—密封化合物；7—导线接头；8—导线

参比电极的内阻和接地电阻是影响电位测量精度的重要因素。对于与地表土壤临时性接触的便携式饱和酸酸铜电极，它的接地电阻可按下式计算：

$$R=\frac{\rho}{2D} \tag{2-1}$$

式中 R——参比电极接地电阻，Ω；

D——半透膜直径，m；

ρ——土壤电阻率，Ω · m。

对于直接埋设于地下的长效型饱和硫酸铜电极，其接地电阻可由下式计算：

$$R=\frac{\rho}{2\pi}\left(\frac{1}{D}+\frac{1}{4t}\right) \tag{2-2}$$

式中 R——参比电极接地电阻，Ω；

ρ——土壤电阻率，Ω · m；

D——电极直径，m；

t——电极埋深，m。

埋地型长效饱和硫酸铜电极一般有两个用途，一是用于对恒电位仪电源给定一个外加电流阴极保护的控制电位；二是监测管道的保护电位。对于前者，参比电极埋设于管道通电点附近，直接与恒电位仪参比端子相连接。恒电位仪将通过参比电极测量到的电位信号经运算放大器放大和比较，当与设定的基准电压（给定电位）出现偏差时，仪器就在辅助阳极和管道（阴极，即工作电极）之间反馈输出一个反向的极化电流，使控制点的管道电位回复并始终被调整控制在给定电位水平。此时测量的管道电位直接显示在电源的高阻电压表上。对于后者，应在阴极保护设计时于管道的若干关键部位埋设长效参比电极，如保护站之间的中间点、管道末端、套管处、穿越点、绝缘设施埋设点等部位。

用直接参比法进行管地电位测试时，只需在检测站（测试桩）上的管道连线端子和参比电极连线端子之间直接测量电位差即可。这种测量方法简便有效，而且由于参比电极紧挨管道附近埋设，可在很大程度上减小或忽略土壤欧姆电阻产生的电压降（*IR* 降）的干扰，提高管道保护电位测量的正确性和有效性。

直接参比法可用于测量不同工况条件下的管地电位：测量施加阴极保护管道的管地电位，提供判断阴极保护程度和效果的重要参数；测量未施加阴极保护管道的管地电位，这是衡量土壤腐蚀性的重要参数。当埋地管道处于干扰环境中时，测量的管地电位变化是判断干扰程度的重要指标。对于其他金属结构物在不同环境介质中所测量的金属 / 介质电位也都具有以上功能和一些其他特殊功能。

2）地表参比法

这是埋地金属结构物常用的电位测量方法，主要用于测量管道自然电位（自腐蚀电位）和牺牲阳极的开路电位，也可用于测量管道保护电位和牺牲阳极的闭路电位。地表参比法的测试接线如图 2-5 所示。

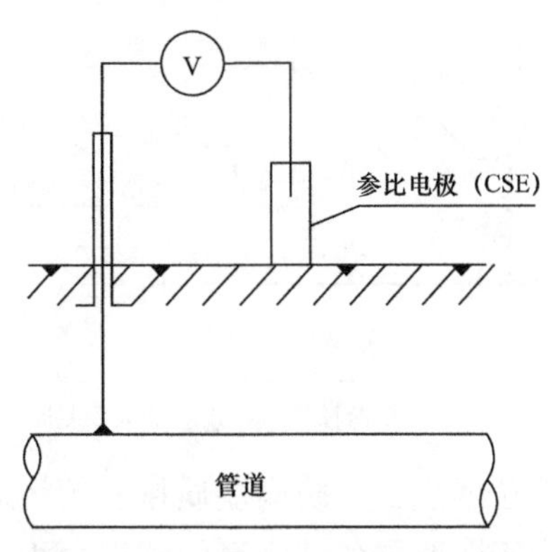

图 2-5　地表参比法测试接线示意图

采用高内阻电压表测量管地电位。饱和硫酸铜参比电极（CSE）应安放在管道顶端上方地表面处。此处地下的管道或牺牲阳极表面应是最近之处，但尚有一定的距离，当土壤中几乎没有电流（阴极保护电流和测试电流）流过时，可以认为从管道或牺牲阳极表面至参比电极安放没有土壤的 *IR* 降。由于测量采用的是高内阻电压表，测试电流已近似为零。在测量管道自然电位和牺牲阳极开路电位（忽略其他埋设点牺牲阳极流过来的电流）时，阴极保护电流也为零。所以在这种情况下在地表安放参比电极测量电位时，可能由 *IR* 降引起的测量误差几乎为零。

当测量管道保护电位和牺牲阳极闭路电位时，土壤中除测试电流外，还有阴极保护电流流动。此时，从管道表面或牺牲阳极表面至参比电极安放处，必然存在有土壤 *IR* 降。尽管 CSE 置于管顶上方地表处已大大缩小了其间的土壤距离（减小了土壤电阻 *R*），但这种 *IR* 降的存在仍然会给电位测量带来显著误差。在管道保护电位测量时，若断开阴极保护的供电电流（断电法），在无直流杂散电流干扰的区域，土壤中几乎无电流流动，从而几乎无 *IR* 降产生，将 CSE 放置在地表或贴近防腐层破损处，这时的电位测量结果误差极小。

地表参比法测量电位时，务必将 CSE 安放于潮湿土壤地表处，因为在同一地段的相同土壤，潮湿土壤与干燥土壤相比，其土壤电阻率可能相差数倍。潮湿土壤的电阻率低，有利于减小 CSE 与土壤的接触电阻，从而提高电位测量精度。

3）近参比法

为了更精确地测量管地电位，要求尽可能地降低土壤 *IR* 降的影响。为此可将参比电极尽量靠近被测管道表面。如图 2-6 所示为近参比法测试接线示意图。在管道上方，距检测站站桩 1m 范围内挖一个安放参比电极的探坑，将参比电极置于距管壁 3～5cm 处土壤上。测量电位的方法与地表参比法相同。此法同样也可用于测量牺牲阳极的闭路电位（工作电位）。近参比法一般用于防腐层质量差的埋地管道保护。

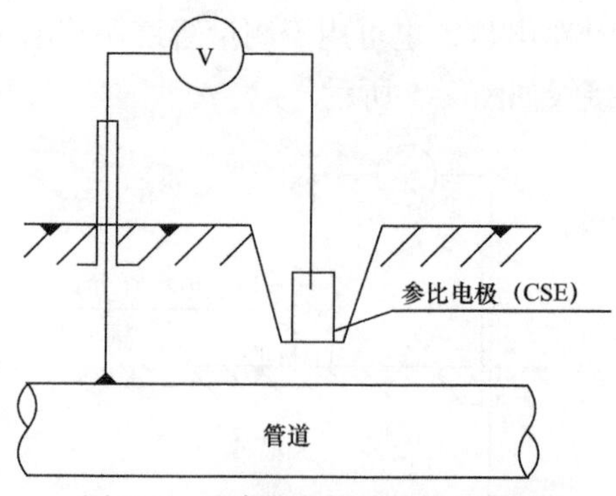

图 2-6　近参比法测试接线示意图

电位和牺牲阳极闭路电位的测试。防腐层质量差的管道，其防腐层缺陷点一般很多。即使采用断电法，由于防腐层各缺陷点的破损面积不同，它们的阴极极化电位（即阴极极化程度）也不一样。断电后，土壤中的阴极保护电流虽然消失，但防腐层上各破损点之间通过土壤将会有平衡电流流动，并由此产生新的 *IR* 降。要消除这种 *IR* 降误差，采用断电法测量是很复杂的，测量电位前要全面探伤，电位测量时，要沿管道每 5m 测量一次通电电位和相应的地电位梯度以及断电电位和相应的地电位梯度，再计算各点的保护电位。而采用近参比法，虽然存在挖掘探坑的麻烦，但具有测量操作简单、不需复杂的测量仪器等优点。由于参比电极贴近管道，*IR* 降带来的误差也相对较小。

通过开挖探坑将参比电极安放到距管壁 3～5cm 的土壤中。这里的 3～5cm 距离是根据实践经验提出的。相距太远，*IR* 降较大；相距太近，给操作带来极大不便。这一距离既便于操作，测量误差也很小。显然，近参比法与在管道邻近埋设长效固定参比电极的直接测量法是十分相似的，只是近参比法不需预先埋设长效参比电极，可节省投资。而且可以根据需要自由选点测量管道任一位置的电位，不限于埋设长效参比电极的某一固定位置。

4）远参比法

远参比法主要用于外加电流阴极保护系统受辅助阳极地电场影响的管段和牺牲阳极埋设点附近的管段，通过测量管道对远方大地的电位，用以计算该处的负偏移电位值。

在几乎没有地电场影响的地区，管道保护电位与管道对远方大地的电位值相等。在计算该处负偏移电位时，只要计算出极化电位与自然电位的差值即可。在地电场影响较严重的地区，测量的管道保护电位中除上述负偏移电位外，还含有较大的地电位值。但此时管道对远方大地的电位中则不含任何地电位值。目前，在阴极保护设计和实施中，负偏移电位是个非常重要的参数。但在阴极保护站通电点附近的管段和牺牲阳极接入点附近的管段，用地表参比法、近参比法很难测准负偏移电位值。由此提出了把管道对远方大地的电位应用于阴极保护技术和负偏移电位的测定，即远参比法。

远参比法的测量方法（图 2-7）是先确定地电场源的方位，将参比电极（CSE）朝远离地电场源的方向逐次按放在潮湿地表面上，第一个安放点距检测站站桩不小于 10m，以后每次移 10m，各次移动应保持在同一直线方向上。按地表参比法的操作测量各个参比电极安放点处的管地电位。当相邻两个安放点的管地电位之差值小于 5mV（即 0.5mV/m）时就不再继续朝远方移动参比电极而完成了测量过程。取此最远安放点处测量的管地电位为管道对远方大地的电位。

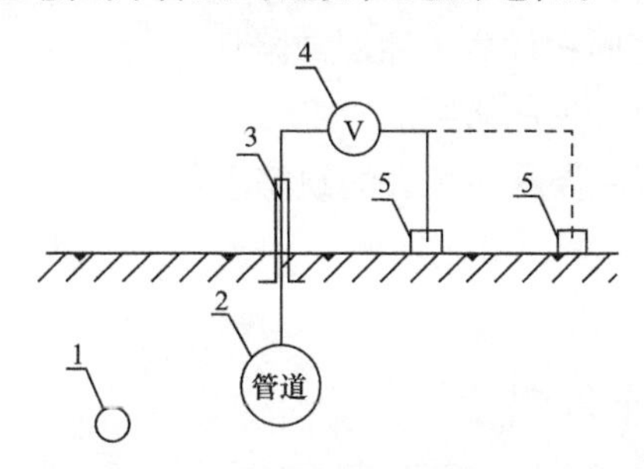

图 2-7　远参比法测试接线示意图

1—辅助阳极；2—管道；3—检测站；4—万用数字表；5—参比电极（CSE）

实际测试经验表明，各处的地电场影响范围是很不一致的，无法给出明确的不再远移参比电极安放点的确切距离。远参比法规定，当平均地电位梯度不大于 0.5mV/m 时，参比电极可不再往远方移动，是科学的、有根据的。因为一般认为地电场梯度小于 0.5mV/m 已属弱干扰区，而且相距 10m 的两个参比电极安放点之间的管地电位差小于 5mV 时，管地电位的变化已相当微小，甚至已接近电位测量的误差范围。

5）断电法

为消除阴极保护电位中的 *IR* 降影响，宜采用断电法测试管道的保护电位。断电法通过电流断续器来实现，断续器应串接在阴极保护电流输出端上。在非测试期间，阴极保护站处于连续供电状态在测试管道保护电位或外防腐层电阻期间，阴极保护站处于向管道供电 12s、停电 3s 的间歇工作状态。同一系统的全部阴极保护站，间歇供电时必须同步，同步误差不大于 0.1s。停电 3s 期间用地表参比法测得的电位，即为参比电极交放处的管道保护电位。

6）试片法（极化探头）

埋设方法：在测试点埋设一个带裸露面积的试片，其材质、埋设状态要和管道相同，试片与管道用导线连接。

原理：埋设的试片模拟了一个涂层缺陷，由管道提供保护电流进行极化，最后达到与管道相同的保护状态。

测量方法：测量时，只需断开试片和管道间的连接导线，就可测得试片断电电位，从而避免了切断管道主保护电流及其他电连接的麻烦，杂散电流的影响极小可忽略不计，而且不存在断电后的极化差异和宏电池作用。

优点：（1）可测到断电电位；

（2）多元保护不用断开；

（3）管道接地不用断开；

（4）不会产生电涌；

（5）不受杂散电流干扰影响；

（6）试片裸露面积代表了涂层缺陷；

（7）不受极化程度的影响。

缺点：不能代表比试片裸露面积大的缺陷电位。

2. 电流测试方法

1）牺牲阳极输出电流测量

（1）标准电阻法。

牺牲阳极与管道组成的闭合回路总电阻较小，通常小于 100Ω ；该回路电流一般仅为数十至数百毫安。普通电流表的内阻，在经常使用的适当量程上总是大于回路总电阻的 5%，为此可采用标准电阻法（图 2–8）。

在牺牲阳极与管道组成的闭合回路中串联接入一个小于回路总电阻 5% 的标准电阻 R，通常选用电阻值为 0.1Ω、精度为 0.02 级的标准电阻；再用高阻电压表 V 测量标准电阻上的电压降 ΔV。通立欧姆定律计算牺牲阳极输出电流 I：

$$I=\frac{\Delta V}{R} \tag{2–3}$$

式中 I——牺牲阳极输出电流，mA ；

ΔV——标准电阻上的电压降，mV ；

R——标准电阻的阻值，Ω。

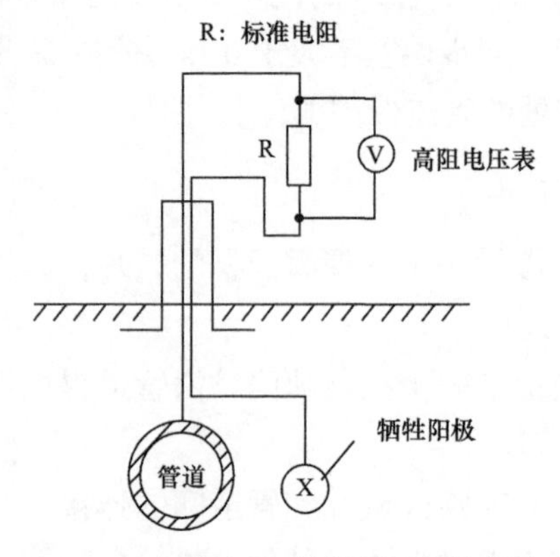

图 2–8　标准电阻法测试接线示意图

采用标准电阻法测量电流时，要求串联的测试导线总长度不应大于 1m；截面积不宜小于 2.5mm²，以减小导线电阻可能产生的测量误差。但应注意，对牺牲阳极输出电流进行测量时，操作不应造成电流回路中断，否则会影响测量结果的准确性。总之，此法操作简单，准确度高，应用广泛。

（2）双电流表法。

双电流表法测试接线法如图 2–9 所示。选用两只同型号数字万用表（以确保两者在同一量程时内阻相同），先按图 2–9（a）将第一只电流表串联接入测量回路，测得电流 I_1；再将第二只电流表与第一只电流表同时串联接入测量回路，如图 2–9（b）所示，此时两只表的电流量程应与测量 I_1 时的相同，记录两只表上显示的 I'_2 和 I''_2。取其平均值为：$I_2=(I'_2+I''_2)/2$。

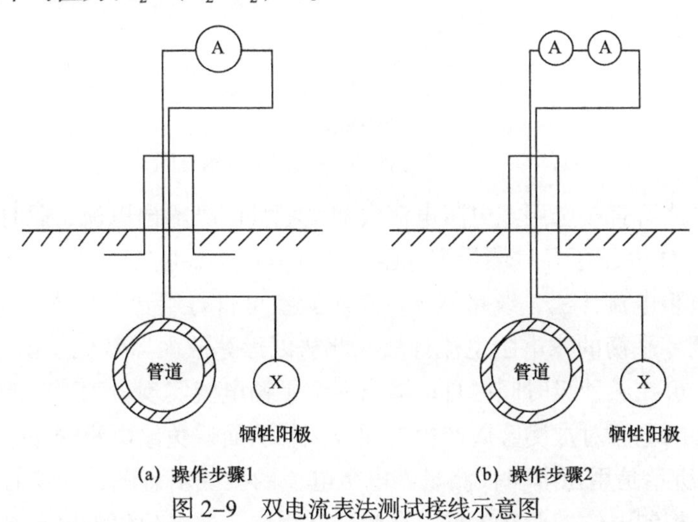

图 2–9　双电流表法测试接线示意图

至此可按下式计算牺牲阳极输出电流 I：

$$I=\frac{I_1+I_2}{2I_2-I_1} \tag{2-4}$$

此法测量时的难点是，所采用的两只电流表的显示值往往差异较大。因此，务必选用两只型号相同的电流表，且在相同量程进行测量，且在测量前应对表的示值进行标定。在电流测量时均要求电流表内阻尽可能得小，一般要求在被测回路总电阻的 5% 以内，电流表的灵敏阈应小于被测电流值的 5%，准确度不低于 2.5 级。

（3）直接测量法。

直接测量法（图 2–10）是将选定的一只电流表直接串联到牺牲阳极输出电流的回路中，电流表的示值即为牺牲阳极输出电流值。此法操作简单，但电流表内阻可产生测量误差。为此应尽可能选用低内阻电流表，一般可选用五位读数（即俗称四位半）的数字万用表，且应注意数字万用表的内阻是随量程而变化的。例如，DT–830 数字万用表的直流电流挡，200mA 档的内阻为 1.545Ω，10A 档的内阻为

0.0138Ω。显然，200mA 档的内阻太大；10A 档的内阻虽合乎需要，但灵敏阈（分辨率）高达 10mA，则测读的绝对误差也达 10mA，误差太大而不可选用。DT-930 数字万用表为四位半读数显示，直流 10A 的内阻仅为 0.132Ω，灵敏阈为 1mA，即测读绝对误差仅为 1mA，对于牺牲阳极输出电流的测是可以接受的。

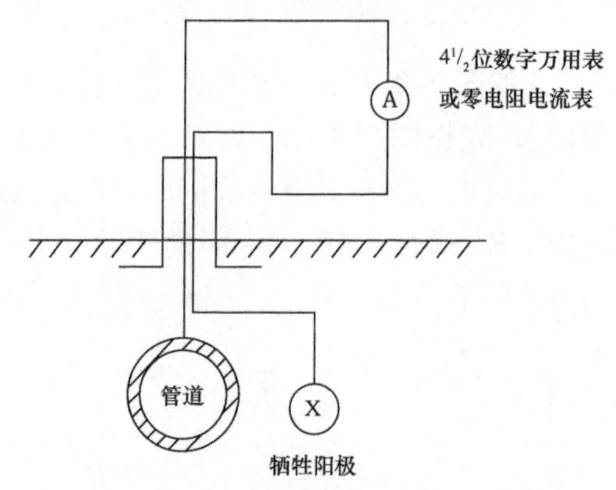

图 2-10　直接测量法的测试接线示意图

直接测量法可直接选用零电阻电流表测量牺牲阳极输出电流，此时仪器的内阻为零。如图 2-11 介绍了几种测量零电阻电流的方法。如图 2-11（a）所示为手动调零平衡的零电阻电流计法，线路简单，在实验室可自行组建。如图 2-11（b）所示为自动瞬时调零平衡的零电阻电流计法，此法以运算放大器替代了图 2-11（a）中的手动调零，可在微秒级时间内自动输出一个平衡电流实现自动瞬时调零平衡，以防止测量电源的电流对被测金属产生附加极化，从而避免给电流测量带来误差。如图 2-11（c）所示是用恒电位仪测量零电阻电流的接线示意图。测量时将恒电位仪的给定电位（控制电位）调在零伏，在测试过程中，恒电位仪的电流表所指示的就是相当于仪器内阻为零时的测量电流。

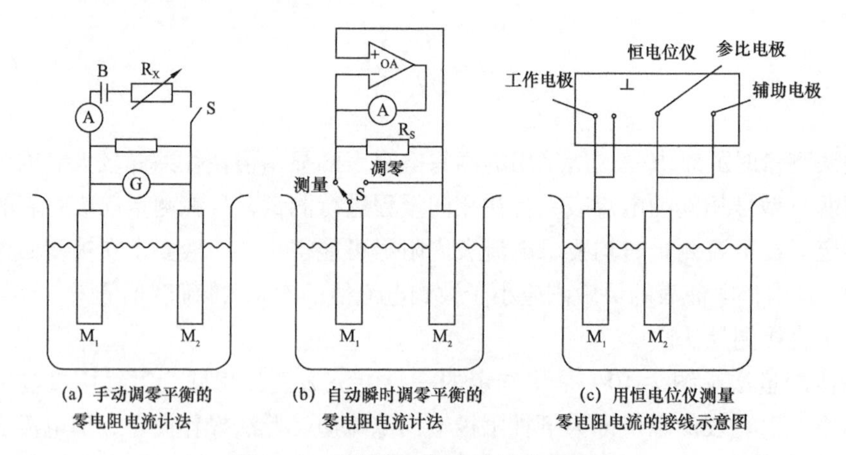

图 2-11　测量零电阻电流的几种方法

M_1—管道金属；M_2—牺牲阳极；R_X—可变电阻；S—开关；Ⓐ—微安计；
Ⓖ—检流计；OA—运算放大器；R_S—标准电阻

由运算放大器可直接制成零电阻电流表（ZRA），现已有多种商品仪器可供选用。其工作原理如图2–12所示。牺牲阳极法阴极保护系统实质上就是一个电偶电池（伽法尼电池），测量牺牲阳极的输出电流也就是测量该电偶电池的电偶电流。零电阻电流计是一只内阻为零的电流表。测量时，电偶对的一个电极（如埋地管道）接地，另一个电极接高增益运算放大器 A_1 的反相输入端，并使运算放大器的同相端接地（公共端）。高输入阻抗高增益运算放大器有两个基本特性：

① 本质上没有任何电流通过放大器的两个输入端，因此对反相输入端应有 $I_s=0$。

② 由于引入了反馈（反馈电阻 R_f），使放大器的两个输入端之间的电位差逼近于零。因为同相端接地，所以反相输入端S点电位 V_s 十分接近于零电位，此点称为“虚地点”或“虚零”。所以仪器具有零电阻（内阻）特性。

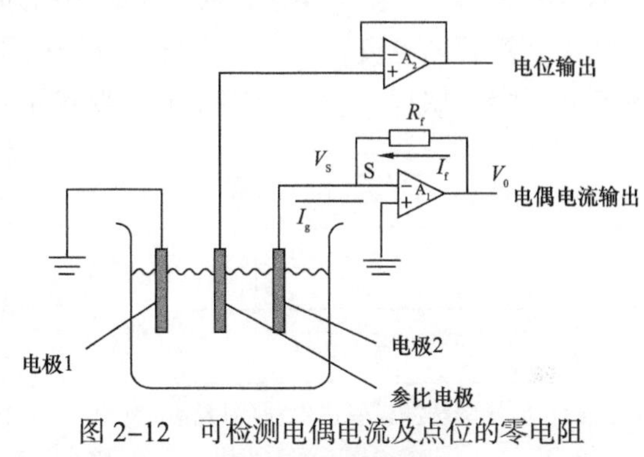

图2–12　可检测电偶电流及点位的零电阻电流计工作原理图

在此情况下，反相输入端S点也称为加合点，即电偶电流 I_g、反馈电流 I_f 和反相输入端的电流 I_s 在此加合，因为 $I_s=0$，所以有：

$$I_s=I_g+I_f \tag{2-5}$$

且反馈电流 I_f 与放大器输出电压 V_0 之间的关系满足：

$$I_f=\frac{V_s-V_0}{R_f} \tag{2-6}$$

因为放大器输出电压 $V_s=GV_s$，G 是开环增益（大于 10^6），故有 $V_0 \gg V_s$，且由于 V_S 逼近于零，可得：

$$I_g=-I_f=\frac{V_0}{R_f} \tag{2-7}$$

即电偶电流 I_g 与放大器输出电压 V_0 成正比。此时电偶对两电极之间的电位差基本上为零，这样就获得了一个零电阻电流计。如在放大器 A_1 的反相输入端串联接入一只标准电阻，还可以测量组成电偶对的两电极之间的开路电位差。

放大器 A_2 是电压增益为1的电压跟随器，由于采用同相输入，因此具有很高的输入阻抗，这就起到阻抗变换的作用，从而可提高电压测量精度。如果再增接电压测量放大系统，就可以在测量电偶电流的同时也测量到短路电偶对相对于参比电极的电位，即电偶电位 E_g，即可测量牺牲阳极保护的埋地管道的保护电位。用此装置还可测量未耦合的各电极分别相对于参比电极的电极电位，即开路状态下的管地电位和牺牲阳极的开路电位。借助于长图式记录仪可以同时记录电偶电流 I_g 及电偶电位 E_g 随时间的变化过程。

2）管内电流测量

（1）电压降法。

国内外普遍采用电压降法以测量管道内实际流过的电流。这种方法的主要优点是测量方法简单、易于操作；缺点是必须已知单位管长的纵向电阻，否则无法从测量结果计算管内电流。对于具有良好外防腐层的管道，当被测管段间无分支管道，且已知管径、壁厚、材料电阻率时，便可采用电压降法测量沿管道流动的直流电流。其接线方式如图 2-13 所示。可根据欧姆定律测量和计算管内电流。

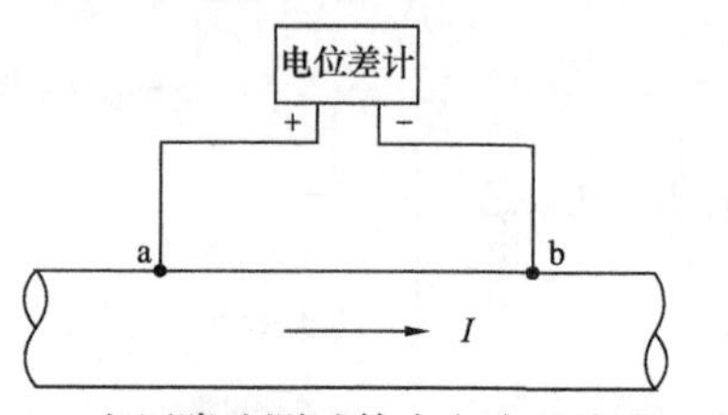

图 2-13　电压降法测试管内电流的接线示意图

在管道上预先选定 a、b 两点，引出导线连接至检测站；精确测定 ab 间的电压降 V_{ab}（可采用微伏表或电位差计），按下式计算管内电流：

$$I=\frac{V_{ab}\pi(D-\delta)\delta}{\rho L_{ab}} \tag{2-8}$$

式中 I——流过 ab 段的管内电流，A；

V_{ab}——ab 间测得的电压降，V；

D——管道外径，mm；

δ——管道壁厚，mm；

ρ——管材电阻率，Ω · mm²/m；

L_{ab}——ab 间管道长度，m。

V_{ab} 一般为 μV 级的，当采用的微伏表或位差计（如 UJ33a）的最小分度值为 1μV 时，为保证电压降测量精度，要求 V_{ab} 不小于 50μV，由此限定了管内电流测试所需的最小管距 L_{ab}。应根据管径大小和管内电流强度大致范围决定 ab 间的管距。当管内电流量小和（或）管径大时，L_{ab} 应增大。

为进行管内电流测量，对于直径在 700mm 以下的管道，若取管长 30m，管段电阻约为 0.3mΩ，当选用精确的电压表，可测出 0.1mV 的电压，所以测量精确度不低于 0.3A。对于直径大于 700mm 的管道，电流测量段一般以 50m 为宜。由于壁厚的变化（无缝钢管为 10%，焊接管为 5%）以及难以获得指定管道钢的准确电导率，所以应尽量采用较长的测量管段长度。对于直径大于 1000mm 的管道，测量管段长度选择 100m 是合适的。应精确测量 ab 间的管段长度，误差不大于 1%。

L_{ab} 的长度是施工时预先测定的。单位管长的纵向电阻值取决于管径、壁厚和材料电阻率，可在施工前预先实测这些参数，也可从制造厂提供的参数获得。为便于地面测量，设有电流检测站，应将规定的测量管段长度和已知的该管段纵向电阻值标示在检测站铭牌上。通常电流检测站内接有 4 根导线，可按电阻测量方法，对 ab 段的电阻进行实测标定，由此可以免除由测量管段长度和电导率等因素带入的误差。

测量操作时，先用数学万用表粗测 V_{ab} 值，并判定 a、b 两点的正、负极性，然后再用 UJ33a 电位差计（或微伏表）精测。

（2）补偿法。

对于具有良好外防腐层的管道，当被测管段间无分支管道，无接地极，管内流动的直流电流比较稳定时，可使用补偿法测试管内电流。接线方法如图 2–14 所示。使用此法时，要求 $L_{ac} \geqslant \pi D$，$L_{db} \geqslant \pi D$；而 L_{cd} 的最小长度要求与上述电压降法的要求相同。这些要求是为了保证 cd 管段处于电流均匀分布的管段。L_{cd} 的长度要求是保证 V_{cd} 不小于 50μV。

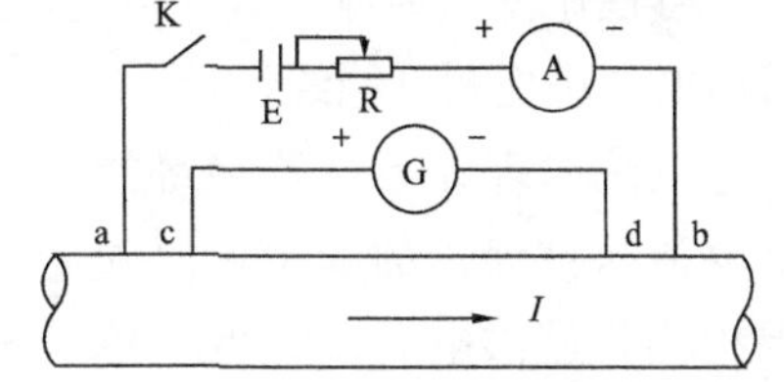

图 2–14　补偿法测试管内电流的接线示意图

测量时先合上开关，缓缓调节变阻器 R，当检流计 G（或采用电位差计）指示为零时，cd 间电位差被补偿到零，即此时的补偿电流正好等于流过 cd 段的管内电流，但两者的方向相反。所以当检流计或电位差计（G）指零时，电流表（A）的读数即为管内电流值。

补偿法也是常用的管内电流测试方法。此法的主要特点是，测试准确度高，且不需要知道管道的纵向电阻值。

3. 电阻测试法

1）绝缘连接器的绝缘性能测试

（1）兆欧表法。

埋地管道的绝缘连接器一般指绝缘接头或绝缘法兰。对于组装好的绝缘法兰或整体型绝缘接头，在安装到管道上之前应进行电绝缘性能测试。一般可采用兆欧表直接测量其绝缘电阻值。兆欧表法仅适用于未安装到管道上的绝缘接头（法兰）的绝缘电阻测量。

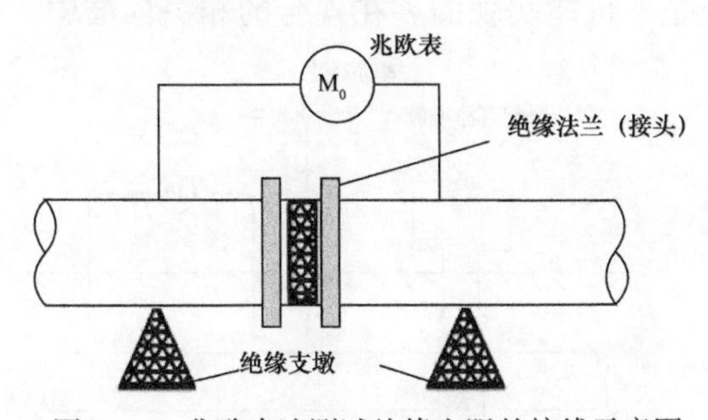

图 2–15　兆欧表法测试绝缘电阻的接线示意图

兆欧表法测试绝缘电阻的接线如图 2–15 所示。可用磁性接头（或夹子）将 500V 兆欧表输入端的测量导线压接缘接头（法兰）两侧的裸露短管上，转动兆欧表手柄，使手摇发电机达到规定的转速并持续 10s，此时表针稳定指示电阻值即为该绝缘接头（法兰）的绝缘电阻值。

应在绝缘接头（法兰）保持干燥状态下采用兆欧表进行测量，否则测量值将不稳定和不准确。此法不仅能测量出绝缘电阻值，而且也检验了其耐500V电压的耐电压能力。

（2）电位法。

已安装到埋地管道上的绝缘接头（法兰），其两侧的管道通过土壤已构成闭合回路，可视作为接地体，处于导通状态，所以不能再用兆欧表法测量绝缘电阻。此时可用电位法检测其绝缘性能。

电位法原理如下：若绝缘接头（法兰）的绝缘性能很好，将不会有任何阴极保护电流从被保护的管道侧经过绝缘接头（法兰）流向非保护侧。阴极保护站对被保护侧管道供电后，被保护侧管地电位在阴极保护电流作用下负移，但非保护侧则因无电流流入，其管地电位几乎不变。若绝缘接头（法兰）的绝缘性能不好，将由于阴极保护电流流过绝缘法兰，使非保护侧管地电位也随之负移。

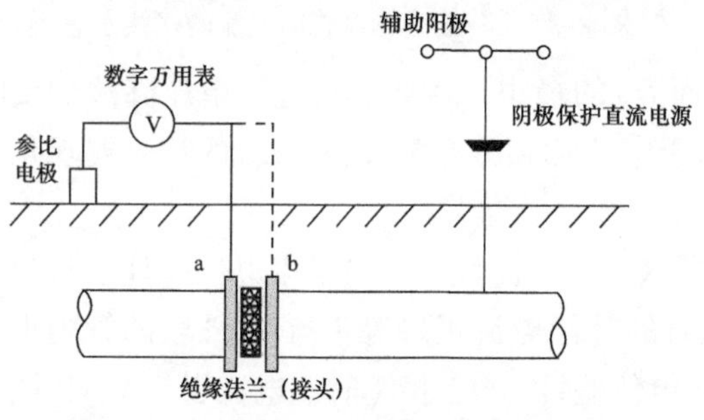

图 2–16　电位法测试绝缘性能接线示意图

如图2–16所示为电位法的测试接线图。在被保护管道通电之前，用数字万用表测试绝缘法兰（接头）非保护侧a的管地电位V_{a1}，调节阴极保护电源，使保护侧b点的管地电位达到–0.85～–1.50V之间，再测试a点的管地电位V_{a2}。若V_{a1}和V_{a2}基本相等，则认为绝缘法兰（接头）的绝缘性能良好；若$|V_{a2}|>|V_{a1}|$，且V_{a2}与V_b数值接近，则认为绝缘法兰（接头）的绝缘性能可疑。若辅助阳极距绝缘法兰（接头）足够远，且判明与非保护侧相连的管道没同保护侧的管道接近或交叉，则可判定为绝缘法兰（接头）的绝缘性能很差（严重漏电或短路），否则应按下述漏电电阻测试法进一步测试。

（3）漏电电阻测试法。

漏电电阻测试法原为我国行业标准SYJ 23—1986《埋地钢质管道阴极保护参数测试方法》的电压电流法。由于原电压电流法规定管内电流在绝缘接头（法兰）非保护侧进行测量，这在绝大多数场合是不可能实现的。在现行的相关标准中，改为在保护侧测量流入保护侧管道的电流与保护侧管道实现阴极极化的保护电流之差来获得绝缘接头（法兰）漏过的电流，以此来求得绝缘接头（法兰）的漏电电阻和漏电百分率。由此可定量地表征绝缘性能。

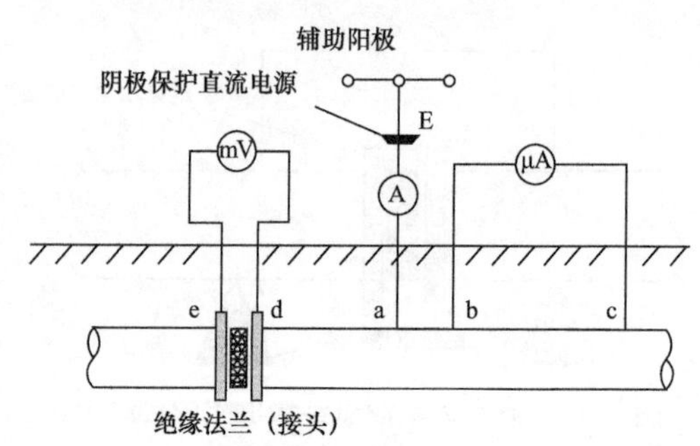

图 2–17　漏电电阻测试接线示意图

已安装到埋地管道上的绝缘接头（法兰），由于两端已接地，可采用电位法测试绝缘性能，但此法不能做出定量评价，且存在误判的可能性。当采用电位法测试绝缘性能且对结果评价存疑时，或为了定量地评价绝缘性能，可按图 2–17 所示的测试接线，进行漏电电阻或漏电百分率测试。

对于测试范围内无分支金属结构物的管道系统，其绝缘接头（法兰）漏电电阻的测试步骤如下：

① 图 2–17 连接测试线路，其中 ab 之间的水平距离不得小于 πD，bc 段的长度宜为 30m；

② 调节外电源 E 的输出电流 I_1，使保护侧的管道电位达到阴极保护电位范围的规定要求；

③ 用数学万用表测定绝缘接头（法兰）两侧 de 间的电位差 ΔV；

④ 用前述电压降法测试 bc 管段的管内电流 I_2；

⑤ 读取外电源 E 向管道提供的阴极电流 I_1，然后，按式（2–9）计算绝缘接头（法兰）的漏电电阻 R_H。

$$R_H = \frac{\Delta V}{I_1 - I_2} \tag{2–9}$$

式中 R_H——绝缘接头（法兰）的漏电电阻，Ω；

ΔV——绝缘接头（法兰）两侧 de 间的单位差，V；

I_1——外电源 E 的输出电流，A；

I_2——流过 bc 管段的管内电流，A。

按式（2–10）计算绝缘接头（法兰）的漏电百分率 n：

$$n = \frac{I_1 + I_2}{I_1} \times 100\% \tag{2–10}$$

一般情况下，测试结果可得 $I_1 > I_2$。但是，有时也会出现 $I_2 > I_1$ 的测试结果。相关标准规定：若测试结果为 $I_2 > I_1$，则认为绝缘接头（法兰）的漏电电阻无穷大，漏电百分率为零，绝缘接头（法兰）的绝缘性能良好。

出现 $I_2 > I_1$ 的原因是，由于 I_1 为外电源的输出电流，最大测量误差为 2.5%；而 I_2 是用电压降法测得的，鉴于制管时的管子壁厚允许公差很大，I_2 的测量误差可达 10%，在绝缘接头（法兰）漏电电阻较大时，将可能出现 $I_2 > I_1$ 的情况，此时（$I_1 - I_2$）成为负数。漏电电阻不可能是负数，故该标准作出上述规定。

2）接地电阻测试

（1）测试接地电阻的三极法原理。

测量一个接地体的接地电阻一般采用三极法，如图 2–18 所示为测定接地体 E_1 的接地电阻 $R_{A,E}$ 的三极法等效电路和测量原理。

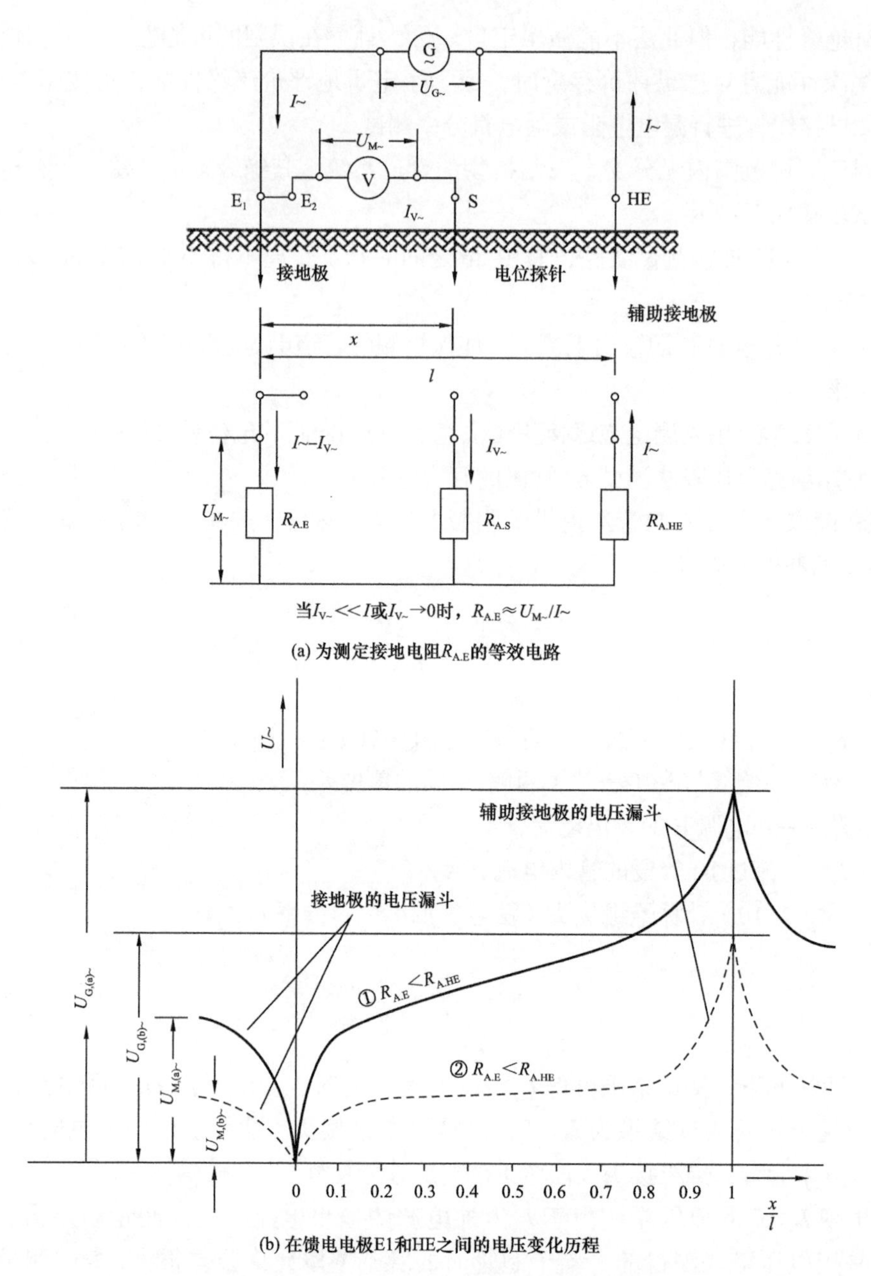

图 2-18 测定接地电阻 $R_{A.E}$ 的三极法等效电路和测量原理

在待测接地体（接地极 E）一定距离处的地表土壤中插入一支辅助接地极 HE，以便在接地极和辅助接地极之间馈入测量电流，在待测接地极和辅助接地极之间进行电位测量，按欧姆定律计算电阻。为测出接地电阻 $R_{A,E}$，必须测出接地极附近的电压降 U_H，由此也就测出了由接地极在地表面附近引起的电压漏斗。为此需在接地极和辅助接地极之间地表土壤中插入一支钢钎作为电位测量探针（电位极 S），以此来测量电压降 U_H。当同时满足以下两条件时，在接地极和电位极之间测量的电位差就是接地极附近的电压降：

① 该电位差必须是用高阻电压表或按补偿法进行测量的。这样，在电位极实际上未流过任何测量电流，因此可以忽略接地电阻 $R_{A,S}$；

② 电位极的配置必须既在接地极的电压漏斗之外，也在辅助接地极的电压漏之外。这样，就可了解接地极电压漏斗的真实大小。如果电位极位于接地极的电压漏内，例如在图 2–19 中的 $0 \leqslant (x/l) < 0.2$ 范围中时，测得的将是一个过于小的电压 U_M，因而也得到了一个过于小的接地电阻 $R_{A,E}$。如果电位极位于辅助接地极的电压漏内，例如在图 2–19 中的 $0.8 < (x/l) \leqslant 1$，就会把辅助接地极附近的一部分电压降叠加到接地极的电压降上，因此测得的 U_M 和相应的接地电阻 $R_{A,E}$ 就会偏大。

（2）辅助阳极接地电阻测试法。

外加电流阴极保护的辅助阳极为大型接地装置，接地电阻不宜大于 1Ω。此处介绍采用 ZC–8 接地电阻测量仪（量程 0～1Ω 和 10～100Ω）测量接地电阻，此法简单，且不会造成电极的极化。测试接线如图 2–19 所示。

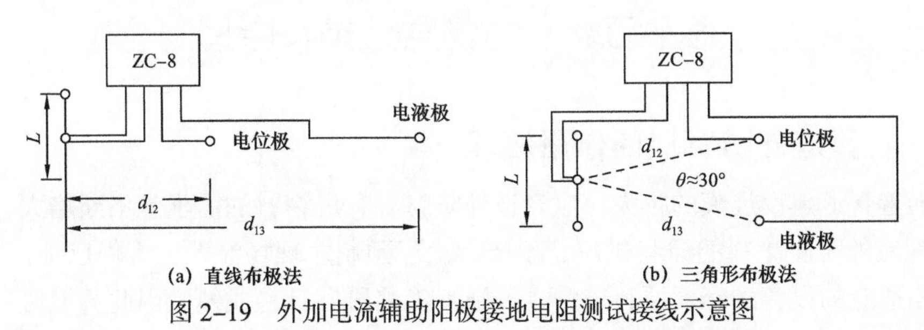

图 2–19 外加电流辅助阳极接地电阻测试接线示意图

当采用图 2–19（a）所示接线测试时，在土壤电阻率较均匀的地区，$d_{13}=2L$，$d_{12}=L$；在土壤电阻率不均匀的地区，$d_{13}=3L$，$d_{12}=1.7L$。在测试过程中，电位极沿辅助阳极与电流极的连线移动三次，每次移动的距离为 d_{13} 的 5% 左右，若三次测试值接近，取其平均值作为辅助阳极接地电阻值；若测试值不接近，将电位极往电流极方向移动，直到测试值接近为止。

辅助阳极接地电阻也可采用图 2–19（b）所示的三角形布极法测试，此时，$d_{13}=d_{12} \geqslant 2L$。

完成上述接线后，转动接地电阻测量仪的手柄，使手摇发电机达到额定转速，调节平衡旋钮，直至表头指针停在黑线上，此时黑线指示的度盘值乘以倍率即为接地电阻值。

（3）牺牲阳极接地电阻测试法。

采用牺牲阳极保护的管道，为了充分发挥每支牺牲阳极的作用，每个埋设点使用的牺牲阳极数量一般不超过 6 支，而且均匀分布于管道两侧。对于这种小型接地体，采用接地电阻测量仪来测量接地电阻是非常方便的。

测量牺牲阳极接地电阻之前，必须首先将牺牲阳极与管道断开连接，否则无法测得牺牲阳极的接地电阻值。采用如图 2–20 所示的接线法，沿垂直于管道的一条

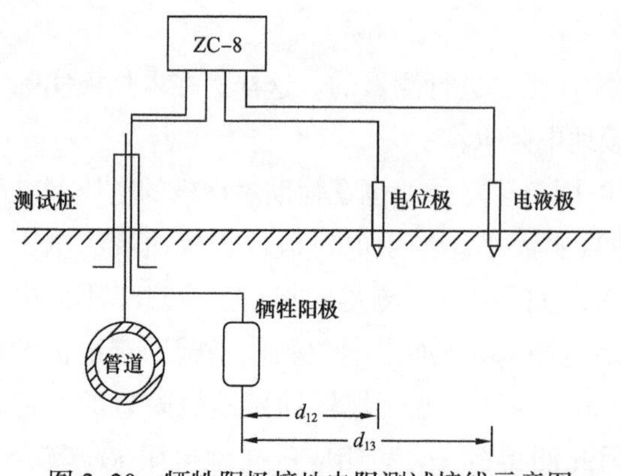

图 2-20　牺牲阳极接地电阻测试接线示意图

直线布置电极，取 d_{13} 约为 40m，d_{12} 约为 20m。经验证明，这样的布极距离已能使其测量准确度满足使用要求。使用 ZC-8 接地电阻测量仪（量程 0～1Ω 和 10～100Ω）测量接地电阻值时，此时 P_2 和 C_2 用短接片予以短接，再采用一条截面积不小于 $1mm^2$ 且长度不大于 5m 的导线连接到牺牲阳极接线柱，P_1 和 C_1 分别接电位极和电流极。

当埋设点牺牲阳极的数量较多或采用带状牺牲阳极时，接地体的尺寸相对较大；该组牺牲阳极的对角线长度（或带状牺牲阳极长度）大于 8m 时，按图 2-19（a）规定的尺寸布极。但 d_{13} 不得小于 40m，d_{12} 不得小于 20m。

第三节　外防腐层分类及原理

一、管道外防腐层的作用原理

随着管道建设规模的扩大，对管道外防腐层有机涂料的需求量不断增大，埋地钢质管道外防腐涂料的原料供应、生产、工厂预制、现场涂覆、维修已形成规模，与之相适应的设备配套、原料、配方、施工工艺研发日趋成熟。因此，探讨外防腐层的防腐蚀机理，对于长输管道外防腐层有机覆盖层的研发、生产选用、施工、维修具有实际指导意义。

金属表面覆盖层能起到装饰、耐磨损及防腐蚀等作用。对于埋地管道来说，防腐蚀是主要目的。有机覆盖层主要是通过隔离作用、绝缘作用、附着作用（黏结）来达到防腐的目的。

1. 隔离作用

所谓隔离就是将钢铁与环境隔离，阻止环境中的腐蚀剂到达钢铁表面。欧洲有观点认为，有机覆盖层能够抵御湿气，防止钢铁腐蚀。从这个观点出发，德国开发了聚乙烯防腐层，即 2PE。

2. 绝缘作用

由于有机高分子的几何尺寸大于腐蚀剂分子（如 O_2 和 H_2O）及离子（如 Cl^-），成膜过程中一般带有针孔等缺陷，还有第三方破坏造成的损伤，致使有机覆盖层不能起到绝对的隔离作用，而透气性和透水性又使得腐蚀介质容易透过覆盖层到达钢铁表面。由于透过有机覆盖层的水和氧高于裸钢腐蚀时所耗水和氧的速度，致使覆盖层的导电性提高。导电性是有机覆盖层致密性和绝缘性的表征，优良的致密性和低导电性将大大提高有机覆盖层的防腐蚀能力。

3. 附着作用

良好的附着力能抵抗有机覆盖层起泡和抗阴极剥离。覆盖层起泡的原因，一是水透过有机覆盖层使覆盖层处于低劣的湿态附着状态，此时水和溶解在水中的腐蚀剂直接与钢接触，引起腐蚀，当腐蚀进行时，产生的 Fe^{2+}、OH^- 造成覆盖层下的渗透压池，渗透压达到 2500～3000kPa，而覆盖层的形变力为 6～40kPa，因此形成泡而膨胀，剥离覆盖层，暴露出裸钢表面；二是由于阴极保护不当引起的保护电位过负，保护电流增大，产生 H_2，从而起泡，这种现象叫阴极剥离，阴极剥离和覆盖层与基体钢的黏结及覆盖层耐受孔隙内氢在覆盖层与基体钢之间迁移的能力有关。

覆盖层附着力不足，腐蚀剂和水从覆盖层损伤处渗入覆盖层与钢管之间，而阴极保护电流不能透过覆盖层达到腐蚀区保护钢管，这种现象叫阴极屏蔽。此外，与附着力相关的起泡还有电渗透。在黏结机理的指导下，美国开发了环氧粉末覆盖层，即 FBE。

覆盖层防腐蚀要求覆盖层完整无针孔，与金属牢固结合使基体金属不与介质接触，能抵抗加热、冷却或受力状态（如冲击、弯曲、土壤应力等）变化的影响。有的覆盖层具有导电的作用。如镀锌钢管的镀锌层是含有电位较负的金属锌的镀层，当它与被保护的金属形成短路的原电池后，金属镀层成为阳极，起到阴极保护的作用。

管道外部覆盖层，亦称防腐绝缘层（简称防腐层）。将防腐层材料均匀致密地涂敷在经除锈的管道外表面上，使其与腐蚀介质隔离，达到管道外防腐的目的。

对管道防腐层的基本要求是：与金属有良好的黏结性，电绝缘性能良好；防水及化学稳定性好；有足够的机械强度和韧性；耐热和抗低温脆性；耐阴极剥离性能好；抗微生物腐蚀；破损后易修复，价廉且易于施工。

二、有机防腐覆盖层与阴极保护的关系

有机覆盖层的防腐蚀作用是基于电化学腐蚀原理，将腐蚀电池的阴极与阳极隔离，阻止腐蚀电流的流动，将钢铁与电解质隔离，阻止离子移动，以防止铁的溶解。当覆盖层处于好的状态时，阴极保护不起作用，保护电流很小，这时可暂时关闭阴极保护系统；当覆盖层发生损坏出现露铁时，阴极保护提供保护电流，抑制露铁的腐蚀，但当覆盖层严重失效（例如阴极剥离、阴极屏蔽）时，通常阴极保护系统不能起到保护管道的作用，因此覆盖层的保护作用是主要的。

有机覆盖层除了其固有的缺陷外，还有施工造成的针孔、气泡以及使用过程中的损伤和老化，这些缺陷影响覆盖层的隔离、绝缘、附着作用。一旦覆盖层发

生损伤，损伤处裸露钢铁为阳极，覆盖层处为阴极，形成所谓的小阳极大阴极，加速了裸露钢铁部位的腐蚀。阴极保护的作用是给被保护钢铁结构施加负电位使其成为阴极，钢的阴极保护电位相对饱和，硫酸铜电极为 –0.85V 左右，最大保护电位值通过有机覆盖层的抗阴极剥离能力确定。如果单独使用阴极保护，则耗电量大。

有机覆盖层与阴极保护联合保护，以有机覆盖层为主，阴极保护为辅是埋地钢质管道、金属构件防腐的成熟经验，国内外已经将其标准化。完整而优良的有机覆盖层是管道阴极保护的前提，它可以降低阴极保护的电流密度，缩短阴极极化的时间，改善电流分布，扩大保护范围。当完整的防腐层受到损伤且损伤点较少时，阴极保护能够发挥作用，当损伤点超过一定数量时，需要的保护电流增大，阴极保护失去作用。当防腐层变得千疮百孔，整体绝缘失效时，阴极保护会起反作用，例如阴极剥离、阴极保护屏蔽。

对于埋地钢质管道，采用以防腐层为主、阴极保护为辅的联合保护，控制了腐蚀电池的发生，突破了覆盖层防腐蚀的局限性，覆盖层的绝缘性保证了阴极保护电流密度的均匀性，大大延长了防腐层的使用寿命，提高了防腐蚀效果。

三、提高覆盖层防腐蚀效果的途径

（1）厚膜化。

增加覆盖层厚度可以消除针孔缺陷，提高防腐蚀效果。Fich 定律表明，液体介质渗透到覆盖层与金属界面的时间与覆盖层厚度成正比：

$$T=\frac{L^2}{6D} \tag{2-11}$$

式中 T——液体介质渗透到覆盖层与金属界面的时间，s；

L——覆盖层厚度，m；

D——液体在覆盖层内的扩散系数。

显然，覆盖层的防腐蚀能力与厚度有关，例如，当 FBE 覆盖层厚度小于 152μm 时，每 12m 覆盖层的露点大于 40 个。当覆盖层的厚度大于 254μm 时，可以防止露点的形成。

（2）高性能耐蚀合成树脂。

高性能耐蚀合成树脂是提高防腐蚀能力的关键，例如，有机覆盖层的玻璃化转变温度越高，防腐性能越好，若高于环境温度，则覆盖层仍保持玻璃态而不膨胀，不移动，固守于原位，湿态附着力好。

（3）金属表面处理。

钢铁表面严格处理是提高附着力的必要条件，一般要求钢铁表面清理水平达到近白级、无污染，才能保证覆盖层保护的长期有效性。

（4）确保施工质量。

正确施工是提高覆盖层质量的重要环节，例如，成膜固化温度不能低于规定的温度，一般推荐在夏秋季施工。

四、埋地管道外防腐层的种类

国内主要使用的防腐涂料有石油沥青、煤焦油沥青、聚氨酯石油沥青、CTE、FBE、3PE 等，国外常用的涂料有 CTE、FBE、POA、POE、POF 等。

1. 石油沥青

石油沥青大多是从天然石油中炼制出的副产品，其组成比较复杂，以烷烃和环烷烃为主，并含少量的氧、硫和氮等成分。如当管道输送介质的温度为 51～80℃时，采用的管道专用防腐沥青，介质温度低于 51℃时，可采用 10 号建筑石油沥青。

管道专用防腐沥青是沥青基或混合基石油炼制后的副产品经深度氧化制成的，软化点较高。我国石油多属于石蜡基，含蜡量高，故会影响防腐层的黏结力和热稳定性。

石油沥青防腐层的特点有：

（1）石油沥青属于热塑性材料，低温时硬而脆，随温度升高变成可塑状态，升高至软化点以上则具有可流动性，发生沥青流淌的现象。

（2）沥青的密度在 1.01～1.07g/cm 之间。

（3）沥青的耐击穿电压随硬度的增加而增加，随温度的升高而降低。

（4）抗植物根茎穿透性能差。

（5）不耐微生物腐蚀。

2. 煤焦油沥青

煤焦油瓷漆属煤焦油沥青，是由高温沥青分馏得到的重质馏分和煤沥青，添加煤粉和填料，经加热熬制所得的制品。该材料的主要成分煤沥青呈芳香性，是一种热塑性物质。其分子结构为环状双键型，碳氢比高（碳原子与氢原子的比为 1.4：1，而石油沥青为 0.9：1）。由于分子结构紧密，其优点是使用寿命长（可达 60 年以上）、耐细菌吞噬、成本低，抗植物根茎穿透能力强，比石油沥青防腐层黏结性好，吸水率低。缺点是机械强度和低温韧性差，但在我国埋地原油和天然气管道中仍有较广泛的应用。

为了改进煤焦油涂料的性能，可加入其他树脂。例如加入氧化橡胶可提高其干性，改善涂料的热稳定性。环氧树脂与煤焦油沥青配合得最好，能综合两者的优点。

3. 环氧煤沥青

优点是一次成膜厚、涂层致密、耐盐碱、耐海水、耐潮湿，与金属黏结好、抗微生物侵蚀、耐阴极剥离。性能优于煤焦油沥青，但没有熔结环氧粉末和聚乙烯的性能优良，实际中运用较少。

4. 聚氨脂石油沥青

耐化学介质，高伸缩性，低吸水率，固化后有强的防水性，可用于石油沥青层的常温补口补伤和大修以及新管道的防腐。

5. 三层结构聚乙烯（3PE）

三层结构从里到外分别是熔结环氧、胶结剂和挤塑聚乙烯。最显著的优点是具有良好的耐化学腐蚀性、粘结性、抗阴极剥离性，具有较高质价比，绝缘性能好，强度高。国内大管线中应用广泛。缺点有：（1）阴极保护协调工作时电流存在一定的屏蔽；（2）三层材料性质差异大，存在分层危险；（3）使用温度有限，温度超过55℃时聚乙烯存在很大的环境应力开裂倾向；（4）底层环氧粉末的最小厚度尚无确定方法。

6. 聚脲

一种新型无溶剂、无污染的涂层。具有非常优异的理化性能，如韧性、耐腐蚀性、防水性、抗冲击强度。与传统喷涂比，喷涂聚脲不含催化剂和有机溶剂，瞬间反应固化，可在任意曲面、斜面及垂直面上成型，不流挂。聚脲这种新型防腐材料已在美国阿拉斯加管道和印尼输气管道上得到了很好的应用，但国内应用较少。

五、选择防腐涂层的原则

选择防腐层的基本要求：保证管道在寿命期内不产生外腐蚀而引起的功能损失。选择失误会使寿命期内涂层失效而带来额外维修费用。而这个费用往往超过采用较高级性能涂层所增加的初始投资。因此，在防腐层材料选择时既要考虑一次投资，也要考虑管道运行费用和损坏后的维修费。通常，选择长寿命防腐涂层更为经济。

材料选择除考虑经济因素（涂层预制、补修等）外，还需考虑使用要求。包括输送介质温度、地形变化、土壤特征、制管方式和人文条件等。这些因素中，输送介质温度是选择涂层的又一重要指标。不同种类的防腐层适用的输送介质温度不同，必须根据操作温度，甚至施工时的气温慎重选择。常用的防腐层适用输送介质温度情况见表2-1。

表2-1 常用防腐层适用的输送介质温度

<table>
<tr><th>材质</th><th>介质温度，℃</th><th colspan="2">材质</th><th>介质温度，℃</th></tr>
<tr><td>石油沥青质</td><td>80</td><td rowspan="3">聚烯烃</td><td>低密度</td><td>50以下</td></tr>
<tr><td>环氧煤沥青</td><td>110</td><td>高密度</td><td>70以下</td></tr>
<tr><td>三层聚乙烯</td><td>70以下</td><td>聚丙烯</td><td>70～100</td></tr>
<tr><td>聚氨酯</td><td>100</td><td colspan="2">聚脲</td><td>高于50，干态使用温度在140以上</td></tr>
</table>

涂层选择也要考虑地形和土壤性质。起伏较大的地形要求涂层必须满足现场冷弯要求，含水率相对高的土层要求涂层抗渗透性好，黏土区则要求涂层抗土壤应力性能高，腐殖土区要求涂层抗微生物侵蚀性好：盐清化土壤要求涂层耐化学介质浸泡。另外，选择涂层时应考虑，一些国际标准、国家标准及行业标准中对涂层也有额外附加条件，如对石油沥青、煤焦油瓷漆防腐层，行业标准要求焊缝上的防腐层厚度不小于规定等级草度的65%。涂层选择者也应重视人文条件。尤其在我国，施工单位质量意识不强，对涂敷防腐层的管道进行野蛮装卸、野蛮施工的现象屡见不鲜。

第四节　外防腐层检测

随着经济的迅速发展，油气的供用量不断增大，铺设了大量管道。一般来说，对于成品油管道或者天然气管道，内腐蚀并不严重，而管道外壁的外腐蚀问题日益突出。防腐层防腐是最为常用的防腐蚀方式，并且在应用中取得了良好的保护效果，隔离了腐蚀环境与管道，有效地阻止了腐蚀的进行。管道防腐层的完好程度间接反映腐蚀的状态，因此埋地管道外防腐层的检测提升到日程上来。埋地金属管道外防腐层检测技术方法很多，如今防腐层状况检测技术大多是通过管道上方地面测量，通过相关参数反映管道外防腐层的状态。

一、非开挖检测

非开挖检测技术是指在地面以最小开挖量甚至不开挖的条件下对埋地管道进行腐蚀、泄漏并确定泄漏位置的检测技术。管道非开挖检测技术在国内外普遍采用多频管中电流法（PCM)，标准管 / 地电位检测法（P/S)、密间距电位测试法（CIPS)、皮尔逊检测方法（Pearson）检测法（PS)、直流电压梯度测试法（DCVG)，以上检测技术普遍应用于天然气、油田等领域。

1. PCM 检测技术

PCM 是 Pipeline Current Mapper 的简称，即为管中电流法或多频管中电流法，主要是测量管道中电流衰减梯度，因此也称为电流梯度法。管道电流测绘系统是一套采用全新测试方法的埋地管道检测仪，主要应用在对管道外防腐层使用状况评估、新建管道外防腐层施工质量的验收、管道外防腐层破损点与内在缺陷（外防腐层厚度不够或有密集型的针孔）的定位、管道阴极保护效果评估、目标管道与其他管道搭接点的查找和定位、盗接管道或分支管道的查找和定位、管道泄漏点的查找和定位以及作为大功率探测定位长输管道的仪器等。该技术因其能在非开挖情况下获取外防腐层破损信息及外防腐层性能而得到广泛应用。

此检测方法的原理是：

PCM 评价的核心是从地面上定量地遥测地下的管道中的电流，并根据电流的变化规律，确定外防腐层的破损位置和老化程度。当埋地油气管道中输入一个低频率电流的电信号后，该信号电流就会在管道中传播，周围便产生了相应的电磁场，该磁场与供入电流的大小成正比，同时，随着传输距离增加，电流信号将有规律地衰减。对于干线管道及一般较长的管道，电流 I 将随距离 X 呈指数关系衰减，即：

$$I = I_0 e^{-\alpha x} \tag{2-12}$$

式中 I_0——信号供入点的管道电流值，mA；

x——检测点与信号供入点之间的距离，m；

α——衰减系数。

其中，α 与管道的电特性参数 R（管道的纵向电阻率，Ω · m）、G[横向电导，S/m]、C（管地分布电容，μF/m）、L（管道自感，mH/m）密切相关。而横向电导的倒数即为横向绝缘电阻，它是外防腐层好坏的重要标志，当管径为 ϕ 时，$1m^2$ 油气管道外防腐层的绝缘特性参数 R_g 可表示为：

$$R_g = \frac{\pi\phi}{G} \tag{2-13}$$

式中 ϕ——管径，m。

a 还可以用电流变化率 Y 来表示，单位为 dB/m，即：

$$Y= (I_{dB1}-I_{dB2})(X_2-X_1) \tag{2-14}$$

X 为测量点到原点的距离，I_x 为 X 点的电流读数。I_{dB} 为经对数转换后得到的以 dB 为单位的电流值。转换关系为：

$$I_{dB}=20/\lg I+K \tag{2-15}$$

式中 I——X 点的电流读数，mA；

K——常数。

将该式经数学物理分析可得如下各变量的函数，即：

$$Y=8.68a=F(f, R, G, L)=F(\phi, t, \rho, R, R_g, C, L) \tag{2-16}$$

式中 ϕ——管道外径，m；

t——油气管道壁厚，m；

ρ——管材的电阻率，该值为常数；

f——频率，Hz。

从式（2-16）中可以看出：在某一特定的油气管道上，当各种参数不变时，外防腐层绝缘特性参数 R_g 的变化会引起电流变化率 Y 的变化。因此可以通过在油气管道中施加一电流信号，利用接收器接收激励信号强度的方法考察外防腐层质量的优劣及有无漏点。当管道外防腐层防腐性能优良时，管中电流 I_a 与距离 X 呈线性关系，其电流衰减取决于绝缘层的绝缘电阻。若电流异常衰减或 Y—X 曲线中有一个明显的脉冲突变，则说明该管段外防腐层性能下降或有漏点，导致电流信号泄漏。

该检测方法的优点是：（1）简单易行，不需要挖开管道上方土壤即可进行检测；（2）所需人手少，使用器械简单，PCM检测法只需一名检测人员与一台手持检测仪即可完成；（3）信号传输的距离比较远，不需要频繁的进行电流输入；（4）可迅速获得初步判定，对管道是否被腐蚀有大致了解；（5）电流减小的速度与在起始点施加的电流强度无关。

这种检测方法的缺点是：（1）该检测标准适用于石油沥青和聚乙烯夹克外防腐层，对于埋于地下的钢制管道无法进行检测；（2）只能在土壤环境、防腐层材料等外在条件比较稳定及单一的情况下检测；（3）只能确定防腐层的损坏或老化程度及具体位置，不能确定损坏面积的大小；（4）用于检测的仪器不带电池，在野外测量十分不便；（5）受到外界电流的影响；（6）需要提前了解管道的接头、弯头等特征。

2. 标准管/地电位检测法（P/S）

标准管地电位测量（P/S）是通过测量埋地管线测试点的电位来判断阴极保护的效果。测量速度快，但某一测点的电位是其若干缺陷的综合值，因此不能确定缺陷大小及其位置，不能指示涂层剥离，测量误差大，精度较低。

3. CIPS检测技术

密间隔电位测试（CIPS）技术是在有阴极保护系统的管道上，测量管道的管地电位沿管道长度方向的变化（一般间隔1～5m测量一个点）来分析判断防腐层的状况和阴极保护的有效性，通过分析管地电位沿管道的变化趋势判断管道防腐层的总体平均质量状况。此检测技术能将读取数据的精度提高到1m，并消除了读数的*IR*影响，能够反映缺陷的位置和评价阴极保护的效果。但由于其数据多，工作量大，易受到干扰，且需要缆线，使测量范围受限。

4. PS检测技术

皮尔逊检测法（Pearson）由美国人Pearson提出，它是在管道施加典型值为1000Hz的交流信号，该信号通过防腐层破损点处时会流失到大地土壤中，因而电流密度随着远离破损点而减小，在破损点的上方地表面形成了一个交流电压梯度。检测时由两名操作者手握探针，他们之间保持3～6m的距离，将各自拾取的电压信号通过电缆送到接收装置，经滤波放大后，由指示电路显示检测结果。由于在该检测方法中以两个操作人员的人体代替接地电极，故该方法又称“人体电容法”（SL）。

5. DCVG检测技术

直流电位梯度法（DCVG）相对Pearson、PCM方法较先进：直接施加直流信号于管体上，流向防腐层破损位置处会造成较大的电位梯度，通过此方法可达到较高的定位精度，同时也可以大致估算防腐层破损程度，受地形影响小。但其检测结果受地面电阻率的因素影响，其阴极保护效果也难以检测。

电位梯度法是通过检测流入土壤中的阴极保护电流产生的电位梯度值从而判定防腐层破损点。阴极保护电流会因为防腐层的损坏而流入土壤，并在土壤中形成一个以破损处为中心的电场，然后通过一对相距 10m 的参比电极可以测出电位梯度的大小，以此来推断破损的地点，并通过电位梯度值来计算腐蚀面积。

这种检测方法的主要优点是：（1）能准确定位防腐层破损的地点，对破损位置进行精确定位；（2）操作简单易行，仅需一名检测人员即可；（3）不需要在地面对集输管道进行精确定位；（4）可以确定破损面积的大小；（5）与其他技术结合，如 CIPS，可以对管道的受腐蚀情况进行综合评价。

二、开挖检测

外防腐层检测应充分考虑不开挖检测与开挖检验的综合结果，并依据开挖检验结果，对不开挖检测评价结果进行修正，以确保管道正常安全运行。

开挖检验应选择最可能出现的腐蚀活性区域，检验人员应首先按严重程度的不同对所有破损点进行分类并确定开挖检验顺序，开挖检验顺序见表 2–2。开挖检验项目包括外观检查、漏点检测、厚度检测、黏结力检测。当防腐层实测厚度低于 50% 设计厚度时，外防腐层直接判为 4 级；当黏结力大于设计值的 50%，不影响管道外防腐层分级。

表 2–2　开挖检验顺序及分类

分类	一类	二类	三类
开挖检验顺序	优先开挖	计划开挖	监控
具体情况	（1）多个相邻管段外防腐层均被评为 4 级的管段上的破损点。 （2）两种以上不开挖检测手段均评价为 4 级管段上的破损点。 （3）初次开展外防腐层评价时，检测结果不能解释的点或采用不同的不开挖检测方法进行检测，评价结果不一致的破损点。 （4）存在于外防腐层等级为 4 级、3 级管段上，结合历史和经验判断有可能出现严重腐蚀的破损点。 （5）无法判定腐蚀活性区域严重程度的破损点	（1）孤立并未被列入一类中的 4 级的点。 （2）只存在外防腐评为 3 级管段上集中区域的点，且已有腐蚀事故记录	（1）不开挖检测判断为 2 级的点。 （2）未被列入一类、二类的点

注：外防腐层分级评价见附录。

1. 外观检测与漏点检测

根据检测结果的不同，分别将外防腐层外观检测与漏点检测分了 4 个等级（表 2–3）。

外观检测需全面查找防腐层破损点，尤其注意不能漏掉管道底部检查，清理并用记号笔标识防腐层破损点；测量并记录破损点面积（横向 × 纵向）；拍摄探坑整体和管道防腐层破损整体、局部情况；记录管道整体防腐层情况（老化、平整度、剥离、夹水及电火花检测）；参照防腐层材质相对应的标准进行防腐层结构确认。

漏点检测方法分为方法A和方法B，这两种方法都是根据漏点或金属微粒能形成低电阻通路及防腐层中的过薄点会产生电击穿的原理发出报警来进行检测。方法A使用直流电压低于100V的低压湿海绵检漏仪，仅适用于检测厚度在0.025～0.5mm防腐层中的漏点。方法A为非破坏性检验，不能检测出防腐层过薄的位置。方法B使用直流电压为900～36000V的电火花检漏仪，用于检测任意厚度的管道防腐层。方法B为破坏性试验，能检测出防腐层过薄的位置。

表2–3　外防腐层开挖检测等级表（外观检查与漏点检测）

<table>
<tr><th colspan="3">级别</th><th>1</th><th>2</th><th>3</th><th>4</th></tr>
<tr><td rowspan="2">外观描述</td><td colspan="2">3LPE</td><td rowspan="2">色泽明亮，黏结力强，无脆化，无龟裂，无剥离，无破损</td><td rowspan="2">色泽略暗，黏结力较强，轻度脆化，少见龟裂，无剥离；极少见破损</td><td rowspan="2">色泽暗，黏结力差，发脆，显见龟裂，轻度剥离或充水；有破损</td><td rowspan="2">黏结力极差，明显脆化与龟裂，严重剥离或充水；多处破损</td></tr>
<tr><td colspan="2">沥青</td></tr>
<tr><td>外观描述</td><td colspan="2">硬质聚氨酯泡沫防腐保温层</td><td>防护层表面应光滑平整，无暗泡、麻点、裂口等缺陷。保温层应充满钢管和防护层的环形空间，无开裂、泡孔条纹及脱层、收缩等缺陷</td><td>防护层色泽略暗，表面光滑，无收缩、发酥、泡孔不均、烧芯等缺陷；保温层应充满钢管和防护层的环形空间，无开裂、泡孔条纹及脱层、收缩等缺陷，但有极少数空洞</td><td>防护层色泽暗，有收缩、发酥、泡孔不均、烧芯等缺陷；保温层有开裂、泡孔条纹及脱层、收缩等缺陷，并有大量空洞</td><td>防护层色泽暗，有收缩、发酥、泡孔不均、烧芯等缺陷，并有大量龟裂；保温层有大量空洞，出现严重充水现象</td></tr>
<tr><td rowspan="9">漏点检测电压kV</td><td colspan="2">3LPE</td><td>$U \geqslant 25$</td><td>$25 > U \geqslant 15$</td><td>$15 > U \geqslant 5$</td><td>$U < 5$</td></tr>
<tr><td rowspan="3">石油沥青</td><td>普通（≥4mm）</td><td>$U \geqslant 16$</td><td>$16 > U \geqslant 8$</td><td>$8 > U \geqslant 3.2$</td><td>$U < 3.2$</td></tr>
<tr><td>加强（≥5.5mm）</td><td>$U \geqslant 18$</td><td>$18 > U \geqslant 9$</td><td>$9 > U \geqslant 3.8$</td><td>$U < 3.8$</td></tr>
<tr><td>特加强（≥7mm）</td><td>$U \geqslant 20$</td><td>$20 > U \geqslant 10$</td><td>$10 > U \geqslant 4.0$</td><td>$U < 4.0$</td></tr>
<tr><td rowspan="3">环氧煤沥青</td><td>普通（≥0.3mm）</td><td>$U \geqslant 2$</td><td>$2.0 > U \geqslant 1.0$</td><td>$1 > U \geqslant 0.4$</td><td>$U < 0.4$</td></tr>
<tr><td>加强（≥0.4mm）</td><td>$U \geqslant 2.5$</td><td>$2.5 > U \geqslant 1.25$</td><td>$1.25 > U \geqslant 0.5$</td><td>$U < 0.5$</td></tr>
<tr><td>特加强（≥0.6mm）</td><td>$U \geqslant 3$</td><td>$3 > U \geqslant 1.5$</td><td>$1.5 > U \geqslant 0.6$</td><td>$U < 0.6$</td></tr>
<tr><td rowspan="2">单层熔结环氧粉末</td><td>普通（≥0.3mm）</td><td>$U \geqslant 1.5$</td><td>$1.5 > U \geqslant 0.8$</td><td>$0.8 > U \geqslant 0.3$</td><td>$U < 0.3$</td></tr>
<tr><td>加强（≥0.4mm）</td><td>$U \geqslant 2$</td><td>$2 > U \geqslant 1.0$</td><td>$1.0 > U \geqslant 0.4$</td><td>$U < 0.4$</td></tr>
</table>

（1）方法A的检测步骤。

① 按低压检漏仪的使用说明书组装电极棒和电极，并将地线与金属管壁连接。

② 将电极夹与电极棒连接，用导电液体浸湿海绵，然后把海绵放入电极夹中夹紧。当防腐层厚度小于0.25mm时，可采用普通自来水；当防腐层厚度位于0.25～0.5mm时，应在自来水中放入一些湿润剂，以使液体尽快渗入漏点。

③ 把探测电极和地线的一端分别接到仪器上，地线的另一端和金属管壁连接。用湿海绵与金属管的另一裸露表面接触，仪器应发出音频信号，表明检漏仪已准备好。检漏时应将湿海绵紧贴防腐层表面移动。根据音频信号找到漏点时，改用电极尖找出漏点的确切位置。

④ 低压检漏仪处于正常工作时，湿海绵电极与金属管壁间的直流电压不应超过100V。

⑤ 检漏前应保证防腐层表面干燥。如果防腐层处于能在其表面形成电解液的环境（如盐雾）中，则检漏前要冲洗防腐层表面并晾干。检漏时应保证探测电极距金属管端或金属裸露面至少13mm。

（2）方法B的检测步骤。

① 选定检漏电压，检漏电压与防腐层厚度有关，根据不同防腐层标准的厚度要求可由式（2–17）和式（2–18）确定。

当外防腐层厚度小于1mm时：

$$U = 3294\sqrt{T} \tag{2–17}$$

当外防腐层厚度不小于1mm时：

$$U = 7843\sqrt{T} \tag{2–18}$$

式中 U——检漏电压峰值，V；

T——外防腐层厚度，mm。

以上公式是以击穿与防腐层厚度相同空气间隙所需电压为依据得到的。因此仅适用于检测针孔、缝隙和防腐层过薄的位置，不适用于作为防腐层厚度质量控制的手段。

② 检漏电压也可用外防腐层每毫米厚的绝缘击穿电压乘以防腐层最小允许厚度来确定。各种外防腐层每毫米厚的绝缘击穿电压可通过以下试验方法确定：在已知厚度的防腐层上逐渐增加检漏电压并测出检漏仪刚好报警时的电压值，将此值除以防腐层的已知厚度即得到每毫米厚的绝缘击穿电压值。

③ 将地线一端与金属管壁相连接，地线的另一端接检漏仪，再将探测电极和检漏仪相连接，然后开启检漏仪。

由于涉及高压，检漏仪开启后，操作者不能同时接触地线和探测电极的金属部分。

④ 将探测电极沿外防腐层表面移动进行检漏，并始终保持探测电极和外防腐层表面紧密接触。当探测电极经过外防腐层漏点或厚度过薄位置时，检漏仪就会报

警。此时可移回电极，通过观察电火花的跳出点确定漏点的位置。

⑤ 检漏过程中必须确保外防腐层表面干燥，并注意保持探测电极距金属管端或金属裸露面至少 13mm。

2. 厚度检测

对于防腐层的厚度检测需要用到磁性涂层测厚仪（精度，0.001mm）。并且只适用于涂敷于直径不小于 13mm 的钢管表面，厚度 6mm 以下的防腐层厚度的测量。而且不适用于测量太柔软或受压时易变形的防腐层。测试步骤如下：

（1）仪器使用前，应按照仪器说明书的规定，采用适当厚度的标准片进行校准。在仪器使用过程中，每周应至少校准一次。

（2）测量防腐层厚度时，每根管沿顶面等间距测量 3 次，将顶面记为“0”点钟，顺时针分别在管子“3”“6”“9”点钟方向等间距测 3 次，记录 12 个防腐层厚度数据，并得出平均值、最大值、最小值。

（3）对硬质聚氨酯泡沫防腐保温层，当无法采用磁性涂层测厚仪时，可利用游标卡尺进行检测。

3. 黏结力检测

1）聚乙烯防腐层（含热缩套）

聚乙烯防腐层黏结力的检测所需要用到的仪器有：测力计、钢板尺、裁刀、表面温度计。检测方法如下：

先将防腐层沿环向划开宽度为 20～30mm、长 10cm 以上的长条，划开时应划透防腐层，并撬起一端。用测力计以 10mm/min 的速率垂直钢管表面匀速拉起聚乙烯层，记录测力计数值（图 2-21）。然后将测定力值除以防腐层的剥离宽度，即为剥离强度。

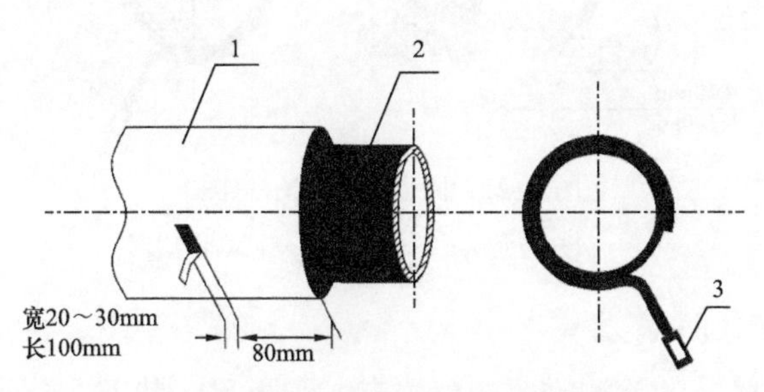

图 2-21　剥离强度测试示意图

1—防腐层；2—钢管；3—弹簧秤

2）熔结环氧粉末外防腐层

熔结环氧粉末外防腐层的黏结力检测需要的仪器有：可控温慢速烘箱或耐腐蚀的水浴；烧杯、温度计、通用小刀。检测方法如下：

（1）每次试验在浸泡试件之前先把水预热到（75±3）℃。把试件放入烘箱或水浴，用预热的水充分淹没试件，在（75±3）℃下浸泡至少24h，然后取出试件。

（2）当试件仍温热时，立即用小刀在涂层上划一个大约30mm×15mm的长方形，透过涂层到达试件金属表面，然后在空气中自然冷却到（20±3）℃。在取出试件后1h内从长方形的任一角将刀尖插入涂层下面，以水平方向的力撬剥涂层，连续推进刀尖直到长方形内的涂层全部撬离或涂层表现出明显的抗撬性能为止。

（3）按下列分级标准评定长方形内涂层的附着力等级：

1级：涂层明显地不能被撬剥下来；

2级：被撬离的涂层不大于50%；

3级：被撬离的涂层大于50%，但涂层表现出明显的抗撬性能；

4级：涂层很容易被撬剥成条状或大块碎屑；

5级：涂层成一整片被剥离下来。

此方法要求所测涂覆试件尺寸约为100mm×100mm×6mm。管段试件尺寸为100mm×100mm×管壁厚度，试件数为3件。

3）聚乙烯胶粘带防腐层

聚乙烯胶粘带防腐层的检测所需要的仪器有：测力计、钢板尺、表面温度计。检测方法如下：

先将防腐层沿环向划开宽度10mm、长100mm以上的长条，划开时应划透防腐层，并撬起一端。用测力计以≤300mm/min的速率垂直钢管表面匀速拉起聚乙烯层，记录测力计数值（图2-22）。然后将测定力值除以防腐层的剥离宽度，即为剥离强度。

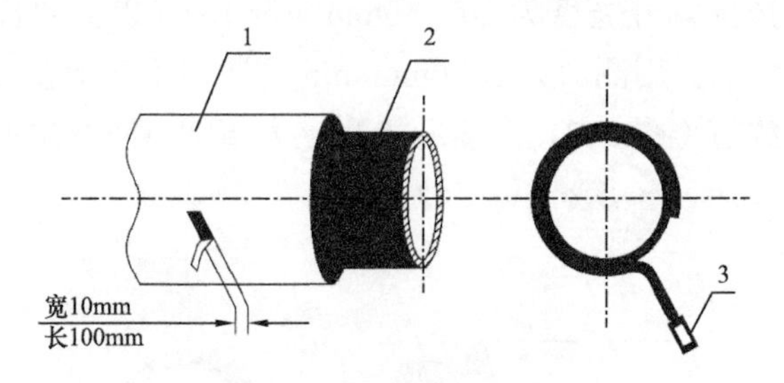

图2-22 附着力测试示意图

1—防腐层；2—钢管；3—弹簧秤

4）环氧煤沥青防腐层

环氧煤沥青防腐层的检测需要的仪器有：钢板尺、裁刀。环氧煤沥青防腐层分为普通级防腐层、加强级防腐层和特加强级防腐层。

对于普通级防腐层，先用锋利刀刃垂直划透防腐层，形成边长约40mm、夹角约45°的“V”形切口，用刀尖从切割线交点挑剥切口内的防腐层。当符合下列条件之一认为防腐层黏结力合格：（1）实干后只能在刀尖作用处被局部挑起，其他部位的防腐层仍和钢管黏结良好、不出现成片挑起或层间剥离的情况；（2）固化后很难将防腐层挑起，挑起处的防腐层呈脆性点状断裂，不出现成片挑起或层间剥离的情况。

加强级防腐层和特加强级防腐层的规定一样。先用锋利刀刃垂直划透防腐层，形成边长约100mm、夹角45°～60°的切口，从切口尖端撕开玻璃布；当符合下列条件之一则认为防腐层黏结力合格：（1）实干后的防腐层，撕开面积约50cm^2，撕开处应不露铁，底漆与面漆普遍黏结；（2）固化后的防腐层，只能撕裂、且破坏处不露铁，底漆与面漆普遍黏结。

5）*石油沥青防腐层*

石油沥青防腐层的检测只需最小刻度为1mm的钢板尺就能完成。测试方法：在管道防腐层上，切一夹角为45°～60°的切口，切口边长约40～50mm，从角尖端撕开防腐层，撕开面积宜为30～50cm^2，防腐层应不易撕开，撕开斤黏附在钢管表面上的第一层石油沥青或底漆占撕开面积的100%为合格。

4. 开挖点确定原则

公用管道根据腐蚀防护系统检测的结果，按照一定比例选择开挖点。开挖点数量的确定原则参照表2–4：

表2–4　开挖点数量的确定原则

压力等级	开挖点数量，处/km			
	腐蚀防护系统质量等级为1	腐蚀防护系统质量等级为2	腐蚀防护系统质量等级为3	腐蚀防护系统质量等级为4
次高压	0.05	0.1	0.6～0.8	1.2～1.5
中压	不开挖	0.05	0.3	0.6～0.8

开挖点的选取一般按照下述原则：

（1）防腐层非开挖检测中确定的老化较严重的管段；防腐层地面检测中找出的防腐层破损漏电点。

（2）应当结合资料调查中的错边、咬边严重的焊接接头碰口与连头焊口。

（3）地势低洼可能积水段，穿跨越弯头出入地管段。

（4）以往事故多发地（发生过泄漏或第三方破坏的管段）。

（5）人口相对稠密段。

开挖检测时，探坑中暴露管段的悬空裸露长度不得小于1m，当开挖探坑中的管段出现缺陷时，应将缺陷完整暴露或暴露到能够准确判断缺陷的性质和范围为止。

第三章　油气管道腐蚀缺陷检测

腐蚀缺陷造成的失效是管道最主要的破坏方式之一。受输送介质和土壤腐蚀环境的影响，管道会发生腐蚀。腐蚀一方面造成压力管道受载面积减小，使得管道承载能力下降，从而增大了管道腐蚀检测、维修费用，降低了管道的维修和更换周期；另一方面，在载荷作用下，在缺陷处产生应力集中现象，削弱管道抗疲劳载荷的能力。因此，对在役油气管道开展腐蚀缺陷检测，对含缺陷管道进行剩余强度评价，采取切实有效的保护措施，有利于降低管道运行风险，提高油气管道输送的安全性及可靠性。

第一节　腐蚀缺陷的分类

管道中的腐蚀缺陷的分类方法较多。按照腐蚀缺陷的特征可分为体积型缺陷、面积型缺陷、弥散损伤型缺陷和几何型缺陷，四类缺陷所涉及的主要缺陷及特征形式见表 3-1。其中腐蚀体积型缺陷包括管壁的均匀腐蚀、局部减薄腐蚀、沟槽状缺陷等，腐蚀面积型缺陷包括焊接裂纹、未熔合、应力腐蚀裂纹等；按照腐蚀缺陷的位置可分为穿透缺陷和表面缺陷（内表面缺陷和外表面缺陷）和埋藏缺陷；按照腐蚀缺陷的方位可分为轴向缺陷和环向缺陷。

表 3-1　管道腐蚀缺陷主要类型及特征

缺陷类型	特征
体积型缺陷	缺陷打磨造成局部减薄、沟槽状和片状腐蚀缺陷等
面积型缺陷	未熔合、未焊透、焊接裂纹、疲劳裂纹、应力腐蚀裂纹等
弥散损伤缺陷	点腐蚀、氢鼓泡、氢致微裂纹等
几何缺陷	焊缝撅嘴、错边、管体不圆、壁厚不均等

第二节　外检测技术

一、常规无损检测技术

1. 超声检测技术

超声波检测主要用于探测试件的内部缺陷。所谓超声波是指频率在 20kHz 以上的声波。用于超声检测的声波频率范围为 0.4～25MHz。超声波探伤方法很多，但目前最常用的是脉冲反射，在显示超声信号方面，较为成熟的是 A 型显示。

1）基本原理

超声检测技术是利用超声波能透入金属管道内部，并由一截面进入另一截面时在截面边缘发生发射的特点来检测管道缺陷的。当超声波束自被检测管道的表面通至管道内部，遇到材料缺陷和管道底面时，就分别发出反射波束，在荧光屏上产生脉冲波形，根据波形即可判断缺陷的位置和大小。

2）基本操作方法

（1）探伤时机的选择。根据要达到检测的目的，选择最适当的探伤时机。

（2）探伤方法的选择。根据工件情况，选定探伤方法。

（3）探伤仪器的选择。根据探伤方法及工件情况，选定能满足工件探伤要求的探伤仪。

（4）探伤方法和扫查面的确定。进行超声波探伤时，探伤方向很重要，探伤方向应以能发现缺陷为准，由缺陷的种类和方向来决定。

（5）频率的选择。根据工件的厚度和材料的晶粒度大小，合理地选择探伤频率。

（6）晶片直径、折射角的选定。

（7）探伤面修整。不适合探伤的探伤表面，必须进行适当的修整，以免不平整的探伤面影响探伤灵敏度和探伤结果。

（8）耦合剂和耦合方法的选择。

（9）确定探伤灵敏度。

（10）进行初探伤和精探伤。

3）超声检测方法分类

（1）按原理可分为以下三种：

① 脉冲反射法。根据缺陷的回波和底面的回波进行管道缺陷的判断。脉冲反射法在垂直探伤时使用纵波，在斜射探伤时大多使用横波。纵波垂直探伤和横波倾斜入射探伤是超声波探伤中两种主要探伤方法。两种方法各有用途，互为补充，纵波探伤容易发现与探测平面平行或稍有倾斜的缺陷，主要用于钢板、铸件、锻件的探伤；而斜射的横波探伤，容易发现垂直于探测面或倾斜较大的缺陷，主要用于焊缝的探伤。

② 穿透法。根据脉冲波或连续波穿透管道之后的能量变化来判断缺陷，也可根据缺陷的阴影来判断缺陷。

③ 共振法。根据被检物产生驻波来判断缺陷情况或者判断管壁厚度变化情况，常用于测厚度，可由以下公式计算管壁厚度：

$$\delta=\frac{\lambda}{2}=\frac{C}{2f_0}=\frac{C}{2\left(f_{\mathrm{m}}-f_{\mathrm{m-1}}\right)} \tag{3-1}$$

式中 C——被检管道材质的声速；

λ——声波波长；

δ——管壁厚度；

f_0——管道材质的固有频率；

f_{m}，$f_{\mathrm{m-1}}$——相邻两共振频率。

（2）按显示方式可分为A型显示、B型显示、C型显示。目前常用的是A型显示探伤法。

（3）按探伤波型可分为直射探伤法（纵波探伤法）、斜射探伤法（横波探伤法）、表面波探伤法和板波探伤法。用得较多的是纵波和横波探伤法。

（4）按探头数目可分为单探头法、双探头法和多探头法。用得最多的是单探头法。

（5）按接触方法可分为直接接触法和水浸法。

4）超声波检测技术的特点

（1）面积型缺陷检出率较高，而体积型缺陷检出率较低；

（2）适宜检测厚度较大的工件，不适宜检测厚度较薄的工件；

（3）应用范围广，可用于各种试件；

（4）检测成本低、速度快、仪器体积小、质量轻，现场使用方便；

（5）无法得到缺陷直观图像，定性困难，定量精度不高；

（6）检测结果无直接见证记录；

（7）对缺陷在工件厚度方向上的定位较准确；

（8）材质、晶粒度对探伤有影响；

（9）工件不规则的外形和一些结构会影响检测；

（10）不平或粗糙的表面会影响耦合和扫查，从而影响检测精度和可靠性。

2. 磁粉检测技术

1）基本原理

铁磁材料被磁化后，其内部产生很强的磁感应强度，磁力线密度增大几倍到几千倍，如果材料中存在不连续性（包括缺陷造成的不连续性和结构、形状、材质等原因造成的不连续性），磁力线会发生畸变，部分磁力线有可能会逸出材料表面，从空间穿过，形成漏磁场，漏磁场的局部磁极能够吸引铁磁物质。

试件中裂纹造成的不连续性使磁力线畸变，由于裂纹中空气介质的磁导率远远低于试件的磁导率，使磁力线受阻，一部分磁力线挤到缺陷的底部，一部分穿过裂纹，一部分挤出工件的表面后再进入工件。如果这时在工件上撒上磁粉，漏磁场就会吸附铁粉，形成与缺陷形状相似的磁粉堆积。当裂纹方向平行于磁力线的传播方向时，磁力线的传播不会受到影响，这时也不能检测出缺陷。

2）磁化方法

被检表面磁化常用的磁化方法有三种。周向磁化法包括通电法、中心导体法、偏置芯棒法、触头法等、中心导体法旋转磁场磁化法等；纵向磁化法包括线圈法、磁轭法等；多相磁化法包括交叉磁轭法、交叉线圈法等。应根据被检测表面具体条件选用。

用直流电磁化时，磁力线均匀通过被检管道截面。当磁场强度足够高且缺陷形状适宜时可检出表面以下 5mm 处的缺陷。

用交流电磁化时，由于集肤效应，磁力线集中在被检管道表面，所以有较强检出表层缺陷的能力，但检出表层以下缺陷的能力较差，最深限于检出表层以下 2mm 的深度。

3）磁粉探伤方法分类

（1）按检验时机分类。

按检验时机可分为连续法和剩磁法。磁化、施加磁粉和观察同时进行的方法称为连续法；先磁化，后施加磁粉和检测的方法称为剩磁法。后者只适用于剩磁很大的硬磁材料。

（2）按使用的电流种类分类。

按使用的电流种类可分为交流法、直流法两大类。交流电因有集肤效应，对表面的缺陷检测灵敏度较高。

（3）按施加磁粉的方法分类。

按施加磁粉的方法可分为湿法和干法，其中湿法采用磁悬液，干法则直接喷洒干粉。前者适宜检测表面光滑的工件上的细小缺陷，后者多用于粗糙表面。

4）磁粉探伤的一般程序

探伤操作包括以下几个步骤：预处理、磁化和施加磁粉、观察、记录以及后处理（包括退磁）等。

5）磁粉检测设备

（1）磁粉探伤机。

按设备体积和重量，磁粉探伤机可分为固定式、移动式、携带式三类。

（2）灵敏度试片。

灵敏度试片用于检查磁粉探伤设备、磁粉、磁悬液的综合性能。灵敏度试片通常是由一侧刻有一定深度的直线和圆形细槽的薄铁片制成。使用时，将试片刻有人工槽的一侧与被检工件表面紧贴。然后对工件进行磁化并施加磁粉，如果磁化方法、规范选择得当，在试片表面上应能看到与人工槽相对应的清晰显示。

（3）磁粉与悬浮液。

磁粉是具有高磁导率和低剩磁的四氧化三铁或三氧化二铁粉末。按加入的燃料可将磁粉分为荧光磁粉和非荧光磁粉，非荧光磁粉有黑、红、白几种不同颜色供选用。由于荧光磁粉的现实对比度比非荧光磁粉高得多，所以采用荧光磁粉进行检测具有磁痕观察容易、检测速度快、灵敏度高的优点。磁悬液是以水或煤油为分散介质，加入磁粉配成的悬浮液，配制浓度一般为：非荧光磁粉 10～201g/L，荧光粉 1～3g/L。

6）磁粉检测技术的特点

（1）适宜铁磁材料探伤，不能用于非铁磁材料检验；

（2）可以检出表面和近表面缺陷，不能用于检测内部缺陷；

（3）检测成本低，速度快；

（4）检测灵敏度较高，可以发现极细小的裂纹以及其他缺陷；

（5）工件的形状和尺寸有时对探伤有影响。

3. 渗透检测技术

1）基本原理

被检表面被施涂含有荧光染料或着色染料的渗透液后，在毛细管作用下，经过一定时间的渗透，渗透液可以渗进表面开口缺陷中；经去除被检表面多余的渗透液和干燥后，再在被检表面施涂吸附介质，即显像剂；同样，在毛细管作用下，显像剂将吸引缺陷中的渗透液，即渗透液回渗到显像剂中；在一定的光源下（紫外线或白光），缺陷处的渗透液痕迹被显示，从而探测出缺陷的形貌及分布状态。它是一种以毛细管作用原理为基础的检查表面开口缺陷的无损检测方法。

2）渗透检测的分类

（1）根据渗透液所含染料成分分类。

根据渗透液所含染料成分，可分为荧光法、着色法两大类。渗透液内含有荧光物质，缺陷图像在紫外线下能激发荧光的为荧光法。渗透液内含有有色染料，缺陷图像在白光或日光下显色的为着色法。

（2）根据渗透液去除方法分类。

根据渗透液去除方法，可分为水洗型、后乳化型和溶剂去除型三大类。

（3）显像法的种类。

在渗透探伤中，显像的方法有湿式显像、快干式显像、干式显像和无量像剂式显像四种。

3）渗透检测的操作方法

（1）表面准备即预清洗。将待检表面净化，去除氧化皮、锈层及油脂等残留物。

（2）渗透。将待检物浸渍于渗透液中，或者用喷雾器或刷子把渗透液涂在待检物表面上。如果待检物表面有缺陷，渗透液就会渗入缺陷中，此过程即被称为渗透。

（3）清洗。待渗透液充分渗透到缺陷之后，用水或清洗剂把待检表面的渗透液洗掉，这个过程被称为清洗。

（4）干燥。干燥时待检表面的温度不得高于50℃，干燥时间5～10min。

（5）显像。将显像剂喷撒或涂覆在待检表面上，使残留在缺陷中的渗透液吸出，表面上形成放大的黄绿色荧光或者红色的显示痕迹，这个过程叫作显像。

（6）观察。荧光渗透液的显示痕迹在紫外线的照射下呈黄绿色，着色渗透液的显示痕迹在自然光下呈红色，用肉眼观察就可以发现很细小的缺陷，这个过程叫观察。

4）渗透检测技术的特点

（1）渗透检测可以用于除了疏松多孔性材料外任何种类的材料；

（2）形状复杂的部件也可用渗透探伤，并且一次操作就可大致做到全面检测；

（3）同时存在几个方向的缺陷，用一次探伤操作就可完成检测；

（4）不需要大型的设备，可不用水、电；

（5）试件表面光洁度影响大，探伤结果往往容易受操作人员水平的影响；

（6）可以检出表面开口的缺陷，但对埋藏缺陷或闭合型的表面缺陷无法检出；

（7）检测工序多，速度慢；

（8）检测灵敏度比磁粉探伤高；

（9）材料较贵，成本高；

（10）有些材料易燃、有毒。

4. 射线检测技术

射线的种类很多，其中易于穿透物质的有X射线、γ射线、中子射线三种。这三种射线都被用于无损检测，其中X射线和γ射线广泛用于压力管道焊缝的缺陷检测，而中子射线仅用于一些特殊场合。

射线检测是工业无损检测的一个重要专业门类。射线检测最主要的应用是探测试件内部的宏观几何缺陷（探伤）。按照不同特征（例如使用的射线种类、记录的器材、工艺和技术特点等）可将射线检测分为许多种不同的方法。

1）基本原理

射线照相法是指用X射线或γ射线穿透试件，以胶片作为记录信息的器材的无损检测方法，该方法是最基本的、应用最广泛的一种射线检测方法。

2）射线检测设备

（1）X射线探伤机。

X射线机主要组成部分包括机头、高压发生装置、供电及控制系统、冷却和防护设施四部分。X射线探伤机可分为移动式、携带式两类。移动式X射线探伤机用于透照室内的射线探伤。移动式X射线机具有较高的管电压和管电流，管电压可达450kV，管电流可达20mA，最大可穿透厚度可达100mm，它的高压发生装置、冷却装置与X射线机头都分别独立安装。携带式X射线机主要用于现场射线照相，管电压一般小于320kV，最大穿透厚度约为50mm。

（2）γ射线探伤仪。

γ射线探伤因射线源体积小，不需电源，可在狭窄场地、高空、水下工作，具有全景曝光等特点，已成为射线探伤广泛使用的设备。但使用γ射线探伤仪必须特别注意放射防护和放射同位素的管理。γ射线探伤仪由放射源、源容器、操作机构、支撑和移动机构四部分组成。

（3）高能射线探伤设备。

高能射线探伤仪主要有电子直线加速器和电子回旋加速器。其基本原理是利用超高压、强磁场、微波等技术，对射线管的电子进行加速，从而获得能量强大的电子束去轰击靶面而获得高能X射线。射线能量在1MeV以上，穿透力大，可达500mm钢板。焦点小，转换能量高，可达40%，散射线少，清晰度高，宽容度大。

3）射线检测技术的特点

（1）检测结果有直接记录——底片（也有可直接转为电子文件的数字射线成像方法）；

（2）可以获得缺陷的投影图像，缺陷定性定量准确；

（3）体积型缺陷检出率较高，而面积型缺陷的检出率受很多因素影响；

（4）适宜检验较薄的工件而不适宜较厚的工件；

（5）适宜检测对接焊缝，检测角焊缝效果较差，不适宜检测板材、棒材、锻件；

（6）有些试件结构和现场条件不适合射线照相；

（7）对缺陷在工件中厚度方向的位置、尺寸（高度）的确定比较困难；

（8）检测成本高；

（9）射线照相检测速度慢；

（10）射线对人体有伤害。

二、MTEM检测技术

MTEM检测技术属于非开挖外检测技术，主要包括瞬变电磁检测技术（TEM）和弱磁检测技术，可用于在役油、气、水等钢质输送管道的腐蚀及其他金属损伤检测，适用于大多数集输和长输管道。在埋地管道腐蚀直接评价（ECDA，ICDA）过程中，瞬变电磁检测技术（TEM）作为以一种间接检测手段，用于查明管道腐蚀严重部位；而弱磁检测技术则是通过分析磁场强的变化来判断被检工件内部和表面是否存在缺陷。

1. 原理

瞬变电磁检测（Transient Electromagnetic Methods，TEM）是一种基于电磁感应原理来探测地下目标体的电磁勘探方法。按照人工场源的不同可分为磁性源和电偶源两种。它通过发射装置向被检测目标体发射初始磁场，在初始磁场的作用下，被检测目标体受激发产生感应涡流，在初始磁场关断时，根据法拉第电磁感应定律可知，被检测目标体会产生随时间变化的感应磁场，通过接收装置观测感应磁场随时间的变化关系，可分析解释被检测目标体的特征。主要用来探查油气田、矿产勘查、钻井、航空和海洋等物探领域。

由于被检测目标体的欧姆损耗，涡流电流将迅速衰减，衰减的快慢与检测目标体的电性参数、体积形态、结构等有关，电阻率越低的导体感应涡流衰减速度较慢，电阻率越高的导体感应涡流的衰减速度较快，如图 3–1 所示。所以，感应磁场包含丰富的检测目标体信息，检测目标体的电性分布及体积形态结构可通过提取和分离感应磁场响应信息得到。

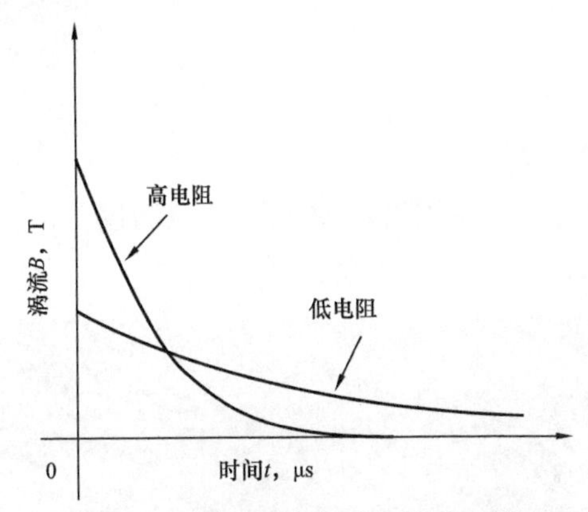

图 3–1　不同电阻率介质中的瞬变磁场

金属管道敷设运行后，由于长期埋置于地下相对恶劣的环境中，管道就有可能发生腐蚀，无论是电化学腐蚀、杂散电流腐蚀、细菌腐蚀还是疲劳损伤都会导致埋地金属管道的电导率和磁导率发生变化，因此，若能检测出管体电导率和磁导率发生变异的位置和大小，即可确定管体发生腐蚀的位置并能对管体腐蚀程度作出评价。

在埋地金属管道的正上方放置传感器检测线圈，通过瞬变电磁仪发射机在激励线圈中加载脉冲电流，激励电流在线圈周围和大地空间建立水平、垂直的稳定初始磁场。瞬间关断激励电流，初始磁场也即将立即消失，根据法拉第电磁感应定律，为了使空间的磁场不会立即消失，线圈周围空间包括被测管体将感应到初始磁场的这一变化，受激励产生衰变涡流，形成与初始磁场方向相同的感应衰减磁场，以便维持断开之前初始磁场的稳定状态。接收线圈接收感应磁场的变化情况并产生感应电动势。最终观测这一随时间衰减的感应磁场。这一瞬变响应过程如图 3–2 所示。

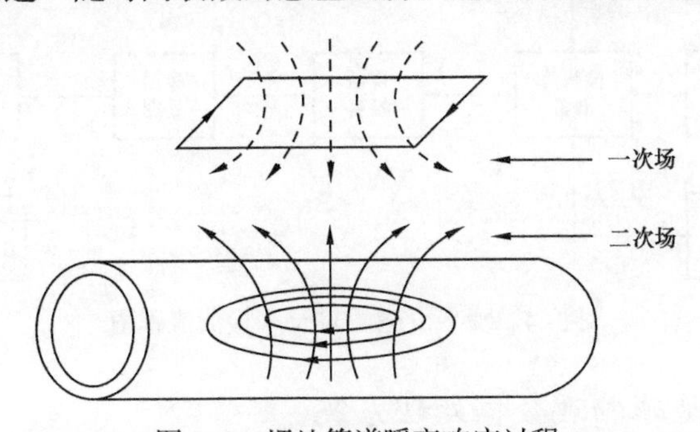

图 3–2　埋地管道瞬变响应过程

瞬变响应的感应磁场信息是管体、管道输送介质和管道周围回填土介质的综合反映。其中在同一次检测过程中，接收回线与发射回线的形状、尺寸、匝数以及相对管道空间位置的收发距都是相同的；管道内输送介质以及管道围土介质的电导率和磁导率也认为是相同的；被测管道的埋深、材质和直径也是相同的；瞬间干扰可以通过多次叠加测量或提高信噪比的方法得到抑制；即这些因素都可以视为确定因素，因此在一定条件下，上述因素都可以作为背景来处理。接收到的感应磁场信号发生变化只与埋地管道的壁厚相关。经过数据反演处理，即可得到管道剩余壁厚数据。

2. 设备

1）管道腐蚀智能检测仪

管道壁厚TEM检测技术使用管道腐蚀智能检测仪，包括控制单元、数据采集器、传感器三个主要部分，如图3-3所示。

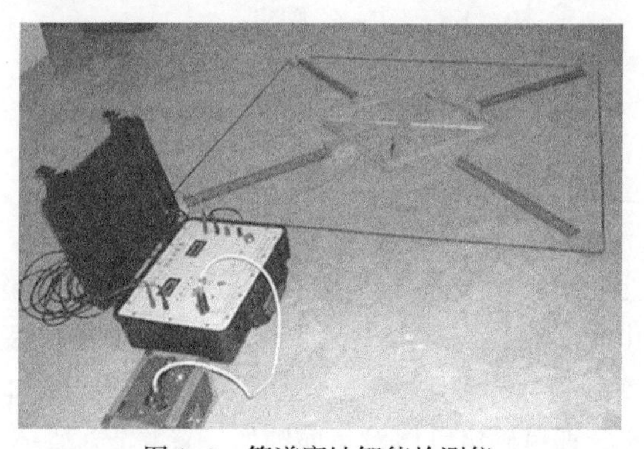

图3-3　管道腐蚀智能检测仪

控制单元主要用来控制数据采集器和传感器工作，能够实现数据收录、信号处理、图示、解释分析等功能。数据采集器用于激励、采集、记录瞬变电磁信号，具有抗干扰能力强、稳定性好、携带轻便等特点。传感器包括发射回线和接收回线两部分，用来实现信号收发功能，如图3-4所示。

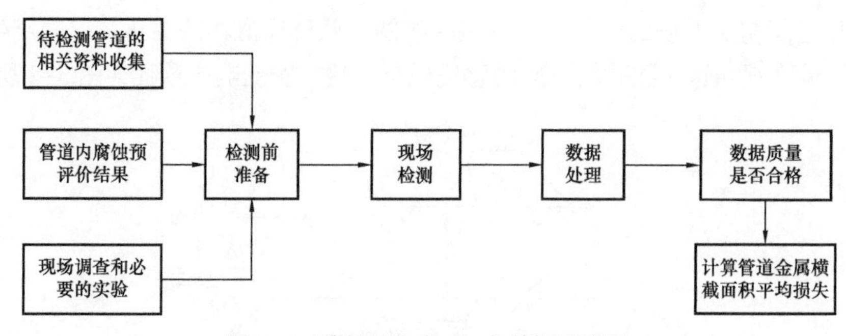

图3-4　瞬变电磁（TEM）检测流程图

2）GDP-32地球物理数据处理系统

现场检测仪器可选用GDP-32地球物理数据处理系统。GDP-32 Ⅱ地球物理数据处理器实际上是一个万用、多通道的接收机，其设计目的在于采集任何类型的电磁或电场数据，该仪器具有灵敏度高、测量范围大、方便灵活的特点。利用瞬变电磁法工作时，其工作频率范围从直流至 32Hz 可选，接收机最小探测信号 ±0.03μV，最大输入电压 ±32V，直流输入阻抗为 10MΩ，动态范围为 180dB；发射机采用电瓶供电，输入电压可从 11～32V，输出电压电流可调，发射线圈大小可选。

3. 操作

1）管道腐蚀智能检测仪操作流程

（1）工作前的准备：使用管道定位及其相关方法，确定管道中心位置，中心埋深，确定两倍中心埋深范围内无其他金属管道以及三通、拐点等特征点；根据现场情况（业主要求、管道运行情况、管道使用年限等因素）确定传感器大小（地上管道使用较小线框、地下管道使用相对较大的发射线框）；对于已知的管道异常点段（例如防腐层破损点），确定其位置并布设测点。

（2）传感器水平放置在管道中心正上方，检测段长度近似等于传感器发射回线边长与二倍管道中心埋深之和（$L+2h$）。

（3）使用电缆将传感器发射回线与数据采集器发射端连接、将接收回线与数据采集器接收端连接；打开数据采集器发射部分和接收部分电源开关。

（4）开启联机电脑，运行控制程序，与数据采集器建立蓝牙配对，设置管道参数、传感器参数、发射频率，调整发射电流。

（5）使用掌上电脑采集数据，并及时保存。为保证数据的可靠性，每 1 测点应重复检测三次，对于不合格检测点（受周围电磁、金属体干扰）及时做出记录；

（6）当前测点检测完毕后，根据拟定的测点间距计划，将传感器移动到下一测点继续数据采集工作。

（7）检测管段应有至少 1 处已知管道壁厚的参数点。

（8）首先对所有检测点数据进行初步整理，剔除掉不合格测点，然后使用专用软件读取检测数据，设置管道参数，选择评价参量，与参数点对比计算，得出各检测点平均管壁厚度。

（9）对于用户提出的重点位置及检测中发现的异常点段，使用全覆盖 TEM 检测方法进行检测，确定异常原因。

（10）根据管道壁厚检测结果，确定直接评价点，对管道进行直接评价。

2）GDP-32 地球物理数据处理系统操作流程

（1）开展工作前在测定区段内进行必要的试验工作，通过试验了解当地的噪声和信噪比、异常强度、形态、范围，查明主要外来干扰源，对不同装置进行对比，在不同埋深、不同目标体上进行方法试验，以选定在该区的工作方法。

（2）在工作中首先采用电磁勘探手段利用 PCM（管中电流成图系统）探测仪对管线进行探测，确定管线的平面位置，测定管线埋深、管中电流，并记录。沿管线做好管线位置标志并统一编号，在此基础上利用GDP-32地球物理数据处理系统TEM探测功能，采用共框装置，首先按20m点距进行脉冲瞬变测量，在对探测结果做初步分析处理后，再对异常管段采用5m或2m点距进行加密测量，以便对管体做出更准确可靠和详细的评价。

（3）每天工作结束后将现场观测结果输入计算机，在计算机上对观测值进行编辑整理，算出每个观测点最终结果并画出瞬变脉冲响应曲线，对曲线定性分析，初步判断异常点位。然后，根据管道瞬变脉冲响应表达式对每点观测值进行处理，求出各综合参常数值，由此分析该参数的变化情况，对管体性能做出评价。

三、弱磁检测技术

1. 原理

弱磁检测技术是一种不需要外界对检测工件进行磁化，利用地球磁场穿过缺陷后产生的磁场变化进行无损检测的被动式检测技术。即待检工件在自然地磁场环境下，当工件中存在缺陷时，磁场穿过工件会引起磁场衰减差异，用测磁探头在工件上扫查，就会检测出这种差异，从而实现将材料中的缺陷检测出来的目的，并经过数据处理对缺陷进行定位、定性和定量的一种无损检测新技术。当检测试件处于地磁环境中，如果试件材质分布比较均匀且无缺陷时，试件在地磁场的作用下表面产生的磁力线将均匀分布；当试件中存在缺陷时，由于缺陷区域的物质磁导率发生了变化，导致穿过该区域的磁力线会发生异常。

对于放在地磁环境中的铁质材料试件，若试件中存在缺陷（μ_1、μ_2），如图3-5所示，试件的相对磁导率为μ，缺陷的相对磁导率为（μ_1、μ_2），竖直向上的箭头表示通过该被检试件的某一方向的磁感应强度分量B的方向。

当$\mu_1<\mu$时，缺陷区域对地磁场的阻碍作用减小，则穿过该区域的磁感应强度变大，而试件其他位置不变，所以在缺陷区域就会有一个向上突起的异常。当$\mu_2>\mu$时，缺陷区域对地磁场的阻碍作用增大，则穿过该区域的磁感应强度变小，试件其他位置不变，所以在缺陷区域就会有一个向下突起的异常产生，如图3-5所示。

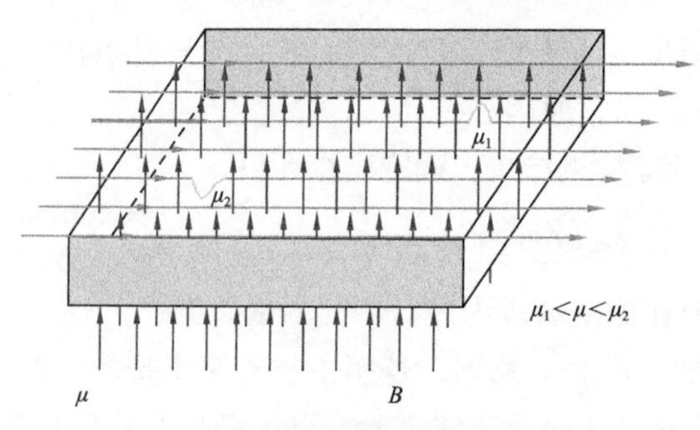

图3-5　弱磁检测原理图

由磁场相关理论可以推知，由于空气的相对磁导率远远小于管道金属本体的相对磁导率，则对于管壁腐蚀和裂纹等缺陷，该处磁场强度曲线产生一个向上突起的磁信号异常，而对于本体的夹杂，其相对磁导率大于管体本身的相对磁导率，因此会产生一个向下突起的磁信号异常。管壁腐蚀一般是具有一定范围的，因此，磁信号的异常变化将平缓，而对于裂纹等小范围内产生的缺陷，其磁信号变化相对剧烈，磁信号产生一个冲激信号异常。各种缺陷磁信号异常如图 3-6 所示。

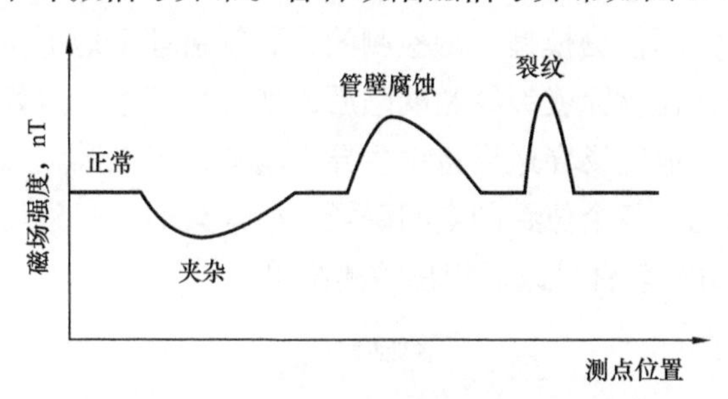

图 3-6　各种缺陷的检测曲线示意图

磁场信号由磁通门传感器获得，磁通门传感器是利用具有高导磁率的软磁铁芯在外磁场作用下的电磁感应现象测定外磁场的传感器。它的基本原理是基于磁芯材料的非线性磁化特性，其敏感元件是由高导磁系数、易饱和材料制成的磁芯，有两个绕组围绕该磁芯；一个是激励线圈，另一个则是信号线圈。在交变激励信号 f 的磁化作用下，磁芯的导磁特性发生周期性饱和与非饱和变化，从而使围绕在磁芯上的感应线圈感应输出与外磁场成正比的信号，该感应信号包含 f_1、f_2 及其他谐波成分，其中偶次谐波含有外磁场的信息，可以通过特定的检测电路提取出来。

埋地输油气管道普遍使用金属管道，其铺设运营之后，由于长期处于地下，环境相对恶劣，金属管道发生各类腐蚀的概率大大增加，腐蚀一旦发生将导致埋地金属管道的表面物理状态发生改变，且腐蚀的速度覆盖面积也将加大。埋地金属管道自身物理状态一旦发生变化，必然引起其所处空间的地磁场强度发生与之相对应的变化。因此，如果能够探测出埋地金属管道不同区段磁导率的变化和空间磁场强度的变化便可以推断管道处发生腐蚀的具体位置，进而对埋地管道的物理状态进行科学的评价。

假设被检工件本身的磁导率为 μ，工件内部不连续区的磁导率为 μ'，如图 3-7 所示，若是不连续区为高磁导率物质（即 $\mu<\mu'$），那么在测磁传感器通过该区域时，磁感应强度曲线会出现下凹现象；若是不连续区域为低磁导率物质即 $\mu>\mu'$，那么在测磁传感器通过该区域时，磁感应强度曲线会出现上凸现象。

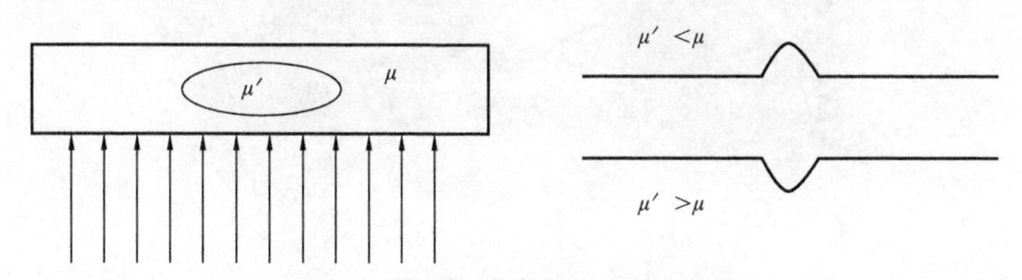

图 3-7　被动式弱磁检测技术原理图

基于埋地金属管道所处的物理环境，金属管道中出现的绝大部分缺陷类型是腐蚀减薄，当埋地金属管道某位置发生腐蚀减薄时，此位置的管道金属量发生相应的减少，其结果相当于该处金属介质由低磁导率的空气和土壤等物质所替代，这必然将对穿透该区域的地球磁场产生影响，被动式弱磁检测就是基于此对埋地管道腐蚀类缺陷来进行检测的。

如图 3-8 所示实际检测模型，待检测的金属管道埋于地下深度 d 处，当待检的埋地金属管道自身存在腐蚀或裂纹类缺陷后，地磁场穿透金属管道时，管道完整区段与存在腐蚀的区段地磁场穿透后将发生异常畸变，当三维测磁传感器通过管道正上方的轨道时实时记录各个位置的空间磁场，所采集的空间磁场数据传至上位机处理后，通过相应的分析软件处理后得出检测结果。

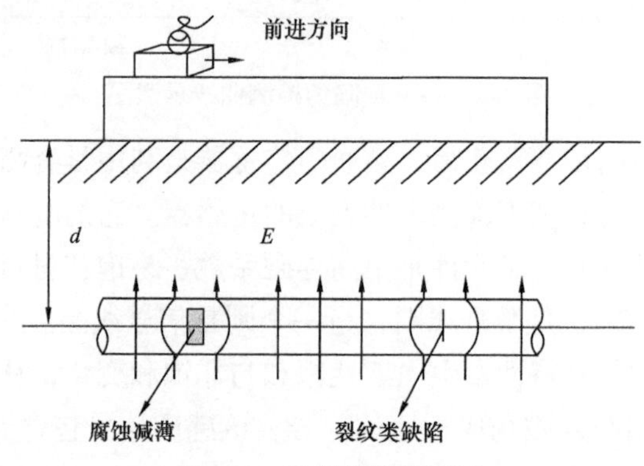

图 3-8　实际检测模型图

2. 设备

弱磁检测系统主要由磁梯度传感器、数据采集设备、上位机、扫查装置以及连接线组成，如 3-9 所示，其中，1 是传输线缆，2 是网线，3 是信号采集装置的电源线，4 是新式磁梯度传感器，5 是信号采集装置，6 是安装有数据采集及处理系统的上位机电脑。

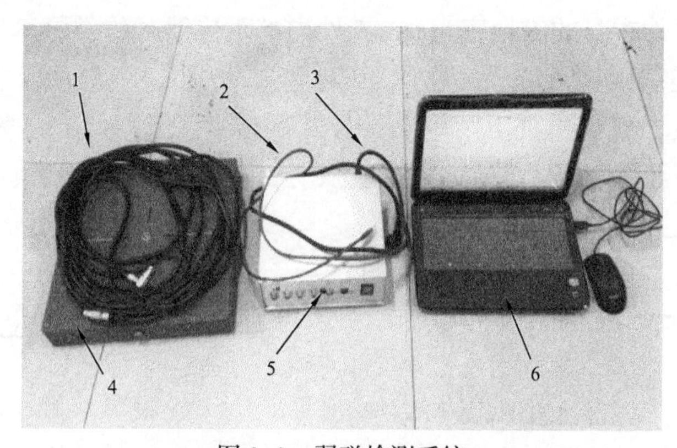

图 3-9　弱磁检测系统

1）弱磁传感器

根据检测对象的特殊性，新型设计了新式磁梯度传感器，如图 3-10 和图 3-11 所示，其中，1 为调节旋钮，调节旋钮是用来调节一个方向上了两个高精度测磁传感器之间的基线距离；2 为自主研发的高精度三维测磁传感器，如图 3-12 所示；3 是新式梯度弱磁传感器的封装外壳。加工后的传感器实物如图 3-13 所示。

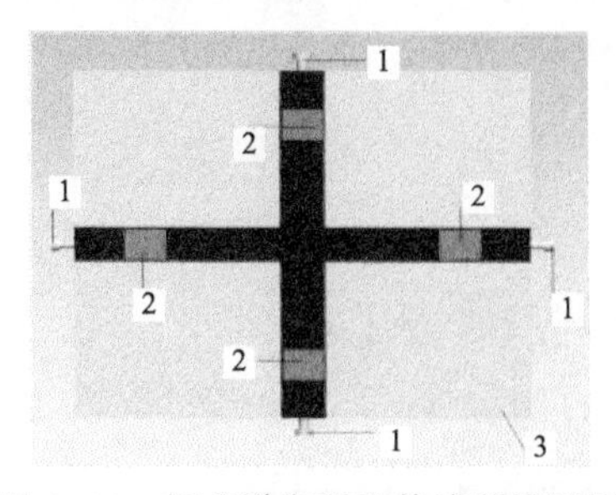

图 3-10　新式梯度弱磁传感器俯视图　　图 3-11　新式梯度弱磁传感器立体示意图

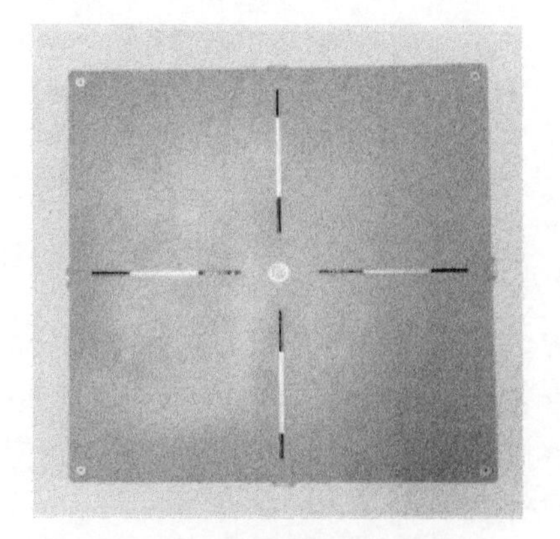

图 3-12　三维测磁传感器　　图 3-13　新式磁梯度传感器实物图

2）弱磁检测数据采集设备

弱磁检测数据采集设备的作用就是采集磁梯度传感器在检测对象上方测得被检对象的空间磁场信号，并将磁场信号上传至上位机进行处理。加工后的弱磁检测数据采集设备实物如图 3-14 所示。

图 3-14　加工后的弱强检测数据采集设备实物图

3）弱磁检测系统上位机

弱磁检测上位机主要有计算机及控制系统组成。可以对所测得的磁场数据进行AD值解码，实时显示弱磁检测数据采集设备的信号信息，同时通过对采集的空间磁场数据进行合理化的数据处理得出被检管道的检测结果，并对所检测出的结果给出科学合理的评估（图3–15）。

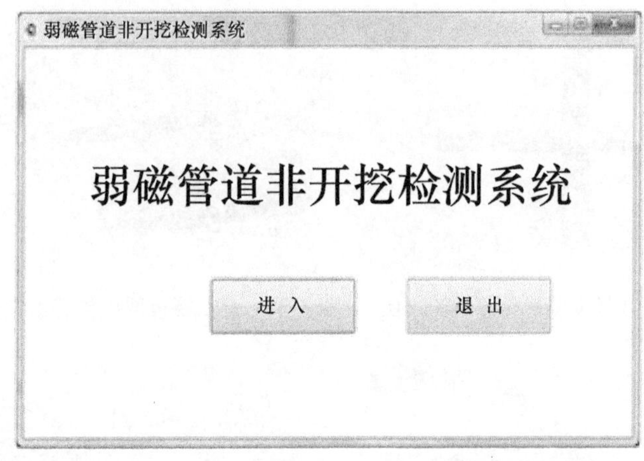

图3–15 弱磁计算机上位机控制系统

4）扫查装置

为了保持弱磁采集信号稳定，消除设备振动造成的数据干扰，特别定制了专用扫查装置，主要包括可拆卸支座和轨道。同时为了剔除铁磁性材料造成的干扰数据，该扫查装置采用了特制的铝和不锈钢合金材料加工而成。扫查装置的实物如图3–16所示。

图3–16 弱磁检测扫查装置实物图

3. 操作

利用弱磁检测方法对地下铁磁性管道进行检测的基本流程如图 3–17 所示。

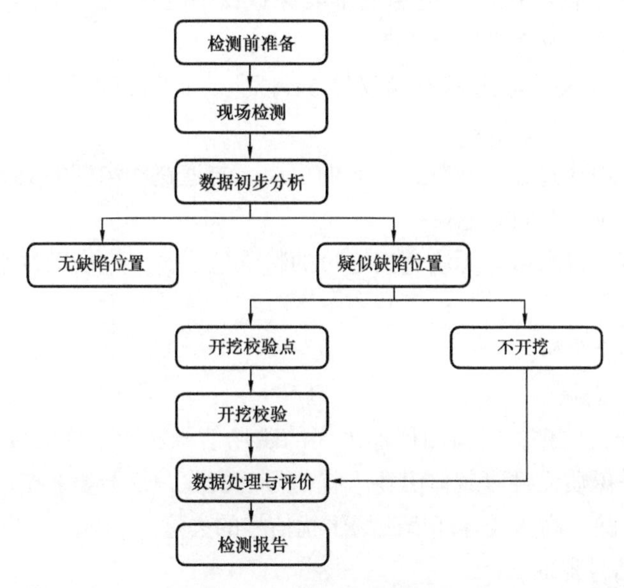

图 3–17 弱磁检测流程

（1）检测前准备。

① 管道资料收集。

管道运营企业应详细填写待检管线的信息记录表，并对填写内容的可靠性负责，检测人员应在管道运营企业的配合下对待检管道进行现场勘查。

② 检测方案编制。

检测人员应依据待检管线信息及勘查情况，制定检测方案。检测方案应包括任务来源、检测目的、管道状态分析、检测流程及人员安排等。

（2）现场检测。

① 仪器工作正常性检查。

通过仪器自检程序检测传感器输出是否正常，电池电量、存储空间是否足够，以确保仪器能正常使用。

② 管道定位与标记。

确定检测过程中开始记录数据的起点，应以被测管道有明显标识（如测试桩、泵站起点或终点等）或裸漏管道的位置为起始点；应用探管仪（例 PCM 等）对管道进行定位，并标记管道，沿管道轴线正上方间距不大于 100m（可视范围内）放置管道标志物。管道经过灌木丛时，应将沿管道轴线两边各 0.5m 范围内的杂物清除干净，以方便行走。

③ 管道磁信号测量。

由操作员携带检测仪器沿着管道标记匀速前进，测量管道磁场信号，测量时应注意：

a. 仪器宜平稳，避免出现剧烈晃动；

b. 检测过程中仪器操作人员身上不能穿戴铁磁性饰品（包括皮带扣、衣服纽扣、钥匙、手表等）及手机等电子产品；

c. 非仪器操作人员应远离检测仪器 5m 以上，探管仪使用时应远离检测仪器 10m 以上；

d. 检测过程中通过建造在管道上方的房屋、与道路和沟壑的交叉点、磁场干扰源等环境标志物时，要做好记录；

e. 被检管道如遇水域等无法直接通过的特殊地段时，应借助过水域辅助装置进行检测。

（3）数据初步分析。

① 干扰信号去除。

采用检测分析软件，对检测仪器采集的磁场信号进行干扰信号去除，应包括：检测仪器自身铁磁质元件等载体磁场干扰信号的去除，仪器姿态摆动等测量过程引起干扰信号的去除，高压线等环境磁场干扰信号的去除。

② 磁异常信号提取。

采用检测分析软件，对去除干扰信号之后磁场数据，结合管道埋深等信息，提取磁异常信号，确定疑似缺陷的位置。

③ 缺陷类型初步判断。

根据疑似缺陷位置的磁异常信号的波形特征，结合检测软件的缺陷数据库和检测人员的经验，初步判断缺陷的类型。

④ 磁异常程度评估。

获得疑似缺陷位置的磁异常信号后，可对缺陷的磁异常程度进行评估。磁异常程度的大小可由磁异常程度的度量值 G 来反映，通过式（3–2）获得：

$$G=\sum_{i=x,y,z}\sqrt{\sum_{j=x,y,z}\left(\frac{\Delta H_{ij}}{\Delta l_i}\right)^2} \tag{3-2}$$

式中 i、j——x、y、z 方向；

ΔH_{ij}——i 方向排列的传感器之间磁矢量 j 分量的差值；

Δl_i——i 方向排列的传感器之间的距离。

G 的范围为 $G \geqslant 0$，其中 G 为 0 时，表示磁场信号无异常，G 的数值越大表示信号的异常程度越高。

（4）开挖校验。

① 开挖校验目的。

开挖校验为开挖点危险等级评估提供实测数据，并用于确定危险等级评估公式中的校正系数。

② 校验点的选择。

管道检测数据初步分析完成后，应选择适当的疑似缺陷点进行开挖，并进行其他无损检测技术（NDT）检测。校验点的选择依据如下：

a. 应覆盖获得的所有缺陷类型；

b. 应根据获得磁异常程度度量值，选择中高程度的缺陷；

c. 检测人员认为需要开挖的其他位置。

③ 校验点的检测。

校验点挖开后，宜采用磁记忆、超声、射线等其他 NDT 检测方法对缺陷进行检测。检测内容应包括：

a. 应覆盖获得的所有缺陷类型；

b. 对于几何变形类缺陷，确定其类型，包括凹陷、椭圆变形、屈曲等，应测量变形的深度、长度等特征尺寸；

c. 对于金属损失类缺陷，确定金属损失的轴向长度、环向长度和深度等特征尺寸；

d. 对于裂纹类缺陷，确定其类型，包括穿透型、表面型、埋藏型等，测量其长度、深度等特征尺寸；

e. 检测结果应记录并填写在开挖校验记录表中。

④ 缺陷危险等级评估。

开挖校验完成后，检测人员应依据国家相关法规和标准，给出开挖部位缺陷的危险等级。结合管道信息、现场检测记录等，利用检测分析软件对初步分析结果进行再分析，确定被检管道未开挖缺陷的危险等级。

对于含缺陷的管道，可依据危险等级指标 F 确定管道缺陷的危险等级。F 可由式（3–3）计算得出：

$$F=e^{-AG} \tag{3–3}$$

式中 A——校正系数；

G——磁异常程度的度量值。

校正系数 A 在确定时，应使采用本方法获得的校验点缺陷危险等级与采用其他 NDT 检测数据评估获得的缺陷危险等级一致。针对不同的缺陷类型，应确定各自的校正系数。对于同一缺陷类型的多个校验点，应调整 A 值，使得各校验点缺陷危险等级一致情况达到最优。

管道缺陷的危险等级可分为三个等级：I 级为高风险，II 级为中等风险，III 级为低风险，管道缺陷危险等级及处理措施建议如表 3–2 所列。

表 3–2　损伤管道风险等级划分

危险等级	F 值	安全状况	维修建议
Ⅰ	$0<F\leqslant0.2$	高风险	立即修复
Ⅱ	$0.2<F\leqslant0.6$	中风险	计划修复
Ⅲ	$0.6<F\leqslant1.0$	低风险	定期检测

应按检测流程的要求记录相关信息，并按相关法规、标准和（或）合同要求保存所有记录。

四、C 扫描技术

1. 原理

C 扫描技术是将超声检测与微机控制和微机进行数据采集、存贮、处理、图像显示集合在一起的技术。

超声波 C 扫描系统使用计算机控制超声换能器（探头）位置在工件上纵横交替搜查，把在探伤距离特定范围内（指工件内部）的反射波强度以灰度变化的形式连续显示出来，可以绘制出工件内部缺陷横截面图形。这个横截面是与超声波声束垂直的，即工件内部缺陷横截面，在计算机显示器上的纵横坐标，分别代表工作表面的纵横坐标。

在检测时，数据的获取、处理、存贮与评价都是在每一次扫描的同时由计算机在线实时进行。共有两个信号输入计算机进行处理：一个是来自水箱上探头位置的信号，一个是来自超声波探伤仪的描述超声波振幅的模拟信号。这两信号经过 A/D 转换，信号数字化后输入计算机，然后由扫描模式产生一个确定其尺寸的数据阵列，图形显示在这个区域范围内。数据阵列里的每个点在显示器上显示为一个像素。图像用 8 种颜色显示，这 8 种颜色也就是指定波形的振幅，通常用 dB 数表示。在每一次扫描结束时，计算机可通过软件自动完成对每一种颜色和显示的百分比面积的像素计数。对显示出来的扫描图像都可以做出相应的解释，对缺陷进行评定。

2. 设备

超声波 C 扫描系统由机械传动机构和水箱、超声波 C 扫描控制器、超声波 C 扫描探伤仪以及 PC 微机系统四部分组成。

1）机械传动机构

机械传动机构是由水箱上部两侧装的导轨、导轨上支杆、步进电机组成。两根导轨分别代表纵轴、横轴，即 X、Y 轴。支杆的交汇处就是探头所在处。可以通过手轮来调节探头的高低。扫描控制器控制两个步进电机来改变探头的位置。传动机构的四角装有极限控制用的光电传感器。在扫查机构超出扫查范围时自动停止扫查动作。停止扫查后，必须关闭扫描控制器，用手工方法使扫查机构脱离极限区域。

2）超声波 C 扫描控制器

超声波 C 扫描控制器在扫查过程中由计算机控制。控制器控制着传动机构的运动。它有两种工作状态：手动和自动。手动用于探伤前调节探头初始位置。探伤前必须拨到手动挡，通过前进和后退按钮调节探头 X、Y 轴位置，使探头位于被检区域的一角。调节好后，应拨到自动挡，通过计算机自动控制超声 C 扫描控制器。

3）超声波探伤仪

超声波探伤仪具有高频带，并能用尖脉冲激励高阻尼探头，以便获得窄脉冲，检测出工件中的微小缺陷。因为窄脉冲具有较高的距离分辨率，也就是说声波的传播过程中遇到缺陷利用窄脉冲可以精确地定出缺陷所在的深度。但是利用窄脉冲也有它的缺点，窄脉冲的声束扩散角要比同频率的要宽，即它的横向分辨率较低，所以通常用聚焦探头来缩小声束截面进行补偿。另外探头的频率也影响着检测的灵敏度。频率越高，检测的灵敏度越高，但是超声波的穿透力却降低了。

超声波探伤仪的报警闸门用于选通界面脉冲，分正常门、界面门、报警门三个选挡。界面门是使探伤工件的入射界面回波落在界面门内，由于探伤距离的变化界面需调宽一些，保证界面回波始终落在界面门内。报警门要求出现缺陷的探伤范围内的缺陷回波出现在该门内。它的起始位置和宽度可通过二个多圈电位器和按钮调节。报警门一般可以自动跟踪界面脉冲。界面门、报警门一旦设置好，则在探伤过程中不要轻易改动，否则会影响探伤结果。

3. 操作

1）检测准备

（1）在承压设备的制造、安装及在用检验中，相控阵超声检测时机及检测比例的选择等应符合相关法规、标准及有关技术文件的规定。

（2）所确定的检测面应保证工件被检部分能得到充分检测。

（3）表面质量应经外观检查合格。检测面（探头经过的区域）上所有影响检测的油漆、锈蚀、飞溅和污物等均应予以清除，其表面粗糙度应符合检测要求。表面的不规则状态不应影响检测结果的有效性。

2）扫查方式和扫描方式的选择

（1）根据不同的检测对象，按照各章、条的具体要求选择所需的机械扫查方式和电子扫描方式。

（2）电子扫描方式分为扇扫描和线扫描，机械扫查方式分为平行线扫查、斜向扫查及手动锯齿形扫查，检测过程中扫描方式和扫查方式可结合并同时进行。

（3）平行线扫查、斜向扫查等一般结合扇扫描或线扫描并配合与探头相连的位置传感器进行。

3）扫查速度

采用平行线扫查、斜向扫查等扫查方式时，应保证扫查速度小于或等于最大扫查速度 v_{max}，同时应满足耦合效果和数据采集的要求。

$$v_{\max}=\frac{PRF}{NM}\Delta X \qquad (3\text{–}4)$$
$$PRF<c/2S$$

式中 $v_{\max}$——最大扫查速度，mm/s；

PRF——脉冲重复频率，Hz；

c——声速，mm/s；

S——最大检测声程，mm；

N——设置的信号平均次数；

M——延迟法则的数量（如扇扫描时，角度范围为40°～70°，角度步进为1°，则M=31；线扫描时，总体晶片数量64个，激发晶片数量16个，扫查步进为1，则M=49）；

ΔX——设置的扫查步进值，mm。

4）扫查覆盖

（1）扇扫描所使用的声束角度步进最大值为1°或能保证相邻声束重叠至少为50%。

（2）线扫描相邻激发孔径之间的重叠，至少应为激发孔径长度的50%。

5）扫查步进的设置

扫查步进是指扫查过程中相邻2个A扫描信号间沿扫查方向的空间间隔。检测前应将检测系统设置为根据扫查步进采集信号。扫查步进值主要与工件厚度有关，按表3–3的规定进行设置。

表3–3 扫查步进值的设置

工件厚度 t，mm	扫查步进最大值 $\Delta X_{\max}$，mm
$t\leqslant 10$	1.0
$10<t\leqslant 150$	2.0
$t>150$	3.0

6）图像显示

（1）扫查数据以A型信号显示及图像形式显示，图像可用B型显示、C型显示、D型显示、S型显示及P型显示等形式，也可增加TOFD显示。

（2）在扫查数据的图像中应有位置信息。

7）灵敏度补偿

（1）耦合补偿。

在检测和缺陷定量时，应对由表面粗糙度引起的耦合损失进行补偿。

（2）衰减补偿。

在检测和缺陷定量时，应对材质衰减引起的检测灵敏度下降和缺陷定量误差进行补偿。

（3）曲面补偿。

探测面是曲面的工件，应采用曲率半径与工件相同或相近的对比试块，通过对比试验进行曲率补偿。

8）延迟法则

根据所采用的扫查方式确定，设置时应考虑如下因素：

（1）阵元参数：标称频率、阵元数量、阵元宽度、阵元间隙及阵元高度；

（2）楔块参数：楔块尺寸、楔块角度及楔块声速；

（3）阵元数量：设定延迟法则使用的阵元数量；

（4）阵元位置：设定激发阵元的起始位置；

（5）角度参数：设定在工件中所用声束的固定角度、声束的角度范围；

（6）距离参数：设定在工件中的声程或深度；

（7）声速参数：设定在工件中的声速，例如横波声速、纵波声速；

（8）工件厚度：设定被检件的厚度；

（9）探头位置：设定探头前端距或扫查起始位置；

（10）采用聚焦声束检测时，应合理设定聚焦声程或深度。

9）耦合监控的设置

（1）耦合监控的设置方法由使用的相控阵超声设备而定。在被检件或与被检件特征相同的试块上调试耦合监控，将最大波调整到满屏高度的 80%（误差为 ±5%），在此基础上提高 6dB，即为耦合监控的灵敏度。

（2）耦合监控的方式一般分为图像显示监控和铃声报警监控两种方式。平行线扫查宜采用图像显示进行耦合监控；锯齿形扫查采用铃声报警方式进行耦合监控。

10）检测系统的复核

（1）复核时机。

在如下情况时应进行复核：

① 检测过程中仪器或探头更换；

② 检测过程更换耦合剂；

③ 检测人员怀疑时；

④ 连续工作 4h 以上；

⑤ 检测结束时。

（2）复核要求。

① 相控阵探头楔块磨损程度的复核。

楔块角度的实测值与标称偏差范围应控制在 −1°～1°，若超出此范围，应对楔块进行修磨或更换楔块。

② 灵敏度和检测范围的复核。

复核时用的参考试块应与初始设置时的参考试块相同。若复核时发现有偏离初始设置时的参数值，应按表 3-4 的要求进行修正。

③ 位置传感器的复核。

当检测设备所显示的位移和实际位移的误差应≥1% 时，应对上次设置以后所检测的位置进行修正。

表 3-4　偏离和纠正

类型	偏差	纠正
灵敏度	≤3dB	不需要采取措施，必时可由软件纠正
	＞3dB	重新检测上次设置后所检测的部位
检测范围	工偏离≤1mm	不需要采取措施
	偏离＞1mm	找出原因重新设置。若在检测中或检测后发现，则纠正后重新检测上次校准后所检测的部位

注：灵敏度复核时，一般选取最佳角度的曲线，不得少于 3 点。

五、相控阵超声波检测技术

1. 原理

超声相控阵技术通过控制阵列换能器各阵元的发射 / 接收，形成合成声束的集焦、扫描等各种效果，从而进行超声成像。

在相控阵超声发射状态下，阵列换能器中各阵元按一定延时规律顺序激发，产生的超声子波束在空间合成，形成聚焦点和指向性。改变各阵元激发的延时规律，可以改变焦点位置和波束指向，形成在一定空间范围内的扫描聚焦。

在相控阵超声接收状态下，阵列换能器的各阵元接受回波信号，按不同延时值进行延时，然后加权求和作为输出。通过设定一定的延时规律，可以实现对声场中的指定物点进行聚焦接收，采用不同的延时规律，即可实现对不同点和不同方向上的接收聚焦和扫描。

通过相控阵超声发射和接收，并采用相位延时、动态聚焦、动态孔径、动态变径、动态变迹、编码发射、数字声束形成等多种技术，就能获得声束所扫描区域内物体的超声成像。

管道内超声波的传播与一般超声波在金属内的传播相同，但相控阵探头中的每一个晶片被独立地激发，并施加不同的时间延误，以实现声束的角度和聚焦在很大的范围内变化。聚焦规则的设置文件定义为探头中每个晶片激发的延迟量。超声波相控阵技术可以产生和常规超声波相同的声束和角度，但它与常规超声波不同的是能精确地以电子方式控制声束的角度和焦点尺寸。可以通过改变设置程序实现各种不同的扫描。

当设置的文件准备完成后，在检测现场，只需要调出预先设置的文件，而不用像常规超声波那样用手工调整探头参数和探头的几何位置。同时，用户可以自定义扫描方法来提高成像的质量或开发适合自己要求的特殊扫描。

2. 设备

汕头超声仪器研究所研制的CTS–602型超声相控阵检测仪，如图3–18所示，CTS–602是国内率先推出的具有自主知识产权的便携式相控阵超声探伤仪，汇集了计算机、电子、机械、工艺、换能器制造等高新技术，具有指标先进、功能强大、图像清晰、性能稳定等特点。CTS–602具有32个物理通道，能够支持16、32、64和128阵元探头，其中64和128阵元是通过对32个物理通道的顺序激发完成。扫描模式分为扇扫和线扫两种。发射时采用单点聚焦，接收时采用160MHz硬件实时动态聚焦。A/D采样频率为40MHz，分辨率达640×480像素，成像结果清晰。另外，利用仪器上的USB接口可以直接将检测结果导出，数据方便存储。

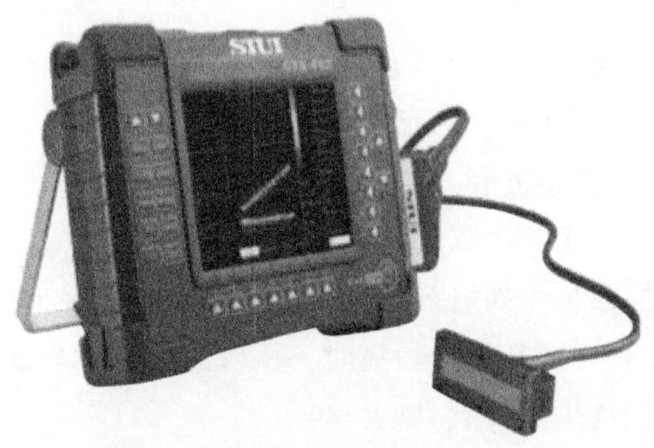

图3–18　超声相控检测仪CTS–602

再利用相控阵超声波检测技术检测时，探头的选择关系着检测结果。图3–19为超声相控阵技术检测探头，如图3–19（a）所示为用于超声相控阵扇形扫描方式的横波检测探头，该探头为16个晶片组成的线性阵列，晶片间距为0.5mm，探头中心频率为4.0MHz，探头楔块材料为有机玻璃，楔块内声速为2337m/s，楔块角度为36°，该探头扇形扫描时角度调节范围为–80°～80°；如图3–19（b）所示为用于超声相控阵线形扫描方式的纵波检测探头，该探头为64个晶片组成的线性阵列，晶片间距为1mm，探头中心频率为5.0MHz。也可以根据需要选择楔块，从而提高工件与探头的耦合度。该探头线形描时角度调节范围为–45°～45°。

（a）16晶片超声相控阵斜探头

（b）64晶片超声相控阵直探头

图3–19　超声相控阵技术检测探头

3. 操作

（1）依照工艺设计将检测系统的硬件及软件置于检测状态，将探头摆放到要求的位置，沿设计的路径进行扫查。扫查过程中应采取一定的措施（如提前画出探头轨迹或参考线、使用导向轨道或使用磁条导向）使探头沿预定轨迹移动，过程中探头位置与预定轨迹的偏离量不能超过 S 值的 15%。

（2）扫查时应保证扫查速度小于或等于最大扫查速度 v_{max}，同时保证耦合效果和满足数据采集的要求。最大扫查速度按下式计算：

$$v_{max}=\frac{PRF}{NA}\Delta x \quad (3\text{–}5)$$

式中 v_{max}——最大扫查速度，mm/s；

PRF——激发探头的脉冲重复频率，Hz；

Δx——设置的扫查步进值，mm；

N——设置的信号平均次数；

A——A 扫描的数量（如扇扫描时，激发如 35°～75° 的扇扫描，角度步进为 19，则 A=41；又如线扫描时，探头总体晶片数量为 64，同时激发 16 晶片，扫查步进为 1，则 A=49）。

（3）若需对工件在长度方向进行分段扫查，则各段扫查区的重叠范围至少为 20mm。对于环状工件（如环焊缝），扫查停止位置应越过起始位置至少 20mm。

（4）扫查过程中应保持稳定的耦合，有耦合监控功能的仪器可开启此功能，若怀疑耦合不好，应重新扫查该段区域。

第三节　内检测技术

一、内检测技术研究现状

1. 国外研究现状

1）管道内检测技术研究

国外管道内检测技术的研究起步较早，发展至今已形成技术多元化、多功能的格局，涉及的基础检测理论包括：远场涡流、超声导波、脉冲涡流、射线、电磁和热成像等。国外天然气管道检测技术主要针对腐蚀坑、缺陷、剩余壁厚和泄漏，很多技术都以管道机器人为载体，配合其他技术理论及多种传感器行使技术功能；部分检测技术仅可应用于小口径管道，对于大口径管道则具有一定的局限性。

管道检测器发展至今已经历三代：第一代为普通型检测器；第二代为高精度型检测器（HR）；第三代为超高精度型检测器（XHR）。自 1965 年，美国 Tuboscope 公司采用漏磁检测装置 Linalog 首次进行管道内检测。1973 年英国天然气公司（BritishGas）采用漏磁法对其所管辖的一条直径为 600mm 的天然气管道进行了管壁腐蚀减薄在役检测，首次引入了定量分析方法，并对其材料特性及失效机理进行了分析。

目前，美国 Tuboscope 公司、GE–PII 公司，英国的 Advantic 公司，德国的 ROSEN 公司，加拿大的 Corrpro 公司等开发了多种型号的漏磁内检测器，其产品已基本上达到了系列化和多样化。

美国 GE–PII 公司开发了具有标准、高和超高三个分辨率等级的漏磁式检测器。德国的 Rosen 公司开发了新一代多用途（Multi—purpose）内检测器，可以提供管道内轮廓高精度几何数据。这项技术将非接触测量与机械测径臂的优点相结合，设计了新型的机械传感装置，并配有导航单元和高精度 MFL 检测装置。在单次管道内检测运行过程中，不仅能够具体分析出管道凹痕和腐蚀类型与尺寸，而且还能检测分析应力诱导因素特征。

超声波管道内检测设备的研究和应用较漏磁方法晚，1986 年原德国 Pipetont（现为 GE–PII 公司）率先推出了使用液体耦合剂的管内超声波检测装置 Ultra Scan，以后加拿大、美国等也相继研制了这类超声检测仪器。与漏磁检测器相比，超声检测器由于检测时不受管道壁厚的限制，它的出现被认为是管道检测技术的一大进步，现在许多国家的管道检测技术人员也都在致力于这方面的研究。实践也证明采用超声波检测法得出的数据确实比漏磁法更为精确。

现在国外的超声检测器的轴向判别精度可达 3.3mm，管道圆周分辨率精度可达 8mm，机体外径可由 159mm 到 1504mm，检测器的行程可达 50～200km，行走速度最高可达 2m/s。德国的 ROSEN 公司、英国的 ADVANTIC 公司等均拥有此项技术。

荷兰的 Rontgen Technische Dienst（RTD）公司开发了系缆式超声波检测器。这种系缆式超声波检测器由电机驱动在管道内爬行。该仪器从管道的一端进入，用于控制检测器行走速度和方向的控制设备安装在控制室内。RTD 公司已开发了多种型号的系缆式超声波检测器。其中，RTD PIT 2000 型可以检测长 2000m 管道内、外的位置、深度，并可测量腐蚀部位的剩余壁厚。PTT 2000 型系缆式超声波检测器已在北美、欧洲及远东成功地用于 D650mm～D1100mm 的管道上。

国外管道广泛应用的内检测技术包括接触、非接触式的管道变形内检测、漏磁内检测（MFL）、超声波检测、电磁超声检测（EMT）等。目前国外较有名的 MFL 检测公司有美国的 TUBOSCOPE，英国的 BRITISHGAS，美国的 GEPII，加拿大的 CORRPRO，德国的 ROSEN，其产品实现系列化和多样化，可向用户提供检测设备和检测服务。

2）管道内检测装置的发展水平

（1）广泛应用的检测机器人。

目前，国外的工程技术人员已研制出了不同原理管道内智能检测装置30余种。在国外原油管道检测中，广泛应用的是第2代漏磁管道检测器和超声波管道检测器。检测方法的不同导致检测对象、检测范围及检测结果都有所区别。表3–5为超声波检测与漏磁检测方法的对比。

表3–5　漏磁检查与超声波检测对比

特征量	漏磁检测	超声检测
检测的最大壁厚，mm	20（30）	100
检测的最小壁厚，mm	0	3
对材料的敏感特性	高	无
液体对检测的影响	无	有
检测精度，mm	± 0.2T	± 0.1
检测管道面积，%	100	100
机器人速度影响	有	无
对蜡质层敏感性	中	高
对金属层敏感性	高	低
检测裂缝	不适合	适合
检测数据分析	复杂	简单

注：检测壁厚还取决于检测装置的大小；T为壁厚。

① 漏磁检测机器人。

漏磁法智能管道检测系统是利用励磁器将管壁磁化，同时由磁传感器阵列探测各种缺陷损伤造成的磁通量泄漏来确定缺陷尺寸、形状和所在部位。漏磁检测机器人的技术优势是可对各种管壁缺陷实施检验，不受检测介质的影响，适应于中小型管道的检测，不易产生漏检现象。

漏磁检测机器人应用的局限性表现在：

a. 因为检测探头得贴近管壁进行检测，当管壁不平，如有焊瘤或管壁积有其他杂质时，会引起探头抖动，产生虚假数据；

b. 对管壁缺陷无法定量分析，其测得的检测数据不够精确，需经过校验方能使用；

c. 对金属敏感度高，当管道材料混有杂质时，将影响测量结果；

d. 检测大管径及厚壁管道的能力有限。

② 超声波检测机器人。

超声波检测机器人适合大管径、厚壁管道检测，其检测精度较高，检测数据简单且不需对其进行校核，效率高。

超声波检测机器人的缺点主要体现在：

a. 对检测介质敏感，当管壁缺陷处的蜡质层过厚，将影响该处的检测结果；

b. 对超声探头的方向与距管壁的距离要求很高，扫描带受超声探头的限制，处理不当易产生漏检。

一些发达国家在管道检测方面已形成了一系列成熟的管道检测技术。除了采用各种智能机器人对管道的变形、壁厚、涂层及腐蚀情况进行检测外，还采用以微机网络系统为基础的 SCADA 技术对管道的运行情况进行监测，并以数据及图像的方式再现埋地管道的详细情况，最后对计算机处理的结果进行综合分析——风险评估，将管道运行状况分为 5 个等级，根据不同的等级采用不同的修复方法，为管道决策者提供参考。

（2）其他先进的管道无损检测机器人。

① 美国 GE 公司的 UltraScanTM Duo。

GE 公司的产品 UltraScanTM Duo 是世界上第 1 个利用“相控阵超声波技术”（Phased Array Technology）的管道检测工具（图 3–20）。该工具是 GE 公司改良的自动传感器系统，用于在单次运行中同时对金属管道腐蚀损耗和裂纹探测的全面检测。在单次运行中，UltraScan™ Duo 可以收集有关管道缺陷类型和尺寸的数据，并排出这些缺陷的优先次序以进行检测和修补作业。由于所有数据是在单次运行中收集的，所以裂纹探测数据和管壁测量数据是紧密相关的，为管道管理人员提供了有力的决策依据。

图 3–20　UltraScan™ Duo

② 美国 GE 公司的 SmartScan™。

2005 年初，GE 公司为输气管道和液体管道作业者展示了一种能够通过急转弯道等障碍并对管道实施在线检测的装置——智能扫描装置（SmartScan™）（图 3–21）。该检测装置具有创新的可伸缩结构和独特设计的传感器，与管道带压开孔设备的发送系统结合在一起，还具有通过连续弯头和直径管道的能力。对于需要进行带压开孔的管段的检测工作，作业者无需使用传统的清管器收发装置来发送和接收 SmartScan™ 装置，可将成 45° 角的带压开孔附件安装在管道上而无需中断油气服务，清管器和检测装置都可经伸缩式的滑道来发送。

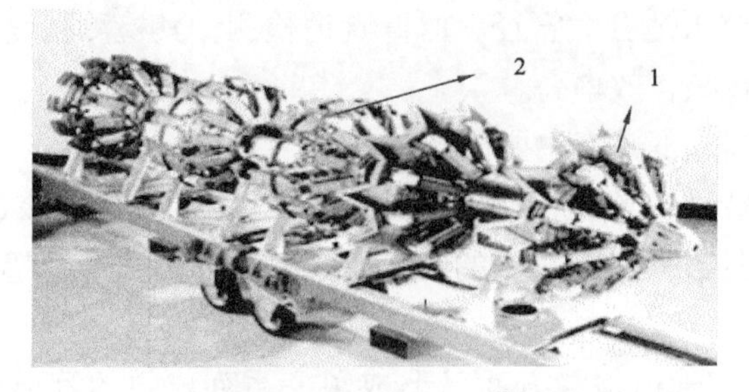

图 3-21　SmartScan™

1—伸缩机构；　2—传感器

③ 俄罗斯 NGKS 公司的超声波检测器。

俄罗斯 NGKS 公司主要从事管道在线无损检测。该公司使用的无损检测技术包括漏磁检测（MFL）和超声波检测（UT），其使用的超声波检测器如图 3-22 所示。

图 3-22　NGKS 公司的超声波检测器

2. 国内研究现状

1）管道内检测技术研究

管道内检测技术在我国起步较晚，至今只有 30 年左右的历史，而且参与的单位也较少。20 世纪 80 年代初期，我国开始对管道检测技术进行研究，并取得了一定成果，但是并没有应用于工业中。1992 年，四川石油管理局（现中国石油西南油气田分公司）与德国 PIPETRONN 公司共同对佛—两线、佛—纳线等天然气管线进行管道智能内检测，这是国内首次开展的管道智能内检测。从 1994 年中国石油天然气管道局从美国引进漏磁检测设备开始，我国才真正着手于漏磁检测技术的研究和应用。我国天然气管道检测技术主要集中于漏磁检测，发展至今已非常成熟，并且轴向漏磁检测技术水平与世界水平已基本持平。

目前，国内主要有中国石油天然气管道局管道技术公司、新疆三叶检测有限公司、中国特种设备检测研究院、沈阳工业大学、上海交通大学、清华大学、天津大学、华中科技大学、中国石油大学（北京）从事管道内检测技术的研究工作，取得了一定的成果。

1993 年 6 月至 1998 年 4 月，中国石油管道技术公司采用国外引进的智能猪进行管道内检测。先后从德国、美国等检测技术发达的国家引进了变形、测径、漏磁腐蚀和超声波等多种类型、多种口径的管道智能检测技术及设备。

1998 年，中国石油天然气管道局管道技术公司联合中科院、天津大学和清华大学成立了专业的研究队伍，研制出了ϕ377mm漏磁缺陷检测装置。与国外同类检测装置相比，检测器载体长度短、重量轻，通过能力强，更适合国内较为复杂的管道运行环境。同年该设备通过了对克—乌线现场试验，检测结果经现场开挖验证，效果较好。

管道技术公司于1998年成功研制了漏磁腐蚀检测数据分析系统（简称PTC系统）。PTC系统能够提供被检管道上所有腐蚀点的轴向位置、周向位置、距最近参专点的距离，腐蚀深度、腐蚀面积、距上下游焊缝的距离等信息，并可对管道上的管件和维修点进行定位，是管道大修和管材鉴定的基本依据。

2002年9月，由管道技术公司自行研制开发的ϕ660mm高清晰漏磁检测器首次对陕京线输气管道（靖边至榆林100.6km）进行检测，并获得成功。这是国产内腐蚀检测设备首次应用于天然气管线，它将彻底打破外国企业长期垄断我国气管道检测市场的局面，为管道内检测设备国产化打下了坚实的基础，并在第二年对剩余800km陕京线输气管道进行了检测。2003年3月10日管道技术公司对东北管网三条输油管线进行变形和腐蚀检测，总长1526.4km，其中变形检测645.7km，腐蚀检测880.7km。

从2002年起，通过与英国的Advantic公司合作，经过对管道检测技术的多年研究和数万公里现场检测的实际应用，管道技术公司成功地掌握了测径及漏磁腐蚀检测器（ϕ600mm）的制造技术，并研制出从ϕ273mm到ϕ1016mm各种口径的智能检测器二十余台，实现了智能检测器的国产化、系列化。

中国石油新疆油田分公司与沈阳工业大学联合开发了ϕ377mm漏磁通智能检测仪，现已生产出样机并分别在乌鲁木齐王家沟—706泵站、中国石油西南油气田分公司输气管理处卧—两线等管道上进行了应用，虽然在解释某些测试数据方面还不够完善，但毕竟填补了管道内检测技术的空白，为管道内检测技术国产化奠定了基础。

目前国内已自行开发或合作开发了多种管径的智能猪（如DN660mm、DN1000mm、DN250mm、DN350mm等），并开展了一些基础性研究。但是，我们国家的管道内检测技术与发达国家相比还很落后，对于一些关键的先进技术（如裂纹检测技术、轴向缺陷检测技术等），西方的一些发达国家对中国还是实行垄断政策，只对我们提供服务，国内也尚无此方面检测技术和设备的研究的相关报道。

目前，已经进入中国管道检测市场的国家和公司主要有：英国的ADVANTIC公司，美国AMF公司、TDW公司、VETCO公司、GE-PII公司，德国ROSEN公司。而在中国承担项目较多的公司，特别是在天然气管道方面，GE-PII、ROSEN、ADVANTIC等公司在国内均有代理。

2）管道内检测装置的发展水平

2005年，由中石化集团公司胜利石油管理局钻井工艺研究院（以下简称钻井院）负责的海底管道内爬行器及检测系统，历经5年攻关，通过了科技部的验收及现场试验，如图3-23所示。它的外形像一列火车，一节一节相连，由驱动环、电源、超声采集与存储器及超声探头等组成。用投放装置将“检测工”放入管道内，它便能借助输油管的油压差自由前进，并通过超声波的发射和回波，测出大量数据。完成任务后“检测工”被回放装置拉出管道，科研人员从“检测工”中取出大量数据，计算分析后决定是否需要对管道进行维修。

图3-23　海底管道内爬行器及检测系统

2010年6月15日，埕北中心二号平台复线历时约1h的爬行，身长达3m，形状像蠕虫的海底管道漏磁检测仪顺利走完1km多行程，胜利油田海底管道“查体”首次获得成功。一直以来，对海底管道的检测被国外专业公司垄断，钻井院研制的海底管道漏磁检测仪投入使用后，将打破国外的技术垄断。

国内管道内漏磁检测技术成熟，已投入工程应用。清华大学已与中石油管道研究中心合作，成功开发了ϕ1024mm以下各种口径系列检测器；沈阳工业大学已先后与中石化管道公司、新疆三叶管道技术有限公司合作，其中与中石化管道公司已经成功开发了ϕ529mm以下各种口径系列检测器，2008年又成功开发出ϕ720mm口径的漏磁检测器，并在鲁宁管线上成功应用。

国内管道内超声波检测技术还在探索之中，还未投入工程应用。其中，钻井院与上海交通大学2005年开发了ϕ325mm海底管道检测器，检测海底管道的腐蚀缺陷。同时，该院又与北京石油化工学院合作进行了管道裂纹缺陷的探索研究，并进行了ϕ426mm陆地管道检测器试验，开发了1套ϕ529mm管道腐蚀检测器工程样机。该工程样机只能对空管道进行检测，尚未开发出成熟产品，很难满足实际工程要求。

另外，天津大学的原油管道泄漏检测与定位技术项目获得国家科技进步二等奖，获得2005年度中国仪器仪表学会科学技术奖。该项目由天津大学、中国石油化工股份有限公司管道储运分公司、中国石油天然气股份有限公司管道技术研究中心合作完成。针对我国原油大多具有高黏度、高含蜡、高凝点必须加热输送的特点，原油管道泄漏检测与定位技术在提高泄漏检测灵敏度和漏点定位精度、减少误报率、停输状态下的泄漏检测等方面解决了一系列关键技术难题，已在我国31条、超过4800km的原油管道安装应用，取得了6亿多元的经济效益和社会效益。

3. 管道内检测标准

1）国外内检测标准

国外管道内检测标准有 API 1163—2013《内检测系统鉴定》、ANSI ILI-PQ—2005《内检测技术人员鉴定和资质标准》、NACE RP0102—2002《管道内检测》等，规定了内检测项目的计划、组织、实施等程序，内检测数据管理和分析方法，内检测系统设备和软件等技术性能的鉴定，以及从事内检测工作相关人员的资质。

2）国内内检测标准

标准 GB/T 27699—2011《钢质管道内检测技术规范》规定了管道几何变形检测和金属损失检测的技术要求，以及检测周期、检测器的适用范围等。SY/T 6597—2018《油气管道内检测技术规范》提出了内检测选型应考虑的因素，规定了管道几何变形检测、金属损失检测、裂纹检测和中心线测绘的技术要求，并规定了开挖验证中对检测结果与现场测量结果对比分析的要求。国内标准提出了部分管道内检测器的性能规格指标，但是未规定如何验证管道内检测器性能规格，例如应用开挖验证、牵引试验数据鉴定管道内检测设备的性能规格，也没有推荐管道内检测器性能规格的关键指标。

4. 未来发展方向

（1）国外天然气管道的部分检测技术仅可应用于小口径管道，对于大口径管道则具有一定的局限性，提高检测设备的适应性是必然趋势；

（2）国外天然气管道检测技术在我国应用的难点主要体现在目前国内尚未形成检测技术实施和验收的标准体系，很多检测数据需要人为解释且暂时缺乏相关的专业培训；

（3）自动解读数据成为管道检测的一个新兴发展方向，届时机器可自动识别管道内缺陷、腐蚀状况等参数并提供可靠性较高的检测报告；

（4）提高检测设备的续航能力、数据存储能力和远传能力是检测技术改进的发展方向；

（5）管道检测技术配套完整性管理平台的研发，能够促进天然气管道的智能化管理。

二、内检测技术分类及原理

1. 管道内检测技术分类

管道内检测是维护管道安全运行的重要手段，内检测主要利用各种 NDT 手段评价管道的安全状况。每种 NDT 技术并不是普遍适用的，管道操作者应根据缺陷的状况选择合适的内检测工具。

管道内检测主要包括变形检测和缺陷检测两大方面，而缺陷检测主要有漏磁内检测、超声内检测、泄漏内检测技术、电磁超声内检测、远场涡轮内检测技术、管道定位内检测技术等。按照缺陷类型划分主要包括：几何内检测技术、金属损失检测技术、裂纹检测技术。

目前国外较有名的MFL检测公司有美国的TUBOSCOPE，英国的BRITISHGAS，美国的GE-PII，加拿大的CORRPRO，德国的ROSEN，其产品实现系列化和多样化，可向用户提供检测设备和检测服务。

2. 管道内检测技术原理

1）管道变形内检测技术

（1）基本原理。

管道变形内检测技术是指以检测管道几何变形为目的的“管道内检测”。应用腐蚀检测器实施该检测前，要对管道的通过能力进行检查，防止发生堵卡、损伤价格昂贵的检测器的事故。利用几何检测器通过尾部呈辐射状排列的机械臂的变形量来测量管道凹陷、椭圆变形等特征（图3-24）。

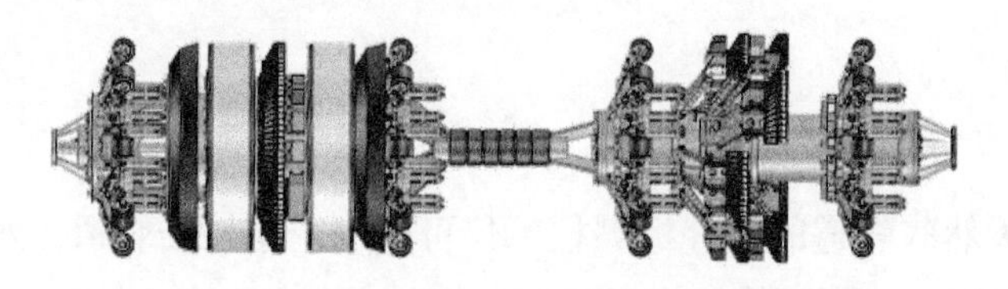

图3-24　高精度管道变形内检测传感器

（机械臂+涡流传感器）

（2）技术特点。

该技术主要用于检测管道因外力引起的凹坑、椭圆度、内径的几何变化以及其他几何异常现象，确定变形具体位置，并可识别管道弯头半径、三通、阀门、环焊缝等特征，一般要求报告大于2%管道外径及以上的几何变形。变形内检测技术还可用于新建管道的验收，检测施工过程中造成的管道变形，以保证管道具备清管条件。

最先用于管道几何形状检测的仪器是通径内检测器，它的出现是管道检测技术的一大进步。这种设备带有一圈伞状感测臂和里程轮，这些感测臂装在一个中心柱上，沿圆周分布，各自均贴在管壁上，在中心柱端部装有一支记录笔，停放在记录纸带上，其记录纸带在两个里程轮之间走动，而程轮由步进电机带动，不同的里程对应记录纸带相应位置。若管壁有几何变形，变形处的感测臂产生转动，变形大转动幅度就大，并使中心柱移动定距离，记录笔便会在纸带上留下一些数据。管道内径变化的程度和位置可从纸带上看出来。这种早期应用的检测器测量元件同管壁直接接触，因此对管道清洁度要求较高，否则容易产生机械故障。后来推出的电子测径仪，其尾部装有电磁场发射器，通过电磁波测出发射器与管壁之间的距离，并转变成电信号存储于附设的电子计算机内，可以更好地保存和分析测量数据，大大提高了变形检测的测量精度。国内外很多大检测公司具有此设备，市场上提供的被测管径范围从 100～100m 不等。其灵敏度通常为管段直径的 0.2%～1%，精度大约为 0.1%～2%。

国内外比较常用的变形检测技术还有管内摄像法、激光三角测量法和激光光源投射成像法等，它们各有特点，而且有的变形检测器还有清管的功能。

2）漏磁内检测技术

（1）基本原理。

漏磁检测的基本原理是使用永磁铁产生磁场并通过导磁介质使磁性管道的管壁磁化到饱和程度，在管壁圆周上产生一个磁回路场，当管壁上没有缺陷时，则磁力线封闭于管壁之内，且磁场均匀分布；当管壁上存在异常，如缺陷、裂缝、焊疤时，磁通路变窄，磁力线发生变形，部分磁力线将穿出管壁产生漏磁，通过磁敏探头（霍尔传感器）检测漏磁场就可以发现管道缺陷（图 3–25）。

图 3–25　漏磁内检测器示意图

（2）技术特点。

漏磁内检测技术因其对管道内环境要求不高、不需要耦合剂、适用范围广、价格低廉等优点，是目前应用最广泛也是最成熟的技术。漏磁内检测技术可较好检测宏观体积缺陷、腐蚀和径向裂纹等问题。缺点是表面检测对被检测管道壁厚有限制，不适用于检测管道壁厚、分层或氢致裂纹；管道缺陷无法定量分析，抗干扰能力差，空间分辨率低；检测数据需校验，以杜绝可能出现虚假数据。

3）超声内检测技术

（1）基本原理。

超声波内检测技术就是超声波传感器通过液体耦合与管壁接触，从而检测出管体缺陷特征的技术，包括超声壁厚和超声裂纹检测技术。压电式超声波发生器实际上是利用压电晶体的谐振来工作的，它有两个压电晶片和一个共振板，当两极外加脉冲信号，其频率等于压电晶片的固有振荡频率时，压电晶片将会发生共振，并带动共振板振动，便产生超声波。反之，如果两电极间未外加电压，当共振板接收到超声波时，将压迫压电晶片作振动，将机械能转换为电信号，这时就成超声波接收器。图 3–26 展示了超声波内检测原理。

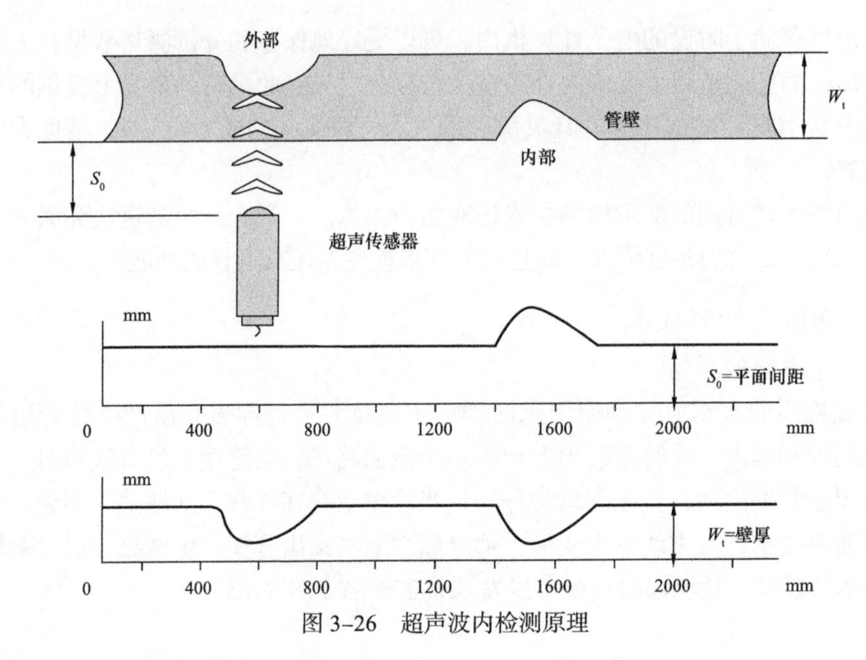

图 3-26　超声波内检测原理

（2）技术特点。

超声波内检测技术对裂纹等平面缺陷最为敏感，检测精度很高，是目前发现裂纹最好的检测方法，可以直接测量金属损失尺寸，精度较高，能有效区分内外金属损失，也可探测除腐蚀外的管体加工处缺陷，如夹层等。但是这种技术也具有传感器晶体易脆，传感器元件在运行管道环境中易损坏，传感器晶体需通过液体与管壁保持连续的耦合，对探测表面清洁度要求较高，费用高等缺点。

4）泄漏内检测技术

（1）基本原理。

泄漏内检测技术主要用于检测管道泄漏处的位置，包括压差法和声波辐射法。

压差法是由一个带测压装置仪器组成，被检测管道需要注入适当的液体，泄漏处在管道内形成最低压力区，从而确定出泄漏位置。

声波辐射法是以声波泄漏检测为基础，利用管道泄漏时产生的 20～40kHz 范围内的特有声频，通过带适宜频率选择的电子装置的数据采集系统对声频数据和里程数据进行采集，再通过对所采集的数据进行分析，并且结合地面标记系统来确定泄漏处的位置。

（2）技术特点。

使用管道漏磁内检测系统，能在非开挖状况下，对埋地管道进行检测，实现对埋地管道的缺陷、管壁变化、缺陷内外分辨、管道特征（管箍、补疤、弯头、焊缝、三通等）的识别，可提供缺陷面积、程度、方位、位置等信息，可广泛用于原油、成品油、天然气等长输管道的检测。将管道的盲目性被动维修变为预知性主动维修，并提供强有力的技术和数据支持。

5）电磁超声内检测技术（EMAT）

（1）基本原理。

电磁超声内检测技术是利用电磁物理学原理以新的传感器代替了超声波检测技术中的传统压电传感器，它的理论基础主要是洛伦兹力和磁致伸缩，当载有交变激励电流的线圈靠近被测管道表面的时候，将会在金属管道内部感应出涡流，如果有一静态偏置磁场存在，根据法拉第电磁感应定律，电流受到洛伦兹力的作用，通过晶格间的碰撞或其他的微观过程，涡流所受到的力会传递给金属管道，金属管道所受到的力也会随着交变电流的频率变化，从而在金属中产生超声波。当金属电磁波传感器在管壁激发出超声波能时，波的传播采取已关闭内、外表面作为“波导器”的方式进行，当管壁是均匀的，沿管壁传播只会受到衰减作用；当管壁上有异常出现时，在异常边界处的声阻抗的突变产生波的反射、折射和漫反射，接收到的波形就会发生明显的改变。基于磁致伸缩效应的EMAT原理图如图3–27所示。

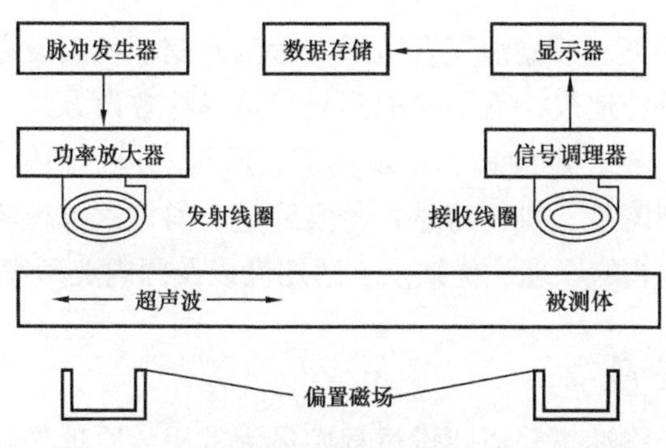

图3–27　基于磁致伸缩效应的EMAT原理图

（2）技术特点。

电磁超声内检测技术提供了输气管道超声波内检测的可行性，是替代漏磁内检测的有效方法，它具有精度高，不需要耦合剂，非接触，适合于高温检测、移动检测和相控阵操作，容易激发各种超声波型等优点，同时由于其换能效率低，信号微弱等缺点，也限制了它的应用。

通过以上集中类型的内检测技术的介绍，我们可以看出，每种方法都有各自的技术特点。在对管道内检测技术的研究、应用方面要仔细对比不同检测手段的技术特点，技术指标、工作条件，并充分考虑适用性等，进行综合分析评价，达到最佳检测效果。

第四章　油气管道穿跨越设施检测

随着我国管道事业的发展，全国油气管网逐渐完善，油气管道工程的施工条件、地形条件渐趋复杂化，经过城市边缘、复杂地层条件地区，穿越公路、铁路、河流的情况越来越多，管道工程的发展面临许多新的挑战。管道工程对施工技术要求逐渐提高。油气管道穿跨越工程作为管道工程的重要节点或控制性工程，对于管道工程的整体进展和管道的运行具有重要作用，应全面掌握其运行及技术状况，必须要保证管道穿跨越设施处于完整性状态。

第一节　油气管道穿跨越形式分类

在一般地形条件下，长输油气管道采取管沟开挖埋地敷设方式，对于山川、河流、高速、铁路等特殊地段，需要采取穿越或跨越的敷设方式。目前长输油气管道常见穿越方式有大开挖、定向钻、钻爆隧道、盾构隧道、顶管、夯管等 6 种方式，常见跨越方式有桁架跨越、拱桥跨越、悬索跨越、斜拉索跨越等 4 种方式。本节主要介绍各种穿跨越方式的原理、优缺点、适用性以及国内典型案例。

一、大开挖穿越

大开挖穿越在长输油气管道建设过程中最为常用，原理是利用挖掘机对公路或者河流进行开挖，然后将管道埋地敷设，管道埋深为路基或河流冲刷线以下 2m。

大开挖穿越的优点是施工简单、成本较低，缺点是施工期间妨碍交通、破坏环境、安全性差等。该敷设的方式主要适用于季节性河流穿越或者三级以下公路穿越。以西气东输天然气管道为例，沿线公路穿越约 300 次，单次开挖长度约 30m；中型河流穿越约 40 次，单次开挖长度约 500m；小型河流或沟渠穿越达 1500 次，单次开挖长度约 80m，且主要集中在东部地区的水网地带（图 4-1）。

图 4-1　西气东输沙河大开挖

二、定向钻穿越

定向钻穿越是按照设计的轨迹，采用定向钻技术先钻一个导向孔，随后在钻杆端部接较大直径的扩孔钻头和较小直径的待敷设管道进行扩孔和管道回拖，深度一般在河流冲刷线以下 16m。

定向钻穿越的优点是施工质量好，工期较短，社会环境影响较小，施工时间不受季节的限制；其缺点是受地层影响较大，不能穿越卵石层和硬质岩层，较大管径管道长距离穿越存在一定的风险。

该穿越方式主要适用于黏土、粉土等成孔条件好的地层，黄河、长江等大型河流穿越多选用该穿越方式。目前，定向钻穿越项目管径最大的是西气东输二线南昌—上海支干线赣江定向钻穿越工程，管径 1219mm，穿越长度为 1351m，已于 2012 年 2 月完工；穿越最长的项目是江都—如东天然气管道长江定向钻穿越工程（图 4–2），穿越长度为 3302m，管径为 711mm，已于 2013 年 5 月完工。

图 4–2　江都—如东天然气管道长江定向钻穿越

三、钻爆隧道穿越

钻爆隧道穿越是采用人工钻眼爆破的方法，在水下的岩石层开凿出一条通过水域的隧道，然后在隧道中敷设管道。

钻爆隧道穿越的优点为施工期间不影响通航，可一隧多用，工程费用较低，穿越长度不受限制，无需专门机械，可选择的施工队伍较多等；其缺点为施工周期较长，施工条件差，施工风险性较高等。一般适用于基岩埋藏较浅、透水性差、地质构造简单、完整性较好的河床和山体。

西气东输二线天然气管道中卫黄河穿越采用“下坡段 + 水平段 + 上坡段”的水下钻爆隧道穿越方式，总穿越长度为 1198m，其中：下坡段长 310m，倾斜度 25°；水平段在地面以下约 130m，长为 435m；上坡段为 453m，倾斜度 20°。

四、盾构隧道穿越

盾构隧道穿越是用盾构机在地面以下暗挖隧道，盾构机前方设有支撑和开挖土体的装置，中段安装顶进所需的千斤顶，尾部可以拼装预制或现浇混凝土衬砌环，盾构机每推进一环距离，就在尾部支护或拼装一环衬砌，并向衬砌环外围的空隙中压注水泥浆。

盾构隧道穿越的优点是机械化、自动化程度高、适用地层广泛、安全度较高、施工劳动强度低、施工过程不影响通航等；其缺点是施工周期较长、施工投资较高等。

西气东输长江穿越、川气东送安庆—长江穿越以及西气东输二线九江—长江穿越均采用盾构隧道穿越方式，其中西气东输长江盾构隧道（图 4–3）工程位于南京长江大桥下游 40km 处，挖掘出的隧道呈圆形，直径 3.8m，最低处位于长江河床底以下 12m，隧道全长 1992m，已于 2003 年 7 月完工。

图 4–3　西气东输长江盾构隧道

五、顶管穿越

顶管穿越是借助主顶油缸的推力将工具管或顶管掘进机从工作坑内穿过土层一直顶进接受坑内，将套管埋于地下的过程。

顶管穿越的优点为施工周期较短，机械化程度较高，不受季节影响，安全性较好等；缺点为施工投资较高，穿越长度较长时方向难以控制，对环境影响较大等。该方法主要适应于长输油气管道高速公路穿越和国道穿越。

西气东输天然气管道沿线公路顶管穿越 290 次，单次穿越长度约 50m ；铁路顶管穿越 34 次，单次穿越长度约 40m。

六、夯管穿越

夯管穿越是以压缩空气或液压油为动力，将待铺设的钢管沿设计路线直接夯入地层，被切削的土芯暂时留在钢管，待夯管成功后再将土芯排出。

夯管穿越的优点是施工时的占地面积小、开挖土方量小、施工周期短、不影响交通等；但由于管材要承受相当大的冲击力，该施工法仅限于钢管施工，且壁厚要满足一定要求，铺设长度一般在 80m 内。该方法主要适用于小型沟渠、公路、铁路、小河等特殊地段的管道穿越。

2012 年 5 月年，独乌鄯原油管道工程采用夯管的方式穿越独石化铁路，穿越长度为 60m，管径 610mm，是新疆首次采用大口径夯管穿越铁路的工程。

七、桁架跨越

桁架跨越是长输油气管道常用的跨越河流方式之一，通常采用三角形的空间钢结构跨越河流，然后将管道敷设在钢结构之上。

桁架跨越的优点是整体刚度大、稳定性较好，技术比较成熟，在国内的设计、施工中得到了广泛运用。但该跨越方式耗钢量较大，需要在河床中布设支撑桁架的支墩，容易受到河水的冲击，影响河道的排洪。桁架跨越方式一般适用于跨度较小的河流跨越，跨度一般小于 90m。

国内典型管道桁架跨越工程为西气东输黄河跨越工程，位于宁夏回族自治区中卫市境内沙坡头附近，桁架结构高 6m，单跨长为 85m，采用连续跨越的方式通过黄河，总跨越长为 540m（图 4-4）。

图 4-4　西气东输黄河桁架跨越

八、拱桥跨越

拱桥跨越是将管道本身做成圆弧形或抛物线形拱，将两端放于受推力的基座上，管道从梁式跨越的受弯变成拱形的受压，使管材能得到较充分的利用。

拱桥跨越具有受力合理、美观、节省材料、便于施工等优点，适用于 80m 到 100m 之间的中等跨度的河流跨越，当多条管道需要同时敷设时，拱桥跨越方式的经济效果更为明显。

中石化川气东送天然气管道后巴河流跨越工程采用了多条管道同时跨越的方式，跨越长度为77m。

九、悬索跨越

悬索管桥是在河流两岸设立塔架，然后在塔架上悬挂承力的主缆索，再将管道用不等长的吊索挂于主缆索上，使管道基本水平，管道的重量由主悬索支撑，并传递至两岸的塔架和基础。

旋索跨越的优点是管道不承受轴向力和水平作用力，受力状态良好；但该跨越方式对施工机械和施工队伍要求较高，投资较高，施工周期较长。由于悬索管桥在水平方向刚度较小，当跨度较大时，需考虑设置抗风索、减震器等，以防止管桥在风力作用下发生震动。悬索跨越一般适用于跨度较大的河流跨越。

国内中石油忠武线和中石化川气东送天然气管道在湖北省境内多次采用悬索跨越方式跨越河流，跨度最大的是中石化川气东送野三河悬索桥（图4-5），全长332m。

图4-5　川气东送野三河悬索跨越

十、斜拉索跨越

斜拉索跨越是利用钢索通过桥塔支撑斜向拉着管桥的一种结构形式。

斜拉索跨越一般对称布置，利用管道自重平衡拉索的拉力，因而不需要主索锚固定，减少了基础混凝土用量。由于每根缆索的自振周期各不相同，不易产生共振，抵御地震或风振的能力较强。该方式还具有自重小、结构轻巧、外形美观简洁的优点，适用于两岸地势较为平坦、宽浅的河流跨越。

中缅天然气管道在贵州省晴隆县与关岭县交界处采用斜拉索跨越方式通过北盘江，跨越长度为230m，桥梁建成后，直径1016mm的天然气管道、直径610mm的原油管道和直径355.6mm成品油管道同时从桥面并行通过。该工程已于2013年3

月 8 日完工，是国内首座三管同桥的斜拉索跨越桥梁。

随着我国经济的发展、人民生活水平的提高和对清洁能源需求量的增加，西气东输三线天然气管道、锦郑成品油管道、中缅原油管道等大型油气管道也正在建设。在管道建设过程中对公路、铁路、山川、河流穿跨越工程应根据具体项目特点选择合适的穿跨越方式，以保证工程建设的安全、经济和高效。

第二节　穿越管道检测技术

管道检测的主要目的是预测管道上的异常点，减少事故发生率。

继 1965 年美国 Tuboscope 公司以及 1973 年英国 British Gas 公司相继应用漏磁检测器对管道进行内检测以来，各种新型管道检测器不断问世；同时由于计算机、自动化以及数字处理技术的快速发展，这为提高管道检测器的可靠性和检测效率提供了强有力的技术保证，各类管道检测仪器在促使管道安全运行、减少事故造成的危害和损失方面也发挥了非常重要的作用。

随着各国对环境保护的不断重视，许多国家还专门制定了法律法规，强制管道运营部门必须对现役管道进行定期检测。国外许多管理严格的管道公司，利用管道检测设备对管道进行“基线”检测，从管道施工资料到每次管道检测数据，形成了一套完整的管道技术状况档案。

一、穿越管道定位技术

1. PCM

PCM（Pipeline Current Mapper）即管中电流法或多频管中电流法，是近年来发展起来的一项测试技术。它通过分析地下管道中电流的变化来确定埋地管道防腐层的状况，是一项不开挖检测技术，既可用于管道定位又可用于管道防腐层检测，解决了以往埋地管道非开挖状况下无法检验的难题。

1）工作原理

PCM 管道防腐层状况检测系统包括三个部分：（1）现场测量用得多频管线定位测量仪；（2）配套的管道外防腐检测专用软件；（3）通用型的 PC 机或便携式计算机。其具体工作原理如下。

PCM 主要由发射机和信号接收机组成，通过发射机在管道和大地间施加某一频率的电流，给待测管道施加信号，在地面上沿管路由接收机测出管道中各测点流过的电流值，测试结果可以确定管道的位置及防腐层的状况。

图 4-6 为 PCM 检测示意图，当接收机在管道的正上方时，所测信号为极值，由此可以确定管道的位置。随着远离信号发射机的移动，接收器中的信号会以一定

规律衰减，当管道防腐层破损后，信号电流便由破损点流入大地，管中电流会有明显异常衰减，由此可对防腐层的破损点进行定位。

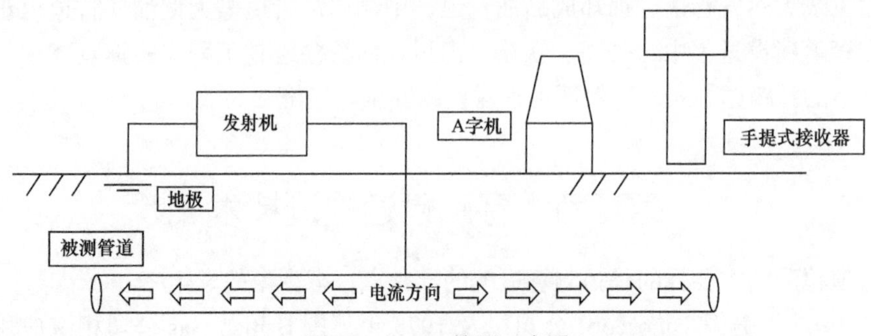

图 4-6　PCM 检测示意图

对于干线管道及一般较长的管道，接收机测出的电流 I 将随距离发射端 X 呈指数衰减，即：

$$I=I_0\mathrm{e}^{-\alpha X} \tag{4-1}$$

式中　I_0——信号供入点的电流，mA；

α——衰减系数，它与管道的纵向电阻率 R（Ω·m）、横向电导率 G[S/m]、管道与大地之间的分布电容 C（μF/m）、管道的自感 L（mH/m）密切相关。

测试数据的衰减规律还可用电流变化率 Y（dB/m）来表示：

$$Y=8.686\alpha=\frac{I_{\mathrm{dB1}}-I_{\mathrm{dB2}}}{X_1-X_2} \tag{4-2}$$

$$I_{\mathrm{dB}}=20\lg I+K$$

式中　K——常数。

将测量结果绘制出 I_{dB}—X 和 Y—X 曲线。当防护层有破损时，部分电流将从该处流入土壤，I_{dB}—X 有异常衰减，在 Y—X 曲线上出现明显的脉冲，如图 4-7 所示，从而判定此处为破损点。利用 PCM 探测仪中的 A 字架可精确定为破损点的位置。

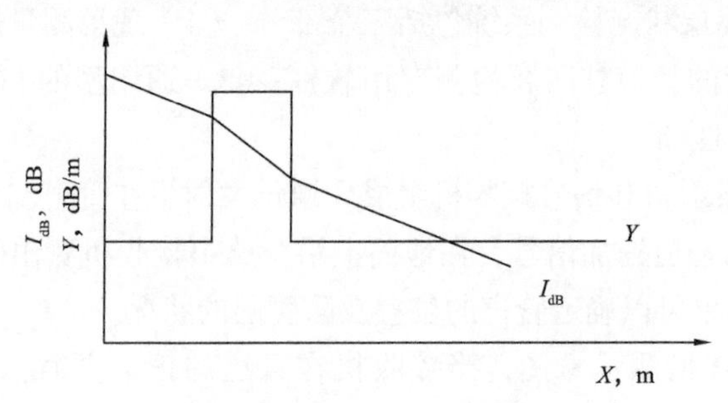

图 4-7　I_{dB}—X 和 Y—X 曲线

PCM 还可在给定频率下，根据电流衰减率的变化情况测定出埋地管道等距离点 X、Y 的值，进而计算出各管段的外防腐层绝缘电阻 R_g 的值，然后根据 SY/T 5918—2017《埋地钢质管道外防腐层保温层修复技术规范》，将管道防腐层的老化情况分为 5 个等级（表 4–1），从而实现对管道外防腐层的质量状况进行评估。

表 4–1　埋地管道防腐层老化分级

级别	防腐层绝缘电阻率 R_g，$\Omega \cdot m^2$	老化状况
一级（优）	＞10000	基本无老化
二级（良）	5000～10000	老化轻微，无剥离和损坏
三级（中）	3000～5000	老化轻微，基本完整
四级（差）	1000～3000	老化较严重，较严重吸水
五级（劣）	≤1000	老化和剥离严重，轻剥即掉

2）操作步骤

（1）PCM 发射机操作步骤。

① 连接电源之前，务必先将发射机电源开关调到 Off 挡，即关机。

② 将发射机电流挡调到 100mA（也可选择 300mA）。

③ 频率选择可采用双向甚低频（中间挡）。

④ 电源输入线中黑线接负极，红线接正极。

⑤ 信号输出线，白线接管道，绿线与接地棒连接。注意：如果管线测试桩已埋设，可将白线直接与测试桩连接；如果没有测试桩，可将白线与管口连接，管口如有铁锈，应先除锈，以保证与管道的有效连接。

⑥ 接地棒导线应尽可能长，不小于 45m，并应垂直管道方向拉设，接地棒应打入地下 1m。

本发射机电源使用 24V 电源（也可视具体情况串接电源使其达到 48V）。

（2）PCM 接收机操作步骤。

如果要用接收机对管道进行检漏，必须安装磁力底座。

① 参照图纸，初步定位管线，并将接收机移到距离发射机至少 25 步远。

② 按 On/Off（开 / 关）按键打开接收机；按动 Mode（方式）键来选择测绘方式（保持与发射机频率一致，即双向甚低频）；按动 Peak/Null（峰值 / 峰谷）键，选择峰值或峰谷响应。

③ 使接收机机身底部靠近地面，并保持垂直；选择峰谷方式，接收机面板上显示左 / 右箭头指示。

④ 在管道的一侧和另一侧来回移动，并沿左 / 右箭头指示跟进，当增益条显示值最小时（即左 / 右箭头同时出现时），即为管道中心线所在位置。通过峰谷方式可对管道中心线进行粗略定位。

⑤ 切换到峰值方式，依然要保持接收机底部靠近地面并保持垂直，在以粗略定

位的管道中心线两侧慢慢来回移动，确定最大响应位置（即增益条显示达到最大响应位置，面板上数值也显示最大）。注意：当增益条形图总指示满偏时，应逆时针旋转增益旋钮将偏转减少至50%，旋转增益旋钮时应缓慢旋转，切不可用力，以免损坏旋钮。

⑥ 再把接收机作为枢轴旋转，并在峰值最大响应处停止；再由目标管道一侧向另一侧慢慢移动接收机，确定峰值响应的准确位置。当峰值与峰谷所测管线中心线位置之间不大于6in时，管道定位才能获得准确结果。

⑦ 当管道准确定位后，保持接收机与管道走向垂直且不动，按动Depth键（深度测量键），则接收机面板上将显示管道中心到PCM磁力底座的距离（有明显读数表示现场无干扰）。注意：测量斜坡处管道深度时，应将底座贴住斜坡，但接收机机身仍然要保持竖直。

⑧ 在前一步基础上，保持接收机与管道走向垂直且不动，将磁力底座与地面接触良好（即将底座上三个铜脚与地面接触良好），按动管道电流测量键，此时，液晶屏上显示字符“PC”，并在左上角出现由4s开始的倒计时（即04-03-02-01-00）。完毕后显示管道电流值及电流方向。注意：倒计时期间应保持接收机静止不动。若出现“rPt”（重复）即需要再次按动管道电流测量键。管道电流测量键仅在配置了磁力底座时，其功能和读数才会有效。

⑨ 按动定位电流键退出电流显示。

3）主要特点

（1）由超大功率的发射机和便携式接收机所组成，该发射机将一特殊接近直流的电信号施加于被测管道上，接收机将这一特殊信号通过感应线圈或高灵敏的磁力仪检测出管道的检测电流的强度和方向。

（2）采用专用软件计算防腐层绝缘电阻值，而且不受管道上的阴极保护电流的影响。

（3）当管道有与其他金属结构搭接、或地下情况非常复杂时也能给出正确定位。

（4）接收机无需与管道连接，即可测出电流值。

（5）在电流检测的同时利用“A”字架可检测出防腐层破损漏电点，一次性完成防腐层绝缘电阻检测和防腐层破损漏电点，这一特点是其他检测设备无法实现的。

4）主要功能

（1）油气管道防腐层绝缘性能评估和缺陷点精确定位。

（2）重要管道防腐层的定期跟踪检测和安全评价。

（3）查找和定位管道搭接点、不明管道和分支管道。

（4）长输管道的路径定位和深度测量。

（5）新铺管道涂层施工质量验收。

（6）协助对缺陷故障进行分类。

（7）协助修复工作进行优先级排序和修复计划。

5）影响检测的因素

管道位置、管道直径、管道材质、管道外覆层绝缘电阻率、发射场源、测试距离、破损点在管道的位置、土壤介电常数、拾取信号极间距离、检测管道长度、回路状况等因素均对检测信号产生一定影响。常见的影响因素有：

（1）地下相邻管道的干扰。

在城市建设基础设施中，由于“公共走廊”的存在，大量的管道被放在一起，使得待测管线更容易被相邻管线产生的二次场所干扰，这种情况容易出现实测信号与干扰信号叠加而影响检测结果。

（2）杂散电流的干扰。

设计或规定的回路以外流动的电流称为杂散电流。一般情况下杂散电流源有自然干扰源和人为干扰源。大地中若存在大量杂散电流，必然会引起大地电位梯度的变化，对埋地管道中交流电流的传输和地表信号的采集产生影响。

（3）地形地貌的影响。

当破损缺陷点的埋深、测量电极之间的距离与地形地貌的变化幅度相当时，电位、电场的分布状态和数值都会受到畸变，影响破损点的识别和精确定位。

（4）阴极保护线的影响。

检测过程中偶尔遇到破损点偏离管道正常走向较严重的情况，经验认为，多数情况下可能为阴极保护线的影响造成了破损点的“偏移”，而非管道真实破损点的位置。

（5）相邻破损点的影响。

在现场检测中经常遇到管道的两个破损点距离很近，如果稍不注意就会容易造成其中一个漏检，而由于两个相邻破损点的间距一般小于 2 倍埋深，其异常响应“混为一体”，区分与定位发生困难。

在 PCM 检测中需考虑各种影响因素，对各种干扰数据进行合理取舍，才能得到真实的反映油气管道外防腐层状况的数据。

6）注意事项

（1）进入现场前要收集待测管道的竣工图，尽可能多地从管道使用单位熟悉目标管道的情况，掌握管道的分布情况、运行状况、穿跨越地段、被检管道区域内的其他管线分布、阀门、管线阴极保护测试桩及其相关信息。

（2）使用发射机时，一般选用 128Hz/640Hz 作为管线检测的工作频率，因 128Hz/640Hz 检测较小破损点时，电流衰减较明显。4Hz 电流为近直流电流，遇到防腐层较小破损点时，信号衰减不明显。电流的大小须保证在测试区间内管道有足够的剩余电流强度（＞1mA），才能较好地进行管道外防腐层整体性能评价，否则防护层等级划分结果会失真。但有时也需根据现场情况如检测距离、测试桩的不同来选择。

（3）测量点之间距离的选择，主要取决于两个因素：管道外防腐层状况及进行开挖和修复需要精确定位破损点的最小尺寸。一般情况，对防腐层较好的长输管线，可选择 50m 的间距；对较差的管线，用 30m 以下的检测间距。破损点或可疑点附近要加密检测。大间距检测可以提高检测的效率，但往往会漏掉可能存在的防腐层破损点。因此对于仅靠 PCM 一种检测手段进行防腐层检测时，一般不推荐过大的检测间距。

（4）在容易出现破损点处，检测间距应相对小一些。这些地方包括：河流、小溪或岩石中的管道；在公路下穿越的管线；管道竣工后，在其邻近位置又进行过开挖的地方；管道的连接位置，如不同单位在不同时期施工的管件连接处；被后期施工占压的管道部位；管线一侧为大片树林中的部位；管线的小半径弯头部位等处。

（5）PCM 检测技术可精确定位管道的位置和埋深，但不能确定破损点面积的大小，可根据现场检测检验判定其面积的大小，决定开挖的先后顺序，最大限度地降低开挖成本。

应用 PCM 检测技术检测的是防腐层的综合电气性能，而不是防腐层的物理分布。在检测中会发现：信号电流的衰减率与破损部分的面积之间具有一定的相关性。管段内发生 100～150mB 的衰减时（信号电流降低 10%），表明管道中大约有相当一个 $1mm^2$ 的破损点。当衰减为 1500mB 时（信号电流降低 85%），管道中大约相当于 $1m^2$ 的破损面积，但并不意味着管段内就有如此大的破损点存在，完全可能为若干个小的破损点，或是管体铺设时产生的长划痕，也有可能是一段管线的防腐层绝缘性能降低所致。

2. ROV

长期以来，水下探测工作主要凭借潜水员的水下作业技能、经验进行判断，潜水员往往需要依靠双手的触感和清水中的视觉，辨别水下结构异常情况和安全隐患，并对其进行定位和记录，供有关部门分析研究。但水下探测存在如下难点：

（1）大多数探测手段的实现离不开潜水员，而水下环境复杂多变，水流的缓急直接关系到潜水员生命安全，且潜水员作业时间短，深度不够，不能满足长时间大面积检查工作任务。

（2）无潜水员的情况下，水下安全隐患缺乏可靠直观的探测手法。针对水下渗漏、锈蚀、裂缝、冲坑与淤积等问题，虽然有相关的检测技术手段，但多数情况只能做到“定性不能定量，定点不能定面”。例如，水下高清摄像技术能够清晰直观地反映被查部位结构性状和异常情况，但其只能定点检查，缺乏灵活性、随机性，更不能应对大范围、大面积的检查需求。为此，我们需要一种技术手段，既能代替潜水员，又能保持其灵活操作、自由行走的特点，同时可携带多种检测装备，实现长时间、大面积、大深度的水下探测作业。

随着 ROV 技术的飞跃发展，其水下定深、定向、定位和自由行走的功能日益成熟，加之水下高清拍摄、声呐成像、激光测距等多种检测技术手段的逐步应用，为高效、快速地探查水下工程结构、水下地貌、大坝渗漏、闸门锈蚀、面板裂缝、淘空与淤积等情况，并建立一套有效的水下探测技术手法和成果解释方法提供了可能。

ROV（Remote Operated Vehicle）即遥控无人潜水器，它是一种具有智能功能的水下潜器。可分为载人与不载人、有缆和自治等不同类型。目前，发展最快、最为成熟且应用最为广泛的一种就是ROV。从1953年第1艘无人遥控潜水器问世至今，全球已有各种品牌类型的ROV数量超过1000台。ROV通过配置摄像头、多功能机械手，携带具有多种用途和功能的声学探测仪器以及专业工具进行各种复杂的水下作业任务。

根据IMCA标准，按作业能力可以分为5级：一级是纯观察型，只能完成水下纯粹的观察作业，不能携带任何水下作业工具和设备；二级是带有负载能力的观察型，能够带有简单设备完成水下观察作业；三级是工作型，通常情况下带有机械手，能够完成水下较为复杂的工作；四级是拖曳爬行类，主要指挖沟机和挖沟犁等；五级是原型或改进型，包括那些改进的或特殊用途的又不能归于其他级别的ROV。

目前，工作型ROV应用最为广泛，并且已经发展到第5代产品。海洋石油行业是其主要的应用领域，覆盖油气田开发、生产和弃置的各个过程，包括钻井支持、工程建造支持（导管架安装、管缆铺设、水下设施安装连接、工程前后调查），特别是生产期间的检测/修理和维护（Inspection，Repair and Maintenances，IRM），比如海底管线的检测。

总体来说，ROV系统可分为水上控制部分、脐带缆和水下作业部分，主要由水下潜器（有些含中继器TMS）、脐带缆、收放系统（包括A型架和液压绞车）、ROV控制间、修理间以及发电机等组成（图4-8）。各部分具体介绍如下。

（1）控制系统。

ROV的控制系统是处理和分析内、外部各种信息的综合系统，根据这些信息形成对载体的控制功能。它水下机器人的核心部分，由计算机和接口电路组成。控制系统要实时地接受并处理水面指令，同时采集ROV自身的各种图像信息和状态信息进行处理并回送，从而实现实时遥控。

控制系统的组成及所要控制的量是非常多样的，通常由ROV的功能来确定，最简单的是由视频控制系统和用来反馈ROV运动或决定水下机械手等装置动作指令的系统组成。水面指控系统包括主控计算机、控制系统、跟踪定位系统、显示系统与水下的通信接口和脐带（电缆或光缆）等。对于ROV，则要通过脐带电缆对潜航体提供动力并对其进行实时遥控。

（2）观通系统。

观通系统是利用摄像机、照相机、照明灯、声呐及多种传感器来收集有关外界和系统工作全面信息的装置，它借助电缆同母船控制室进行信息传输。

（3）水下载体。

按照使用目的和控制方式的不同，水下载体可分为流线型和框架式两种，而且一般都采用了模块化结构。主要包括水密耐压壳体、动力推进、探测识别与传感器、通讯与导航、电子控制及执行机构等分系统。

（4）动力推进系统。

包括电源和推进系统两部分。主要通过脐带由母船提供动力。

（5）探测识别系统。

探测识别系统的配置与水下机器人的任务使命密切相关，一般情况下，水下摄像系统和探测识别声呐设备，在大范围目标搜寻探测中是必不可少的。

（6）执行机构。

根据任务目的的不同要求，ROV 可配备不同的执行机构，如完成专用任务的机械手、获取海洋信息的照相设备、用于搜索打捞的捕捞定位装置、海洋调查布放搭载仪器的释放装置等。

总的来说，水上控制部分的功能是监视和操作水下潜器，并向其提供所需动力；水下作业部分（包括潜器、机械手和工具）执行水面的指令，产生需要的动作以完成给定的作业使命；脐带缆则是整个 ROV 系统通讯的桥梁，通过它传递信息和传输动力。

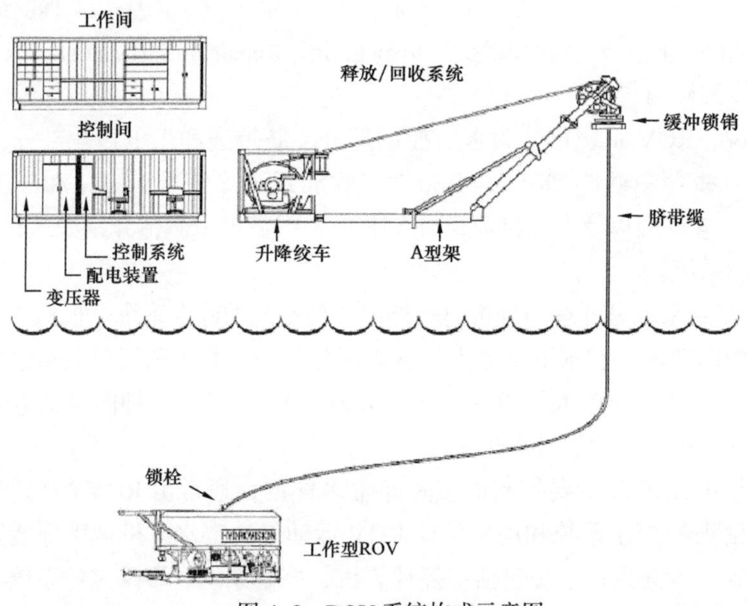

图 4-8　ROV 系统构成示意图

利用 ROV 进行海底管线监测就是以 ROV 为载体，搭载多种专业调查及检测设备，以支持船舶为作业平台完成对海底管线的全面检测，包括海管位置坐标、地形、涂层、节点、异常、损坏、腐蚀、垃圾、牺牲阳极、悬空、掩埋、交叉跨越、是否进水、泄漏等影响海管运行安全的所有外部情况。利用 ROV 进行海底管线检测的主要手段和方法包括：外观检查、电位测量、管壁厚度测量、进水杆件探测、海管悬空高精度测量、掩埋情况调查等。

海底管线 ROV 检测作业以专门的 ROV 支持船为平台，ROV 在水下就位于海底管线的上方，并以一定的速度前进，支持船在水上进行跟踪，调查数据通过 ROV 的脐带缆传输到调查船进行数据采集、记录和处理。整个 ROV 管线检测作业系统如图 4-9 所示。

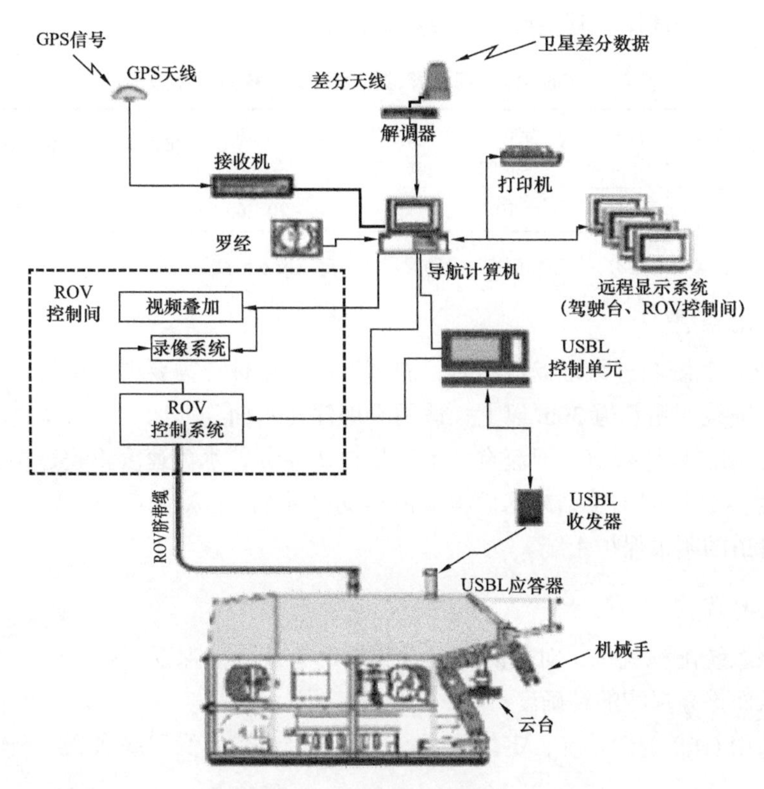

图 4-9 ROV 海底管线检测作业系统

3. One-Pass

One-Pass 河流穿越管道检测系统如图 4-10 所示。

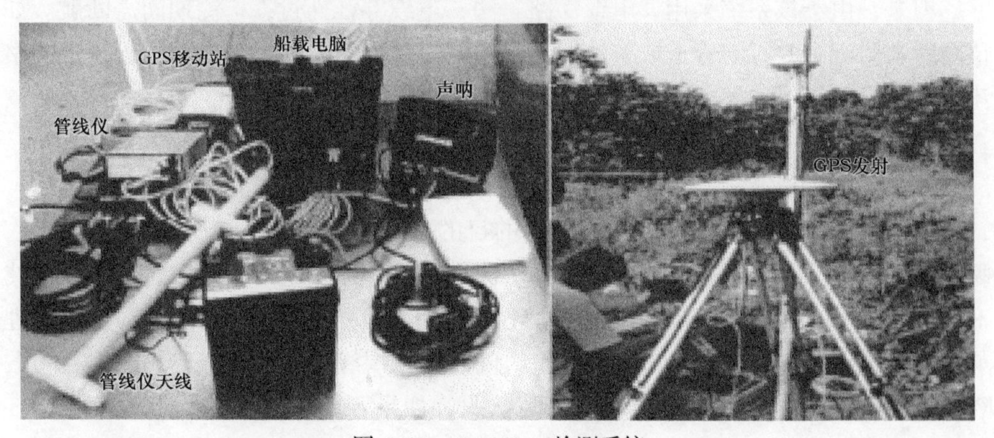

图 4-10 One-Pass 检测系统

美国STARTRAK公司研发的One-Pass河流穿越管道检测系统利用电缆将待测管道连接成为闭合环路，通过发射机向该环路持续发射低频信号，并利用接收机沿“S”形路径来回跨越管道采集管道磁场信号，并用GPS对管道穿越路径进行定位，采集的数据经“ARIVER”数据处理软件和CAD绘图软件处理后，得到管道穿越路径平面图和埋深剖面图。其主要工作参数见表4-2。

表4-2 One-Pass河流穿越管道检测系统主要参数表

项目名	探测水深，m	探测埋深，m	定位精度，cm	最大流速，m/s	工作温度，℃	供电，V	输出频率，Hz
参数值	40	15	10	3	-20～65	12	512、1000、2000

注：本表摘自《电磁法水下管道埋深检测及防腐层缺陷定位技术研究》。

1）使用条件

One-Pass系统在进行现场检测时，需满足以下条件：需要电缆线与管道组成闭合回路且电缆线要距管道30m以上；适用于埋深（水面到河床下管道垂直距离）不大于40m的钢制埋地管道；河流宽度不应超过3.5km；水流速度不超过10m/s；工作适应温度：-20～65℃（结冰水面检测需借助破冰船）；检测期间需要断开待检管道及邻近管道的阴极保护系统。

2）主要优点

（1）该系统配稳流仪，对外防腐层有破损的管线，能保证回路中电流均匀，磁场稳定，从而提高探测的精确度；

（2）采用GPS定位系统，定位精度可达厘米级，系统受河底水流影响较小，能适用更多的环境；

（3）可以鉴别由于河底土壤松动造成的管线移动的区域，能够更准确估计管线维修费用，自动CAD记录可在野外探测工作结束后迅速提供给客户；

（4）可根据管道埋深不同，选择发射机输出频率，可提高埋深的检测精度。

但是，由于该系统采用“电缆回路”法，电缆穿江而过，检测期间需断航。如待测管道附近有并行的管道或整流器，在检测过程中需要关闭管道及临近管道的整流器等保护设备，防止其对检测管道的磁场信号干扰。

二、穿越管道防腐层检测技术

防腐层必须完好才能达到保护管道的目的，因此涂层应具有良好的电绝缘性、黏附性、连续性及耐腐蚀性等综合性能。涂层综合性能受到诸如涂层材料、补口技术、施工质量、直接或间接接触空气、土壤中的腐蚀介质、意外的机械损伤、管理水平等多种因素影响。在管道运行一段时间后，涂层综合性能会出现不同程度的下降，表现为老化、龟裂、剥离、破损等状况，如果不能对涂层进行有效检测、维护，最终将导致管道穿孔、破裂破坏事故。

因此必须对防腐层和阴极保护进行检验评价研究，为管道运营管理者提供科学的、准确的管道防腐系统数据，为管道防腐层的更换或修复提供科学依据，减少盲目开挖，从而节约管道防腐层的维修费用；同时，也可以提高管道的使用寿命。

采用无损检测设备对外防腐层和阴极保护进行检测评价研究是管道安全运行的重要保障，对延长管道使用寿命、保障安全生产和国民经济的稳定发展具有十分重要的意义。

1. 管道内检测技术

管道内检测技术是将各种无损检测设备加在清管器上，将原来用作清扫的非智能清管器改为有信息采集、处理、存储等功能的智能型管道缺陷检测器，通过清管器在管道内的运动，达到检测管道缺陷的目的。

早在 1965 年美国 Tuboscopc 公司就已将漏磁通（MFL）无损检测（NDT）技术成功地应用于油气长输管道的内检测，紧接着其他的无损内检测技术也相继产生，并在使用中拓宽其应用范围。

目前国外较有名的监测公司由美国的 TuboscopcGEPll、英国的 BritishGas、德国的 Pipetronix、加拿大的 Corrpro，且其产品已基本上达到了系列化和多样化。内检测器按功能可分为用于检测管道几何变形的测径仪、用于管道泄漏检测仪、用于对因腐蚀产生的体积型缺陷检测的漏磁通检测器、用于裂纹类平面型缺陷检测的涡流检测仪、超声波检测仪以及以弹性剪切波为基础的裂纹检测设备等。下面对应用较为广泛的几种方法进行简要介绍。

1）测径检测技术

该技术主要用于检测管道因外力引起的几何变形，确定变形具体位置，有的采用机械装置，有的采用磁力感应原理，可检测出凹坑、椭圆度、内径的几何变化以及其他影响管道内有效内径的几何异常现象。

2）泄漏检测技术

目前较为成熟的技术是压差法和声波辐射方法。压差法由一个带测压装置仪器组成，被检测的管道需要注以适当的液体。泄漏处在管道内形成最低压力区，并在此处设置泄漏检测仪器；声波辐射方法以声波泄漏检测为基础，利用管道泄漏时产生的 20～40kHz 范围内的特有声音，通过带适宜频率选择的电子装置对其进行采集，在通过里程轮和标记系统检测并确定泄漏处的位置。

3）漏磁通检测技术（MFL）

在所有管道内检测技术中，漏磁通检测历史最长，因其能检测出管道内、外腐蚀产生的体积型缺陷，对检测环境要求低，可兼用于输油和输气管道，可间接判断涂层状况，其应用范围最为广泛。

由于漏磁通量是一种相对地噪音过程，即使没有对数据采取任何形式的放大，异常信号在数据记录中也很明显，其应用相对较为简单。

值得注意的是，使用漏磁通检测仪对管道检测时，需控制清管器的运行速度，漏磁通对其运载工具运行速度相当敏感，虽然目前使用的传感器替代传感器线圈降低了对速度的敏感性，但不能完全消除速度的影响。该技术在对管道进行检测时，要求管壁达到完全磁性饱和。因此测试精度与管壁厚度有关，厚度越大，精度越低，其适用范围通常为管壁厚度不超过12mm。该技术的精度不如超声波那样高，所以对缺陷准确程度的确定还需依赖操作人员的经验。

4）压电超声波检测技术

压电超声波检测技术原理类似于传统意义上的超声波检测，传感器通过液体耦合与管壁接触，从而测出管道缺陷。

超声波检测对裂纹等平面型缺陷最为敏感，检测精度很高，是目前发现裂纹最好的检测方法。但由于传感器晶体易脆，传感器元件在运行管道环境中易损坏，且传感器晶体需通过液体与管壁保持连续的耦合，对耦合剂清洁度要求较高，也正因为这个特点，压电超声波检测仅限于液体输送管道。

5）电磁波传感检测技术（EMAT）

超声波能在一种弹性导电介质中得到激励，而不需要机械接触或液体耦合。

这种技术是利用电磁物理学原理，以新的传感器替代了超声波检测技术中的传统压电传感器。当电磁波传感器载管壁上激发出超声波能时，波的传播采取以关闭内、外表面作为“波导器”的方式进行，当管壁是均匀的，超声波沿管壁传播只会受到衰减作用；当管壁上有异常出现时，在异常边界处的声阻抗的突变使波产生反射、折射和漫反射，接收到的波形就会发生明显的改变。

由于电磁声波传感器的超声波检测不需要液体耦合剂来确保其工作性能，因此该技术提供了输气管道超声波检测的可行性，这是替代漏磁通检测的一个有效方法。

2. 管道外检测技术

由于当前埋地管道的腐蚀防护基本都是外涂层加阴极保护的联合防护方式，所以现行的管道腐蚀防护检测技术也都是针对管道的外防腐涂层状态和阴极保护的保护效果为检测对象。外防腐层状况主要是指表现防腐层整体状况的绝缘电阻率和是否有局部破损点，阴极保护保护效果主要是看保护电位是否能处于有效的保护范围内，是否出现欠保护与过保护的情况。

管道外检测主要是对防腐层及管道外表面状态进行检测。目前防腐层在线检测技术是在不开挖管道的前提下，采用专用设备在地面非接触性地对涂层综合性能进行检测、评价。科学、准确、经济地对涂层老化及破损等缺陷进行综合评价，给管道公司提供管道涂层状况数据，提示对缺陷部位进行及时维护，保证涂层的完整性及完好性，延长管道使用寿命。

管道外检测内容：

（1）检测和评价外防腐层的完整性和质量；

（2）评价阴极保护系统的应用效果；

（3）检测缺陷的大小和数量，为后期管道修复计划提供指导性依据；

（4）指明已经发生和可能发生腐蚀的位置；

（5）指明管道中由于外部机械作用造成的损伤的位置；

（6）正确评价防护腐蚀的环境条件。

各种涂层缺陷检测技术几乎都是通过在管道上加载直流或交流信号来实现的，不同之处是原理、性能、功用上的差异，有的可以实现多种检测，有的只能达到单项目的。一些检测手段还需要在特定环境条件，并配合其他设备才能完成。在实际工作中应用较为广泛的涂层检测技术主要包括标准管 / 地电位检测（P/S）、密间距电位测试（CIPS）、Pearson 检测（PS）、直流电位梯度测试（DCVG）、多频管中电流法（PCM）等。

第三节　跨越管道检测技术

一、外观检测

外观检测系统主要用于快速识别样品的外观缺陷，如凹坑、裂纹、翘曲、缝隙、污渍、沙粒、毛刺、气泡、颜色不均匀等，被检测样品可以是透明体，也可以是不透明体。以往的产品外观检测一般是采用肉眼识别的方式，因此有可能人为因素导致衡量标准不统一，以及由于长时间检测导致视觉疲劳的误判。随着计算机技术以及光、机、电等技术的深度配合，具备了快速、准确的检测特点。

外观检查采用资料调研和现场检查相结合的方式进行。资料调研要求研究并掌握跨越修建和修复的设计资料、竣工图纸。现场检查包括目测检查和仪器检测，需要卷尺、钢板尺、游标卡尺、放大镜、数码相机、智能裂缝测宽仪、超声波探测仪、涂层厚度检测仪和激光测距仪等小型检测工具和工业仪器。

1. 锚固墩

锚固墩外观检查包括锚固墩基础有无滑动、倾斜、下沉；混凝土墩台和帽梁有无风化、蜂窝、麻面、孔洞、磨损、表面腐蚀、碳化、开裂、剥落、钢筋外露锈蚀等，是否存在非正常的变位；锚固墩是否发生沉降、滑移或转动，锚固墩周围的回填土是否有沉降或挤压隆起等现象；基础下是否发生不许可的冲刷或淘空现象，扩大基础的地基有无侵蚀。

对上述检查内容首先进行目测普查，对重点受力部位进行重点检查，将普查到的裂缝用漆膜和记号笔标示、编号。梁体变位情况借助自动安平水准仪和标尺等简单工具进行测量；对于混凝土裂缝，普通钢筋混凝土结构需掌握裂缝的分布情况，并选取典型部位绘制相应的裂缝分布图，若裂缝宽度超出规范限值，则采用超声波探伤仪进行深度测量，用钢卷尺进行长度测量，在图纸上标示裂缝位置；混凝土墩台强度及碳化深度采用 ZC3A 回弹仪测试回弹值，进行一系列数据处理，推定混凝土强度值和平均碳化深度；钢筋分布和保护层厚度采用 HILTIPS200 钢筋探测仪进行测试。

2. 管桥结构

管桥结构外观检查包括一级焊接表面和二级焊接表面是否有裂纹、气孔、夹渣、焊瘤、烧穿、弧坑等缺陷，一级焊接是否有咬边、未焊满等缺陷；防腐材料涂刷是否均匀，有无明显皱皮、流坠、气泡，附着是否完好；各节点高强度螺栓是否漏装、断裂、缺失、欠拧、漏拧或松动；支座组件是否完好、清洁，有无断裂、错位、脱空、生锈等；滚动支座是否灵活，位移是否正常；构件是否有扭曲、局部损伤、锈蚀和腐蚀，是否存在过大的振动；组件是否完整。

检测方法以目测为主，配合使用放大镜、焊缝量规和钢尺检查，若存在疑义，应采用磁粉渗透或探伤等方法检查。

3. 索结构

索结构外观检查以目测为主，主要检查主缆保护层是否损坏、有无雨水进入；主缆有无断丝、锈蚀；吊索防腐层是否破损、老化、开裂；索夹有无相对滑动和锈蚀现象，螺栓有无松动，是否需要补拧；抗风缆是否牢固可靠，锚固区是否松动，钢丝有无破断；鞍座焊缝是否有裂缝，锚栓是否完好；锚头、锚板、连接是否破损；塔架局部是否歪斜而出现失稳现象。

4. 防雷设施

防雷设施检查是指对暴露在大气中的防雷装置及其下引线进行检查，确认其避雷效果。具体方法是检查避雷系统的接地电阻值，该值越小越好，最大值不得超过 10Ω。

5. 管道

管道外观检查包括防腐材料涂刷是否均匀、色彩是否一致，有无漏涂现象；保温结构是否黏结可靠；已实施防腐保温的管段和构件有无局部损坏现象；管道是否有偏离和振动的迹象。检测方法以目测为主，并测量局部损坏的尺寸，详细记录。

6. 跨越结构几何尺寸

跨越结构几何尺寸的检测首先采用全站仪和水准仪，测量三维坐标和高程，然后将检测结果与设计值进行对比，为将来分析几何形态的变化原因提供依据。

二、支撑结构体系检测

1. 钢索检测

钢索是连接塔架、钢结构和管道的纽带。本书中主要介绍斜拉索、抗风索和抗震索三种。

斜拉索的作用是支承管道及附属钢结构，根据斜拉索杨氏模量公式可以得出斜拉索性质直接决定管道跨越能力的结论。而很多斜拉索自服役之时起，就未进行过检测和评价。由于大气腐蚀及振动的影响，部分钢索已发生断丝现象，钢索破断应力大大降低；同时，由于一些跨越结构因建设时采用变形控制法而不是钢索应力测定仪来控制绳索应力，与设计参数有较大出入，致使某些钢索受力较大而变形严重，为管道的运行带来安全隐患。在检测和评价中，一般采用钢索检测仪和钢索应力测定仪来定量检测钢索表面或内部断丝、磨损、锈蚀，测量精度可达 0.5%，最后根据检测结果对钢索疲劳寿命做出评估。对于大型斜拉索跨越体系来说，设置防震索和抗震索可以减小风动力对跨越体系的破坏。

1）索力检测

由于预应力钢结构可以减轻结构自重、降低用钢量、节约成本，而且可以满足新的结构体系和建筑造型的需要，近些年来，预应力大跨度钢结构得到广泛应用。预应力钢结构无论是在施工还是服役期间，索力的变化将会引起结构的内力重分布，影响结构的受力性能，有时还会降低结构的安全性和承载力，甚至出现整体垮塌。

所以对索力进行检测，适时进行预应力补偿是十分必要的。索力检测的方法主要有油表、伸长值双控法、环形压力传感器法、磁通量传感器法、频率法等。

近些年来，常用频谱分析法间接进行索力测试——利用紧固在缆索上的高灵敏度传感器，拾取缆索在环境振动激励下的振动信号，经滤波、放大、谱分析，得出缆索的自振频率，根据自振频率与索力的关系，确定索力。

2）拉索探伤

拉索装置一旦出现损伤，将降低结构的使用性和耐久性，并且可能引发灾难性的突发破坏事故，造成极为恶劣的社会影响和惨重的经济损失，因此，如何有效快速且能够无损地检测拉索锚固系统的使用状态变得尤为重要。

无损检测技术，随着现代工业的发展，逐渐在工业生产中占据着越来越重要的角色，俨然成为各国工业技术发展水平评判的标准之一。常规的无损检测方法有很多，包括涡流检测、超声波检测、磁粉检测、射线检测、红外检测、声发射检测和渗透检测等方法。随着现代工业应用的需要，也出现了很多新的检测方法和原理，例如电磁超声、导波等。而在缆索无损检测技术方面，国内外开展的研究较多。主要采用的拉索检测技术有振动法、电磁法、磁致收缩法、弱磁检测法、声学监测法和超声法等。

磁致伸缩导波这种新型的无损检测手段，比已有的无损检测方法拥有更多优点，例如：比起超声波探伤需要干净的被测表面和耦合剂，磁致伸缩导波对被测表面没有严格的界定；而对于涡流、漏磁探伤要求相对的扫描运动，对探头未到达的地方将不能实现检测的不足，磁致伸缩导波可以有效地避免对探头的严格要求；另外，声发射检测往往采用的是被动的监测；射线、红外探伤有每次测量的范围有限的缺点等。

磁致伸缩作为铁磁性物质的一种基本的磁性现象，它对磁性材料的各种性能有着重要影响，例如对于磁导率、矫顽力等都有显著的改变。利用磁致伸缩效应，在交变磁场作用下，可以把磁致伸缩材料制成速度、加速度、应力和应变等的传感器，以及稳频器、滤波器、水下声呐发生器、超声波发生器和接收器等。而磁致伸缩的不足之处是制作的变压器、镇流器等元件在使用过程中，由于磁致伸缩的影响会发出明显的振动噪声。

与传统超声波检测所使用的体波不同，当超声波在板或管等长回旋体传播时，纵波和横波将会在界面之间来回地反射而形成满足边界条件的导波进行传播，例如板中的水平偏振剪切波和兰姆波。根据导波在传播过程中所遇到的缺陷发生发射的反射波，可以应用于无损检测。由于导波内部能量被限制，因而导波能够传播相当长的距离，比如导波在状况良好的钢管中，一般可以传播几十甚至几百米的距离，所以，采用导波技术就可从总体上降低检测成本并提高检测效率。而导波在传播过程中，对象横截面中的所有质点均会参与传播，因而导波能够检测出对象的内部缺陷。此外，由于磁致伸缩导波制成的传感器仅需贴近被测对象上很小一段就可进行检测，因而，它尤其适用于带有包覆层的拉索的在役检测和工作状态的监控。

磁致伸缩导波相对于压电超声导波不同之处在于：压电超声导波是采用压电效应来激发产生机械波，因此能量转换效率高、模式控制容易，但在无损检测前要求对检测表面进行打光处理，不能对带包覆层的缆索进行检测。而基于磁致伸缩效应的无损检测手段则是通过对磁性材料施加瞬间的激励磁场，进而激发构件产生机械波，再通过逆磁致伸缩效应获得反射波信号，根据反射波信号分析被测构件的损伤状况。由于磁致伸缩导波是利用电磁耦合的方法进行激励和接收，因此可以实现在检测时，被测构件不直接接触。通过理论研究和实验结果可知，基于磁致伸缩导波的无损检测技术完全可以成为一种具有高效率和高精度的拉索锚固系统检测技术。利用这种检测手段可以应用于带包覆层的缆索或其他锚固部件，在完全不破坏其原结构前提下，为平时难以检测的锚固区域提供了无损检测的可能性。

磁致伸缩导波法作为一种检测速度快、检测距离较长的检测手段，可以长期监控拉索健康状况的变化，有着其他检测手段所不具备的优势。而目前此项技术主要是用于板盘件、棒材、管道等方面的损伤检测。磁致伸缩导波的传感器无需通过缺陷部位，可以远距离检测出缺陷并定位，因此磁致伸缩导波检测精度与缺陷和传感器之间相对距离有关，在磁致伸缩导波检测有效范围内，传感器离缺陷越近，检测精度就越高，并能同时进行缆索中多处缺陷的检测和损伤定位，但无法辨别缺陷在桥梁拉索的周向分布情况。

2. 混凝土结构

混凝土的性能会在自然界的各种物理与化学因素作用下发生变化，久而久之，这种变化将可能造成结构的破坏，即结构的耐久性能会降低。所以混凝土结构是容易开裂的结构，在其服役过程中常出现些裂缝，这些裂缝大致可分为两类：结构裂缝与非结构裂缝。其中前者的出现一般显示结构局部承载能力的不足，如果不对这类裂缝进行处理将对结构的安全带来隐患。采取合适的方法对建筑结构的裂缝进行检测与处理则显得尤其重要（表 4-3）。

表 4-3　混凝土结构检测方法一览表

序号	检测方法	主要特点	主要用途	适用范围	适用规范
1	结构性能实荷检测	（1）结构整体性检验，直观反映结构的整体性能； （2）非破损检测	检测普通砼结构整体性能	要求判断出结构的可能出现局部破坏的位置及可承受的载荷的值	GB/T 50344—2019
2	砼强度回弹法	（1）属原位检测，直接在混凝土构件上测试，其结果基本反映混凝土强度抗压强度规律； （2）设备较轻，检测速度快； （3）检测费用相对较低； （4）检测部位非破损； （5）反映的只是表面强度，受表面碳化深度影响	检测普通混凝土结构构件抗压强度	（1）混凝土龄期需在 14～1000d； （2）混凝土评定强度需在 10～50MPa； （3）混凝土内部没有缺陷	JGJ/T 23—2011
3	超声波法	（1）属原位检测，直接在混凝土构件上测试，其结果基本反映混凝土强度抗压强度规律； （2）设备较轻，检测速度快； （3）能反映内部质量，在同一部位进行多次重复测试； （4）检测部位非破损； （5）依赖波速与强度曲线	检测普通混凝土结构构件抗压强度	所检测区域的钢筋较宽；有相对测试面	CECS 21：2000
4	超声波回弹法	属原位检测，直接在混凝土构件上测试， （1）其结果基本反映混凝土强度抗压强度规律； （2）设备较轻，测试工作灵活性较好，检测速度快； （3）能反映内部质量； （4）检测部位非破损； （5）依赖波速、回弹值与强度曲线	检测普通混凝土结构构件抗压强度	（1）混凝土龄期需在 14~1000d； （2）混凝土评定强度需在 10～50MPa； （3）所检测区域的钢筋较宽	CECS 21：2000

续表

序号	检测方法	主要特点	主要用途	适用范围	适用规范
5	钻芯法	（1）属局部损法； （2）直接在混凝土上钻取芯样，检测结构能真实反映混凝土质量； （3）能检测长龄期及受火灾、冻害及化学侵蚀的混凝土的强度	检测普通混凝土结构构件抗压强度	（1）混凝土评定强度不低于 10MPa； （2）被检构件尺寸不宜过小	CECS 03：88
6	拔出法	（1）属局部破损法； （2）检测结构能真实反映混凝土质量； （3）设备较轻，测试工作灵活性较好	检测普通混凝土结构构件抗压强度	构件的体积较大	CECS 69：94

究其原因，影响结构耐久性能的主要因素有：混凝土结构裂缝的出现、混凝土的碳化、有害介质的侵蚀、碱—骨料反应、冻融循环和钢筋的锈蚀等。

对混凝土结构的混凝土材料强度目前广泛应用的检测方法是钻芯法、回弹法以及近年来兴起的拔出法。

其中，钻芯法是在构件上钻取混凝土芯样直接进行抗压强度检验，结果准确可靠，但会造成对结构物局部的损坏，尤其是对重要的结构部位，无法进行大量的检测；

非破损法中的回弹法、超声法、超声回弹综合法所测定的参数（回弹值、声速值）对混凝土强度来说并不很敏感，测试结果精度不高；

拔出法是一种介于钻芯法和非破损检测方法之间的混凝土强度微破损检测方法，操作简便易行，对结构物损伤极小，又有足够检测精度。尤其是近 20 年才出现的后装拔出法无需预先在混凝土中埋置锚固件，而是在已硬化的混凝土上通过钻孔、扩槽、嵌入的方法将锚固件置入并固定其中，因此，在已硬化的新旧混凝土的各种构件上都可以使用，适应性很强，检测结果的可靠性也较高，特别是当现场结构缺少混凝土强度的有关试验资料时，是非常有价值的一种检验评定手段。但在我国，研究起步较晚，且受各种因素限制，其应用却不及回弹法和超声法那么广泛和普遍，仍有待于加强对拔出法的深入研究以及在工程实践中的推广与应用。

除了检测方法以外，相应的还有加固方法，此处我们只列举几个主要的混凝土结构加固方法如下：加大截面加固法、外包钢加固法、预应力加固法、改变结构传力途径加固法、粘钢 / 碳纤维加固法、全焊接补筋法、套箍加固法、喷射混凝土补强加固法、植筋法、局部修补加固法等。

3. 其他钢结构检测

1）索塔

斜拉桥一般都是跨越了江河湖泊，不但地理位置恶劣而且其周围环境也复杂，桥梁在运营若干年后出现裂缝后安全性能受到影响，而且桥梁还要承受风、雨、地震等自然灾害的袭击。索塔是斜拉桥主要承重构件，它承受了斜拉索传递来的巨大索力，其安全性能至关重要，当前阶段桥梁超载现象非常之严重，当混凝土多年后出现老化、腐蚀等现象后，索塔的安全性受到严重影响，以及随着跨径和塔高的增加，甚至有可能导致桥梁的垮塌。

索塔检查的主要内容为：塔壁混凝土、钢锚箱、斜拉索锚固端、除湿机、塔内附属设施。

（1）索塔混凝土检查。

观察索塔混凝土有无肉眼可见的明显裂缝发生以及裂缝的扩展状况；

检查混凝土塔壁是否渗水，表面有无较大面积剥落、蜂窝、麻面、锈蚀、露筋、渗水、漏水、风化等病害；

塔壁通风孔是否堵塞或漏水；

塔内是否有积水；

上塔柱为钢混组合结构，设计为混凝土带裂缝工作，应检查裂缝宽度是否在规范允许限值以内；

梁塔连接部位、塔与梁之间的横向支座周围、受力较大的中塔柱、上塔柱分叉点及钢承压板周围混凝土要进行重点检查；

低水位时须对塔底进行仔细检查；

塔根、下横梁及分叉点处塔柱，在不利工况混凝土会出现拉应力，应检查混凝土是否发生了开裂，裂缝宽度是否在规范限制以内；

对发现裂缝应测量其宽度和长度，记录其位置。

（2）下横梁检查。

下横梁中部是否有明显裂缝发生；

横梁混凝土表面是否有较大面积剥落、蜂窝、麻面、锈蚀、露筋、渗水、风化等病害；

横梁与塔柱连接的转角处以及支座周围是否有明显裂缝及其他缺损；

下横梁中部及支座周围混凝土为重点检查部位。

（3）钢锚箱检查。

钢锚箱的涂层有无锈蚀、粉化、剥落、渗水，焊缝是否有裂纹等现象；

观测高强度螺栓油漆是否破裂、脱落，高强度螺栓本身是否锈蚀、板束有否流锈水等现象；

检查螺母是否松动或断裂。

（4）斜拉索锚固端。

检查涂装层劣化及构件锈蚀情况；

检查是否有疲劳开裂的情况。

（5）附属结构塔内爬梯。

对爬梯外涂装检查，除检查涂层外还需注意观察有无脱焊现象，连接是否可靠，焊缝是否有裂纹，表面是否有锈蚀、脱漆，螺栓是否松动等现象。

（6）塔顶避雷针。

观察塔顶避雷针有无锈蚀、断裂等病害，附近有无杂物堆积。

（7）塔门及塔顶密封门。

主要检查塔门、塔顶密封门有无严重锈蚀、脱漆等病害，是否密封，螺栓处是否松动。

（8）检修平台、预埋件等钢结构。

主要检查主塔内检修平台、预埋件等钢结构有无严重锈蚀等病害。

2）桁架

钢结构桁架的最大特点是由于钢管组成的杆件之间相互支撑作用，整体性好，而且能够承受由于地基不均匀下降所带来的不利影响，即使在个别杆件受到损伤的情况下，也能自动调节杆件内力，保持结构的整体安全。

但由于钢结构桁架工程大量采用焊接技术，特别是钢管对接焊缝、相贯焊缝接头很多，焊缝接头质量直接关系到建筑工程的力学性能及整体的结构安全，因此对钢结构桁架的焊缝质量必须加以控制。

三、管道检测

1. 防腐（保温）层检测

埋地油气管道外防腐层检测是对管道实施腐蚀防护的第一道屏障，也是最重要的防护措施。

外防腐层把管道本体金属与周围腐蚀环境隔离开来，同时也提供了必要的管道阴极保护绝缘条件。通常，管道外防腐层都采用地面间接检测及开挖直接检测的方式实施缺陷检测，目前使用较成熟的检测方法大多都采用管道上方地面间接测量实施。

地面间接检测外防腐层通常包括如下内容：检测外防腐层质量，确定外防腐层缺陷的分布和数量以及缺陷位置和严重程度，确认缺陷点位置的管道是否已发生或可能发生腐蚀；评价腐蚀环境条件，对特殊管道进行防腐层平均绝缘性能测试，评价防腐层完整性。

开挖检测是把管道挖开直接观察，同时采用无损检测方法测量管体腐蚀状况。开挖检测直接可靠，可得到缺陷分布与形貌、腐蚀产物及土壤环境等丰富信息，但其需要探坑挖填，工程量大且耗资多，一般是在地面检测寻找的防腐层破损点中选择开挖点。常见的管道防腐层检测技术有如下几种。

1）交流电流衰减法

交流电流衰减法（ACCA）是对测量管道施加一个交流电流信号，当管道外防腐层质量良好，交流电流信号将按恒定衰减率在管道中衰减。如果外防腐层存在破损点，信号电流将从缺陷破损处大量流出，使得管道中电流信号的衰减率突然增大。通过检测管道中电流信号衰减率的变化，可以确定防腐层破损点位置并定量测量防腐层绝缘电阻值大小，从而确定外防腐层质量状况和缺陷严重程度。

目前应用较多的交流电流衰减法检测设备为多频管中电流测绘系统（PCM）。交流电流衰减法可以检测管道的准确埋地位置和埋深、管道分支、其他金属搭接和较大的防腐层缺陷等，从而整体评估管道防腐层状况及阴极保护有效性。

但该方法只能检测管道外防腐层状况，对防腐层缺陷点精确定位存在局限性，且难以确定面积较小的缺陷；当管道穿孔过多或设施过多时，检测误差较大，无法对强电干扰区管段实施检测。

2）变频选频法

变频选频法是国内技术人员提出的一种通过测量计算管道防腐层绝缘电阻率来评价防腐层质量的地面检测方法，其主要基于经典交频信号传输理论。

管道防腐层电阻率定义为单位面积涂层与远方大地之间的电阻，其值越大外防腐层质量越好。使用变频选频法实施检测时，需要测量发送电流信号频率、信号衰减量等参数，同时结合管道外防腐层材料介电常数、管道几何数据、土壤电阻率等计算信号在管道中的传播系数，间接得到外防腐层绝缘电阻。

变频选频法应用广泛，适用于各种材质的管道外防腐层测量评价，同时管段未测部分对测量段无影响。该方法缺点主要为对不同管段采用不同频率测量时不具备可比性；由于使用该方法只能得到测量段管道防腐层绝缘电阻的平均值，无法确定破损点位置，同时杂散电流干扰对测量结果影响较大。

3）交流电位梯度法

交流电位梯度法（ACVG）是向管道施加一个交流信号，当防腐层出现缺陷点时，通过缺陷破损点流向大地的交流电流会在缺陷点周围土壤中产生一个电位梯度场，通过地面设备测量这一交流电位梯度的分布，从而可以确定防腐层缺陷。

测试时，向管道发送一种特定频率的交流信号，同时沿管线测量与地面典型接触的两个移动电极之间的电位差即可确定防腐层破损点的位置和大小。基于这一原理的测试方法主要有皮尔逊（Pearson）法。

交流电位梯度技术具有较高的灵敏度，检测速度较快，对防腐层缺陷定位偏差较小，同时不受管道阴极保护系统影响。通过该方法还可确定管线金属搭接点、路由和埋深。缺点主要是无法评判防腐层整体优劣，无法确定是否存在防腐层剥离，特殊地段（如水泥和沥青地面）存在“接地难”问题。

4）人体电容检测法

人体电容检测法即上文提到的皮尔逊（Pearson）检测法，用于寻找地下管道外覆盖层的破损点。相距约6m的两个检测者沿管道比较两个可移动接地点的电位梯度的变化，而电位梯度是由外加交流信号通过外覆盖层漏损点泄漏产生的。

该方法可检测单个或多个漏损点，并能确定管道的走向、分支、搭接、埋深等。检测时，提供交流信号的发射机信号线应与管道相连。由于Pearson检测法并没有为防腐层破损点的确定制订准则，结果的解释依赖于检测者的经验与技巧。

5）直流电位梯度法

直流电位梯度法（DCVG）是目前国内外较先进、使用较多的埋地管道防腐层缺陷检测技术。

该检测技术原理类似于交流电位梯度法，只是采用的电流信号为管道自身的阴极保护电流。当阴极保护电流流经管道防腐层缺陷破损点时，破损点面积越大，形成的直流电位梯度也越大、越集中。通过地面施加两参比电极测量电位差，确定参比电极极性、*IR*%的大小和地表电场的分布即可确定防腐层缺陷点位置、电流方向、防腐层缺陷面积大小、缺陷的形状及缺陷所处管体的位置。通常，DCVG检测技术采用不对称直流间断电压信号来排除其他电源的干扰。

DCVG技术具有以下优点：

（1）定位精度高；

（2）可测量计算破损面积大小和破损点形状；

（3）确定缺陷点管道本体是否发生腐蚀；

（4）不易受管道上方电网干扰，受地貌影响小；

（5）对多数土质条件不受杂散电流影响；

（6）可对缺陷点近似排序以确定修护次序；

（7）可通过*IR*%判定缺陷的严重程度。

该方法可以发现较小的防腐层缺陷，但需要有足够大的阴极保护电流保证测量的灵敏度；同时该方法不能直接给出破损点处的管地电位，无法指示防腐层剥离。

6）密间隔电位法

密间隔电位法（CIPS）是对标准管地电位（P/S）测试法的一种改进，是国外评价阴极保护系统有效性的首选标准方法之一。

采用密间隔电位法检测，首先需要对被测管段的阴保系统安装电流同步中断器。通有阴极保护电流的管道，如果外防腐层存在破损点，阴保电流密度将会增大，同时保护电位向正偏移。通过在管段地表沿管道以较小的等间距（一般1～3m）测量管地通/断电位，可以得到管道电位变化曲线，进而了解管道的阴保电位情况来评价阴极保护系统，并判断管道外防腐层上是否存在缺陷，指出缺陷的位置、尺寸大小。

密间隔电位法在使用中易受到杂散电流、土壤变化等干扰因素影响而产生较大误差，同时对防腐层缺陷分析需要较丰富的操作经验。

7）电流—电位法

电流—电位法基于对埋地管道外防腐层的电阻率进行测量计算，进而通过其平均绝缘性能来评价防腐层优劣。其测量接线有两种方式，分别是利用阴极保护电流法测试接线和临时外加电流法测试接线。

对于牺牲阳极保护管段和两保护站电流交汇点 1km 内的管段，采用临时外加电流法测量。该方法的测量原理是：用直流电位差计测量管道的电位差，利用欧姆定律原理计算该处电流值，再计算出管道两点间的电流漏失值，根据管道两点间的电压差，计算出管道防腐层的绝缘电阻值。

8）电化学检测法

目前如何检测防腐层剥离是一个热点问题，国内外都开展了广泛研究，主要的研究手段是电化学阻抗谱（EIS）。

电化学阻抗谱技术是通过测量不同频率交流信号下外防腐层的阻抗值和电容值，利用电容值计算防腐层吸水深度，通过电阻值判定防腐层的绝缘性能，进一步由管体金属的电化学腐蚀电荷传递电阻估计腐蚀速率来判别防腐层缺陷的情况。

EIS 技术操作简单，可检测出涂层的剥离，是一种很有发展前景的检测技术。但目前对 EIS 技术的研究还不完全成熟，投入实际的生产应用还有待进一步研究。

9）防腐层检测方法的结合使用

防腐层检测方法各有其优缺点和适用场合。

外检测具体实施时，通常结合使用两种或多种检测方法以避免单一方法的局限性，如目前普遍采用的 DCVG 与 CIPS 结合的方法。DCVG 和 CIPS 综合检测是国外这些年十分推崇的一种新的管道腐蚀检测技术。该技术将 DCVG 和 CIPS 二者优点综合应用：DCVG 主要通过检测管道地面的电压梯度变化判断管道防腐层缺陷，CIPS 通过电位测量确定管道阴极保护效果和防护层优劣。由于该技术处理的是与腐蚀机理有直接关系的数据，因而还可为研究腐蚀机理提供很有价值的资料。其他较多使用的还有如 PCM 结合 ACVG 原理的 A 字架检测方法等。

2. 补偿器检查

在大型斜拉索跨越体系中，管道每隔一定的距离要设置热膨胀或管道变形的补偿装置，以减少并释放管道受热膨胀、变形时所产生的附加应力，保证管道稳定、安全地工作。

在斜拉索跨越管道中，一般采用“π”形补偿器，此种补偿器工作可靠、坚固耐用、补偿能力强、现场制作方便，缺点是占用面积大，所以常垂直安装。“π”形补偿器变形图如图 4–11 所示。

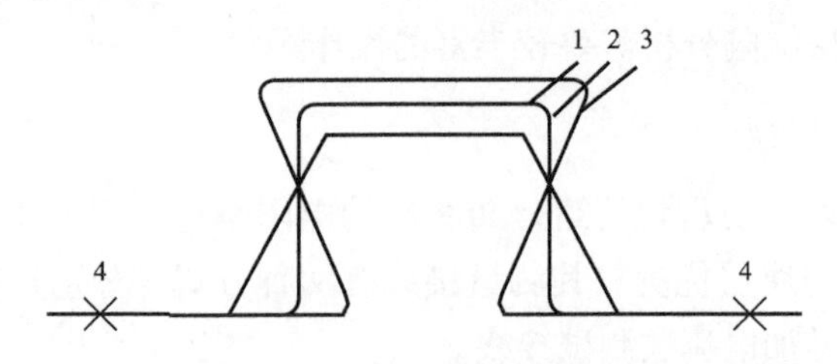

图 4-11 “π”形补偿器变形图

1—“π”形补偿器制作后的形状；2—“π”形补偿器安装后的形状；
3—“π”形补偿器工作后的形状；4—“π”形补偿器固定点

管道受热膨胀或跨越支承体系变形，特别是清管球作业时，补偿器将受到很大的应力，较大的变形会引起补偿器的位移、变形或断裂，从而影响管道的正常运行。补偿器的检测重点是焊缝缺陷，因为一个“π”形补偿器有四道焊缝，在川内气田高温、高压、高含硫气体的作用下，容易形成局部应力腐蚀裂纹，检测手段为超声波检测仪、X 射线仪和 TOFD 检测仪。

3. 管道本体检测

管道检测应该将管道本体缺陷检测和管道外腐蚀防护体系并重考虑。管道存在损伤、腐蚀后，通常表现为管道的管壁变薄。

管道本体无损检测技术就是针对管壁的变化来进行测量分析的，主要方法有漏磁法、超声波法、涡流检测法等，而涡流检测法探测蚀孔、裂纹、全面腐蚀和局部腐蚀，但是，涡流对于铁磁材料的穿透力很弱，只能用来检查表面，现在国外使用较为广泛的漏磁法和超声波法。

1）漏磁法

漏磁法检测的基本原理是建立在铁磁材料的高磁导率这一特性之上，其检测的基本原理如图 4-12 所示。

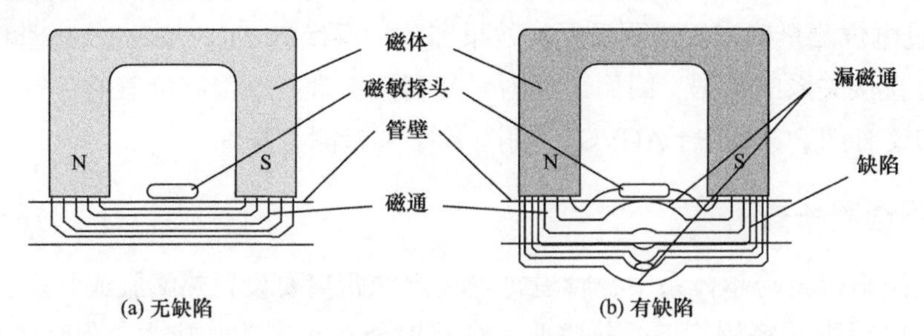

图 4-12 漏磁检测原理

采用合适的励磁回路将磁场施加于管道，钢管中缺陷处的磁导率远小于钢管的磁导率，使管道局部磁化饱和。

当钢管中无缺陷时，磁力线绝大部分通过钢管，此时磁力线均匀分布；当钢管内部有缺陷时，磁力线发生弯曲，并且有一部分磁力线泄漏出钢管表面，形成局部区域漏磁场，由于漏磁场的分布与缺陷的性质和几何尺寸存在关联，用磁敏元件获得漏磁场的分布状况并转化为电信号，即可反映管道缺陷的情况。

漏磁通法适用于检测中小型管道，可以对各种管壁缺陷进行检验，检测时不需要耦合剂，也不容易发生漏检。可是因漏磁通法只限于材料表面和近表面的检测，被测的管壁不能太厚，干扰因素多，空间分辨力低。

另外，小而深的管壁缺陷处的漏磁信号要比形状平滑但很严重的缺陷处的信号大得多，所以，漏磁检测数据往往需要经过校验才能使用。

2）超声波法

超声波检测法主要是利用超声波的脉冲反射原理来测量管道壁厚。

检测时将探头垂直向管道外壁发射超声脉冲基波，探头首先接收到由管壁外表面反射的脉冲，然后超声探头又会接收到由管壁外表面反射的脉冲，两者之间的间距反映了管道壁厚。

这种检测方法是管道缺陷深度和位置的直接检测方法，检测原理简单，对管道材料的敏感性小，检测时不受管道材料杂质的影响，能够实现对厚壁大管径的管道进行精确检测，使被测管道不受壁厚的限制。但其不足之处就是超声波在空气中衰减很快，检测时需要耦合剂，一般是能够传播声波的介质，如油或水等。

（1）相控阵超声检测。

传统的超声波探伤通常采用单晶探头或双晶探头产生声束，通过缺陷的反射波或根据材料的衰减来进行缺陷评估，如图 4–13 所示。相控阵技术采用的探头由多个晶片组成，与传统的超声波探伤不同。

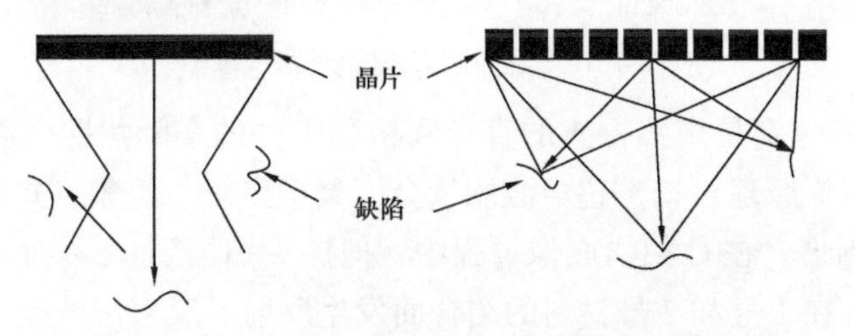

图 4–13　单晶探头和相控阵探头声束方向示意图

相控阵技术探头为产生带有有效干涉相位的声束，多个晶片采用略微差别的时间来激发。通过对多个晶片的延迟控制，实现声束偏转控制，扫查更广阔区域。为了在被检区域达到好的干涉或叠加效果，相控阵多个探头孔径的每个独立的晶片都需要根据聚焦法则采用计算机进行控制。

而聚焦法则是一个简单的组合，包含了激发的晶片、振幅和时间延迟等。每个晶片的时间延迟根据检测配置、偏转角度、楔块和探头类型，必须顾及所有的重要因素。采用相控阵技术的超声波探伤设备，通过对虚拟焦点按照聚焦法则计算出每个晶片到虚拟焦点的时间间隔，调节每个晶片的触发延迟时间，使得发射的超声波同时到达虚拟焦点。

若在虚拟焦点位置无缺陷，超声波将继续向前传播；若在虚拟焦点位置有真实缺陷存在，由于此时从各个晶片激发的超声波在此叠加，其能量最强，会形成较大的反射回波，该反射回波到达每个晶片的时间又略有不同。

将按照预先设置的聚焦法则将每个晶片接收的模拟信号经模拟延迟后进行叠加，合成回波信号，采用如此方式完成了一次扫查，整个过程为一个声束的扫查。通过改变虚拟焦点的位置，可以实现更多方位的检查，从而实现广区域检测。

（2）超声波C扫描。

超声波C扫描成像技术是一种以灰度图像的形式显示材料内部缺陷形状的无损检测技术。图4-14是超声波C扫描成像示意图。

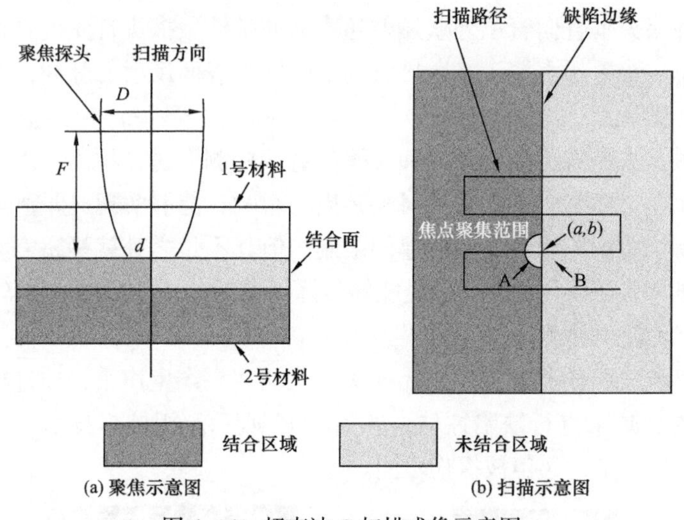

图4-14　超声波C扫描成像示意图

图中 D 和 F 分别是聚焦探头的直径和检测工件的实际焦距，声束中心坐标为 a、b。由聚焦探头原理可知，超声波能量会汇聚于焦点，但焦点并不是一个点，而是一定直径的圆形。在C扫描成像过程中，但探头扫描到 a、b 时，超声波通过聚焦探头发射后，在1号和2号材料的结合面发生反射。反射声波能量杯聚焦探头接收并转化为电压信号，通过对电压信号的幅值进行数字处理，就得到 a、b 处的图像灰度。探头按照一定路线进行扫描后，得到每一点的灰度值。扫描路径上每一点反射声波能量的大小决定了C扫描图像中该点的灰度。

第五章　城市燃气 PE 管道检测

世界上近 100% 的天然气和 85% 以上的石油都是通过长输管道输送的，管道运输已经成为现代工业和国民经济的命脉。随着我国以气代煤的能源政策的调整以及西气东输一线、二线和三线的顺利实施，沿途各省市、城镇之间的能源结构得到进一步的调整，城市燃气管道的建设规模日益增大，截至目前，我国的城市燃气管道已四通八达，城市燃气管网已经成为现代城市重要的基础设施。

根据中华人民共和国国家标准 GB 50028—2006《城镇燃气设计规范》的规定，城镇燃气管道应按燃气设计压力分为 7 级（表 5-1）。

表 5-1　城镇燃气设计压力（表压）分级

名称		压力，MPa
高压燃气管道	A	2.5～4.0
	B	1.6～2.5
次高压燃气管道	A	0.8～1.6
	B	0.4～0.8
中压燃气管道	A	0.2～0.4
	B	0.01～0.2
低压燃气管道		＜0.01

高压和次高压燃气管道主要使用金属管道，对于中压和低压燃气管，国内城市燃气多为碳素钢（焊接钢管和无缝钢管）和铸铁管。由于城市燃气管道大多埋于地下，因此金属燃气管长期处于潮湿土壤、城市污水等腐蚀环境中，使用一段时间后很容易腐蚀，从而引起管道有效壁厚降低、机械强度减弱，导致管材最终失效，各种腐蚀事故屡见不鲜。据美国国家输送安全局统计，45% 的管道损坏是由外壁腐蚀引起的，而在美国输气干线和集气管线的泄漏事故中，有 74% 是腐蚀造成的。金属管道的腐蚀问题推动了塑料管道技术的研制和使用。国外最初使用的塑料燃气管为聚氯乙烯（PVC）管和聚乙烯（PE）管，经过不断淘汰，中、高密度聚乙烯管被认为最适合用于燃气管。

PE 管道也有其缺点，与钢质管道相比，其强度较低、抗载荷能力较弱，使用压力等级不高，无有效的无损检测手段、埋地后定位较为困难等。同时，地表沉降、第三方破坏、也很容易给管道带来伤害。因此，在监督检验的过程中，要根据其特性，针对性地进行检测，消除隐患，防范风险，从而保障管道的安全运行。

第一节　PE 管道简介

一、管材特点

聚乙烯管道按其原材料特性分为低密度聚乙烯（LDPE）管、中密度聚乙烯（MDPE）管和高密度聚乙烯（HDPE）管。其发展方向是高强度、大直径。国际上通常根据聚乙烯管的长期静液压强度对原材料进行分类和命名，各类特性见表 5–2。

表 5–2　聚乙烯燃气管专用料的分类

序号	类型	长期静液压强度，MPa	最低要求强度，MPa
1	PE63（第一代）	6.30～7.99	6.3
2	PE80（第二代）	8.00～9.99	8.0
3	PE100（第三代）	10.0～11.9	10.0
4	PE112（第四代）	≥11.2	11.2

聚乙烯管比较圆满地解决了传统金属管道的两大难题：腐蚀和接头泄漏。在使用性能上，主要有以下优势：

（1）良好的耐腐蚀性能。

聚乙烯分子不存在烃基以外的官能团，因而耐腐蚀性能好，是钢管的四倍。除少数强氧化剂外，可耐多种化学介质的侵蚀，不发生电化学腐蚀，不需要防腐层。此外，聚乙烯材料还常常作为金属管道的防腐层使用。

（2）良好的焊接性能。

聚乙烯管采用熔接连接，本质上保证接口材质、结构与管体本身的同一性，实现了接头与管材的一体化。有研究表明，接口的拉伸及爆破强度均高于母体，可有效地抵抗内压力产生的环向应力及轴向的拉伸应力。

（3）良好的力学性能。

力学性能好主要指的是聚乙烯优良的韧性和挠性及其良好的快速裂纹传递抵抗能力。聚乙烯管是一种高韧性的管材，其断裂伸长率一般超过 500%，对地基不均匀沉降的适应能力非常强。也是一种抗震性能优良的管道。在 1995 年日本的神户地震中，聚乙烯燃气管和供水管是唯一幸免破坏的管道系统。正因为如此，日本震后大力推广聚乙烯管在燃气领域的使用。

挠性是聚乙烯管的重要特点，它极大地增强了材料对于管线工程的价值。聚乙烯的挠性使聚乙烯管可以进行盘卷，并以较长的长度供应，不需要各种连接管件。在非开槽施工中，聚乙烯管道的走向很容易就可依照施工方法的要求进行改变。此外，在旧管修复施工时，聚乙烯材料的挠性可使其在施工前改变管材的形状，而在插入旧管后恢复原来的大小和尺寸。

管道的快速裂纹扩展开裂是一种偶发事故，但其后果是灾难性的。早在 20 世纪美国和苏联的输气钢管就曾发生过几起快速开裂事故。实际使用中，聚氯乙烯气管和水管均曾发生过快速开裂事故，而尚未发现聚乙烯燃气管的快速开裂。

（4）较长的使用寿命。

聚乙烯管在额定工作条件下，寿命可以达到 50 年以上。这是国外根据聚乙烯管材环向抗拉强度的长期静水压设计基础值（HDB）确定的，已被国际标准确认。

（5）良好的环保性能。

聚乙烯使用环保，其使用不会影响周围土质与水质，原料可以回收再利用，因此被公认为绿色材料。

此外，聚乙烯管道重量轻也为一独特优势。

二、使用概况

自 20 世纪 60 年代起，西方发达国家开始大量使用聚乙烯管输配天然气（采用高密度聚乙烯管），到 80 年代中期，使用技术已非常成熟，普及率也相当高。我国从 20 世纪 60 年代中期开始研制生产和应用塑料管道，70 年代进行了聚乙烯管道的开发与应用，80 年代初开始使用聚乙烯燃气管，如 1982 年上海市部分区域进行了聚乙烯燃气管道的试验性使用，90 年代末，由于聚乙烯管的优势所在以及借鉴国外技术，我国开始大规模使用聚乙烯燃气管，并且发展很快。

目前，聚乙烯燃气管已受到世界各国燃气界的青睐，几乎完全占领城市燃气中压输配系统的市场。21 世纪初的统计数据表明，美国的高密度聚乙烯燃气管道普及率为 100%，英国和丹麦为 92%，比利时、法国和德国也分别达到了 77%、68% 和 65%。在我国，除了长输管道和高压管道，各个城市的中低压燃气管道也把聚乙烯管作为首选管材。近年来，随着共聚技术及双峰工艺的开发，聚乙烯材料的性能得到明显提高，已成功进入城市次高压燃气输配系统。

三、安全性能

聚乙烯燃气管道是城市“生命线工程”的重要组成部分，聚乙烯燃气管道系统的安全运行与其接头质量息息相关。然而管道系统中，管与管的连接处最为薄弱，因为连接处无法做到如管材一样的一体性。美国国际管道研究委员会 PRCI（Pipeline Researeh Committee International）曾针对美国和欧洲的输气管道事故数据进行分析和分类，把焊缝、焊接缺陷归为“稳定存在的失效因素”。同时，大量实践证明聚乙烯管道使用中最易损坏和泄漏的部位，就是管道接口，管道系统成功与失败的关键就是管道连接质量的好坏。

目前聚乙烯燃气管焊接接头的质量控制主要依赖规范的焊接操作，但工程施工时却无法避免人为因素对管道焊接质量的影响，再加上接头装配质量、焊接工艺、连接面的清洁程度、焊接设备和器材焊接环境等因素的影响，使焊接接头容易产生各种缺陷，焊接质量难以得到可靠保证，使焊接接头成为管道的薄弱环节。另一方面，目前对聚乙烯燃气管道焊接接头缺陷的无损检测技术还不成熟，导致一些存在危害性焊接缺陷的聚乙烯燃气管道投入使用，给燃气管道的使用带来了安全隐患。国内外曾发生由于焊接缺陷引起的聚乙烯燃气管道爆炸和泄漏事故，如澳大利亚在2002年曾发生过聚乙烯管道焊缝泄漏而导致火灾事故，直接经济损失达30万美元。国内也有类似的事故，如2004年本溪曾发生过管件与管子之间电熔连接处脱落而产生的管道爆炸事故，造成严重的经济损失。由于聚乙烯燃气管道输送的是易燃易爆介质，容易引起燃烧爆炸事故甚至引起化学爆炸（二次爆炸），其经过区域多为人口稠密的城镇地区，管线一旦失效将引发灾难性事故，对人民生命和财产造成巨大损失。

可见，要保证聚乙烯燃气管道系统的安全运行，就要首先保证其接头质量的可靠性。

第二节　PE管道示踪探测技术

我国从20世纪80年代初期开始着手聚乙烯（PE）燃气管的研究及应用工作。由于PE管道具有耐低温、韧性好、刚柔相济、施工方便、造价低（直径小于300mm）、不易腐蚀泄漏、污染小等优点，而广泛应用于燃气和自来水行业，大有取代小口径钢管之趋势。PE管道虽然有很多优点，但其缺点是管道本身不导电、不导磁，至今仍没有一种十分有效的方法可在地面直接探测其在地下的空间位置。在过去的市政建设施工中，由于此类管道的确切位置不易查明，经常发生施工机械挖漏、挖断燃气管道情况，而由此造成的燃气泄漏和爆炸事故也时有发生。因此，如何实现地下PE管道的位置探测标定是十分必要的。为解决此问题，比较有效的办法是在铺设过程中将1（或2）条导线（简称示踪线）与PE管道一起埋入，为间接探测PE管道位置提供物理前提。示踪线法在国内外是比较普遍的做法，但如何使示踪线在施工中得到正确、完整的铺设，使其以后能够很好地起到示踪作用，示踪线的施工方法和探测方法就显得十分重要了。

一、示踪线的选择和铺设

为保证示踪线的导电性、强度、耐腐蚀和耐久性，一般宜选择截面积大于2.5mm^{2}的多股（或单股）铜质电线。铺设时尽量让示踪线保持在管道的顶部位置，在三通等分支处应将导线接头的绝缘层剥掉，把铜芯绞在一起数圈，然后用绝缘胶布裹好接头，以保持良好的导电性。在示踪线的出露点（如窨井、出地点）应留有一定的线头余量，并避免导线头被泥土或杂物覆盖。为减少无法出地的示踪线末端的接地电阻，需采取剥掉绝缘层裸露芯线30cm的良好接地措施。对于采取定向钻方式铺设的PE管道，应选用强度更大的导线，以避免在施工中被拉断，导致无法探测定位。

选择有塑料绝缘层截面面积在 2.0～2.5mm^2 的多股铜芯导线较好。其探测信号比较强、施工方便，工程中亦较少出现断线问题。截面积太小的示综线，一些带有警示标志的塑料薄膜示踪带也不能够使用。这种示踪带的结构，是里面夹带的非常细小的导线（或是铝箔、导电涂料层等），在施工时很难将衔接位置的两端连接成良导体，因此会使整个管网的示踪带断断续续难以构成一个完整的导电网络。

示踪线的铺设：

（1）示踪线埋设时应紧贴 PE 管道呈直线状，并位于管道的顶面为好。请勿以螺旋状缠绕在 PE 管道上埋设，这样易导致探测结果不准确。

（2）在窨井或出地处示踪线应该预留出一定长度的导线（1m 以上为宜），供探测施加信号所用。这样可提高探测效率和精度。

（3）示踪线接头或分支点一定要连接牢固，保持良好导电，并用绝缘胶布包好，防止地下潮湿而造成腐蚀断线情况，使探测信号中断。管道的钢塑转换接头处示踪线可以焊接在法兰上，接点处做好防腐处理，防止日久后腐蚀断线。

（4）为增加示踪线的信号强度并让信号分布均匀，施工时须尽量减小示踪线埋地末端的接地电阻，采取剥掉绝缘层裸露芯线 30cm 的良好接地措施。特别是对于长度较短的分支管的末端，一定要接地良好，否则分支上的信号会非常弱而探测不到。

（5）若管道埋地长度超过 1km，中间又没有窨井等设施供预留示踪线头满足探测之需，则建议每公里处设一个测试桩并预留示踪线接头供探测时使用。

（6）在非开挖工程施工中，PE 管道外面的示踪线在拖管过程中容易被扯断，简便的办法是选择截面积更大、强度更高的导线或钢丝绳，或者在管道的内部预穿一条示踪线即可避免断线，其探测效果如同在外面一样，但这样做时需处理好内部示踪线头与外面示踪线连接的问题。

（7）在某些特殊情况下，对 PE 管道无法应用示踪线，这时可采用预埋示踪球（Marker）的方法满足今后的探测定位需要。其方法是在埋设 PE 管道时把示踪球放在管道的特征点（如弯头、分支或起止点等），探测时无需另加信号，仅通过专用的接收机即可探测定位。埋设的示踪球可免维护、长期有效的供探测定位使用。

二、探测原理和方法

当导线直径远小于埋深并忽略地介质和空气的介质变化时，示踪线可视为均匀介质中的一条无限长直导线。将交变电流 $I_0e^{-i\omega t}$ 加载到示踪线上时，根据毕奥—萨伐尔定律，其总电磁场强度和分布规律符合公式（5-1）：

$$H=\frac{I_0}{2\pi r}e^{-i\omega t} \tag{5-1}$$

式中 H——磁场感应强度；

I_0——导线中的电流幅值；

r——距离导线中心的垂直距离。

磁场的水平分量 H_x 和垂直分量 H_z 分别为：

$$H_x = \frac{I_0}{2\pi} \frac{h}{h^2 + x^2} e^{-i\omega t} \quad (5-2)$$

$$H_z = \frac{I_0}{2\pi} \frac{h}{h^2 + x^2} e^{-i\omega t} \quad (5-3)$$

式中 h——导线的埋深；

x——观测点到导线在地面投影的垂直距离。

通常情况下以观测 H_x 或 ΔH_x（峰值法）进行管线的探测定位。ΔH_x、ΔH_z 曲线形态如图 5–1 所示。以下的讨论和案例均为峰值法的 ΔH_x。

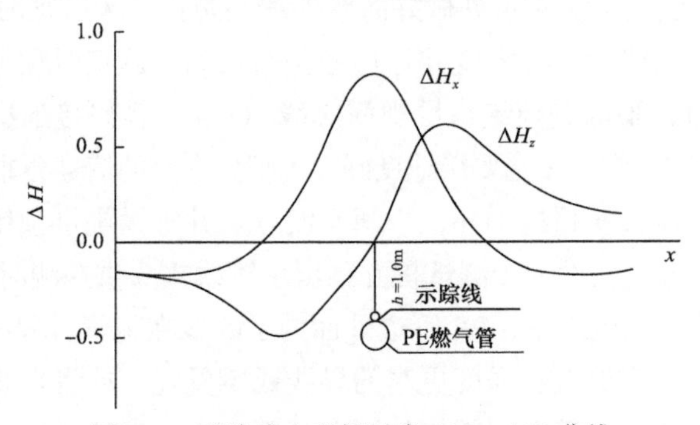

图 5–1 示踪线电磁场异常 ΔH_x、ΔH_z 曲线

目前所有金属管线仪的工作原理都是建立在电磁场理论基础上。其探测方法均基于上述原理和公式，它们均可用于 PE 管道示踪线的探测定位。探测 PE 管道的具体方法是给示踪线加上一定强度的交变电流信号，通过探测电磁场中心位置来确定示踪导线的位置，从而达到确定埋地 PE 管道位置的目的。

实际探测时给示踪线施加电信号的方法有两种：一种是直接把探测电流信号施加在示踪线上（工作方法如图 5–2 所示，被称为直连法），发射机将信号电流直接加载在示踪线上产生一个电磁场（称之为一次场）信号，通过探测一次场的中心位置来确定示踪线的位置和埋深。该方法的优点是信噪比高，不易受临近管线干扰，探测结果比较准确；缺点是探测时需要示踪线有裸露点来施加信号。另一种探测示踪线的方法是通过发射机产生一个交流电磁场，以感应的方式在示踪线上产生电流，感应电流再以示踪线为中心形成另一个电磁场（称之为二次场），通过接收机探测二次场的中心位置，确定出示踪线的空间位置（工作方法如图 5–3 所示，称之为感应法）。这种方法的优点是操作简便，不需要示踪线有裸露点；缺点是感应信号弱，易被干扰，如示踪线附近有其他金属管线干扰时，则探测结果不准确。

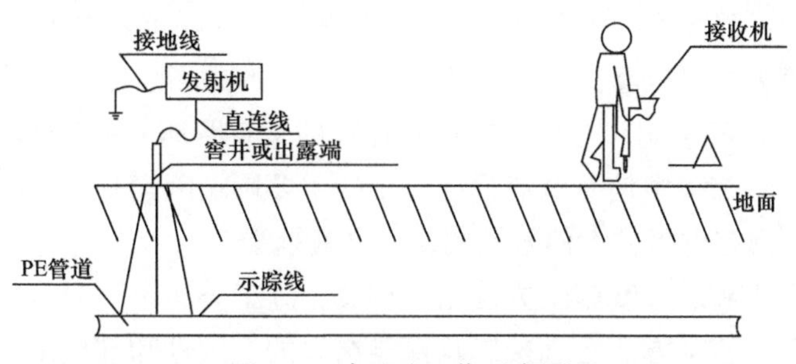

图 5-2 直连法工作示意图

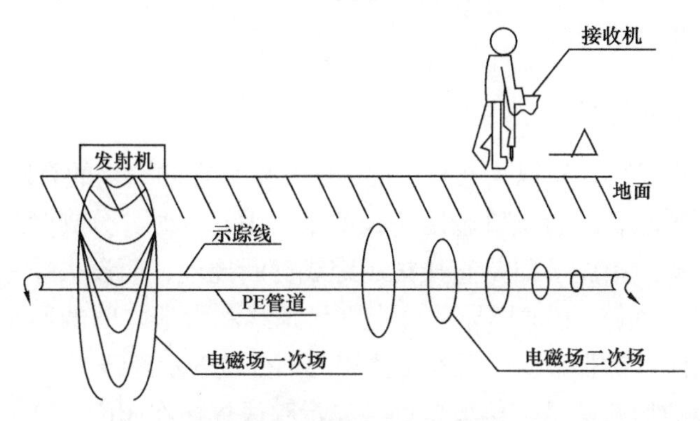

图 5-3 感应法工作示意图

三、探测技术及影响因素分析

1. 探测技术注意事项

（1）探测示踪线的首选方法为直连法，它信噪比高、干扰少、易探测，探测结果比较准确可靠。

（2）市区内的PE管道示踪线不宜选用感应法探测。城市区域内的管线密集，而示踪线相对细小，其接地回路电阻一般情况下比其他管线大很多，因此产生的感应电流信号往往要比非目标管线弱很多，示踪线信号容易被掩盖而造成误测。

（3）在探测短分支管道示踪线时，施加信号点宜选择分支示踪线的末端（或出地端），这样分支示踪线上的信号强，不会漏测分支点。

（4）用直连法探测示踪线时，尽量选择较低的工作频率，发射机的接地线也尽量不要跨接其他管线，以减少信号感应或串扰到其他管线。

（5）感应法的工作频率不宜太高或过低，一般选择33～100kHz之间，发射功率控制在50%～75%。

（6）探测时应根据实际情况，改变供电点位置后再重复探测，检查两次探测结果的吻合情况，以提高探测的准确性和精度。

（7）对于定向钻方式铺设的PE管道，由于示踪线的埋深较大（可能大于10m），除选择较低的工作频率以减少电磁场感应到其他管线上，还应尽量设法改善接地条件，增加示踪线上的供电电流，提高信噪比，这样可获得较好的探测效果。

从理论计算公式可以看出，示踪线在地面产生的磁场强度 H 大小与流经示踪线的信号电流强度 I_0 成正比，与该点距离示踪线的垂直距离 r 成反比。当选用的探测方法确定之后，示踪线中信号电流强度大小的主要影响因素是示踪线和大地之间构成的回路电阻，回路电阻越大信号越弱，反之就越强。

回路电阻大小和示踪线施工方法密切相关，施工方法不同时，回路电阻有很大的差别，故示踪线施工方法会直接影响探测结果的有效性和准确度。还有，探测示踪线时选用的探测方法不同（如选择直连法或选择感应法施加信号），对探测结果的准确度也会有较大的影响。

2. 埋设方式的影响

在实际探测中发现，有以下几种情况影响示踪线探测结果的有效性和准确性。

（1）当主管道较长而分支管较短（长度小于 10m）时，分支管示踪线末端悬空或没有采取良好接地措施（只是直接把示踪线剪断掩埋，而没去掉一段绝缘层裸露芯线与地构成导电回路），这样导致分支管示踪线和大地之间的回路电阻过大，基本无分支电流，信号就非常弱，根本无法探测到分支管示踪线。

（2）示踪线的加载信号端接地良好（如示踪线焊接在阀门上、入户钢管或供电端接头落在泥水里等），而末端却没有采取良好接地措施，导致目标管线段回路的接地电阻较大，使得施加探测信号时，绝大部分信号电流没经过示踪线就直接流向了大地，造成探测距离短，管道的后半部分示踪线没信号的情况。

（3）示踪线虽然完整，但没有预留出露端点（信号端子），若被测 PE 管道附近有其他金属管线时，感应法就可能把探测信号感应到非目标管线上，造成无法正确探测的结果。

（4）示踪线中间有断点，施加的信号电流无法传导到整条示踪线上，导致断点之后的管线无法探测到。

3. 探测方法的影响

一般情况下，采用直连法探测可获得比较好的探测效果，但是当工作频率较高（大于 65kHz）且示踪线的末端接地不好时，发射机的电磁信号极易感应到邻近的其他金属管线上，造成非目标管线的电磁场信号大于示踪线的信号，导致错误的探测结果。在示踪线周围有其他金属管线存在又选用感应法探测示踪线时，非目标金属管线的位置不同，将对探测结果产生不同的影响。图 5–4、图 5–5 和图 5–6 列出了常见的几种情况。

图 5–4 描述的是其他管线与示踪线平行埋设的情况。假设两条管线的间距和埋深均为 1m，而非目标管道的截面积大且裸露埋地，其接地电阻要比示踪线小很多，因此它上面的感应电流要比示踪线上的大很多（假设为 3 倍）。它的二次感应电磁场会掩盖示踪线的电磁场，使探测时找不到示踪线的电磁场峰值点。

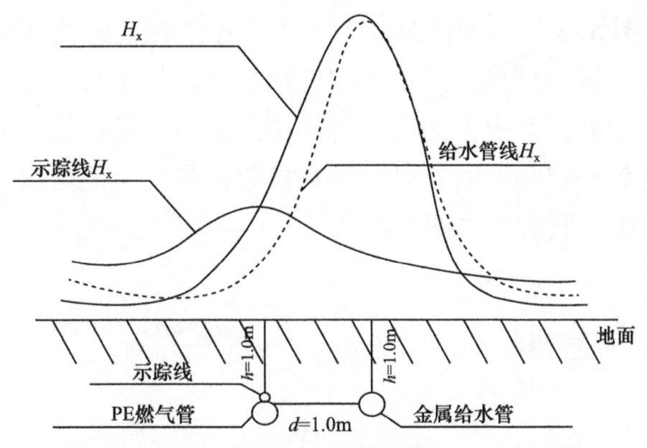

图 5–4　存在平行金属管线的感应法异常曲线

图 5–5 描述的是其他金属管线埋深比示踪线浅的情况。由于非目标管线距离发射机近，自然感应电流大，产生的二次电磁场比示踪线强很多，基本掩盖了示踪线的二次电磁场信号，导致无法探测到示踪线的异常峰值点。图 5–6 描述的是示踪线的正上方有金属管线的情况。它对示踪线会起到屏蔽作用，使发射机信号不能够感应到示踪线上，导致无法正常探测。

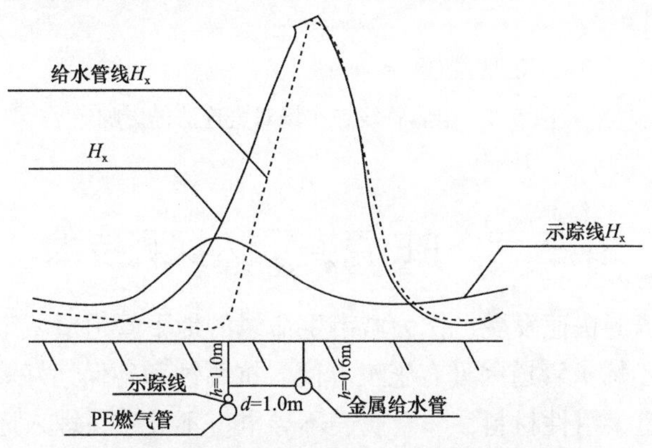

图 5–5　浅埋平行金属管线的感应法异常曲线

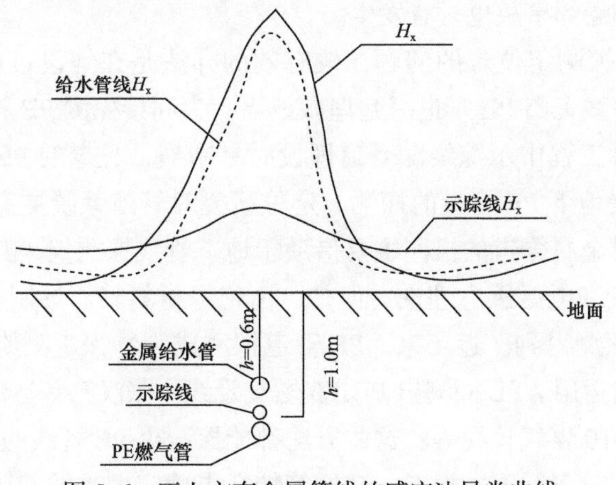

图 5–6　正上方有金属管线的感应法异常曲线

对于图 5-4、图 5-5 的两种情况，若改用直连法探测则基本可以避开其他管线的干扰，获得准确的探测结果。图 5-6 这种情况下，使用直连法进行探测时，工作频率不能太高，否则易在其上方的金属管线中产生与示踪线供电电流相位反向的二次场，当该电流达到一定强度时，可能导致接收信号的峰值曲线畸变。假设二次场电流是一次场的 40%，其影响如图 5-7 所示。

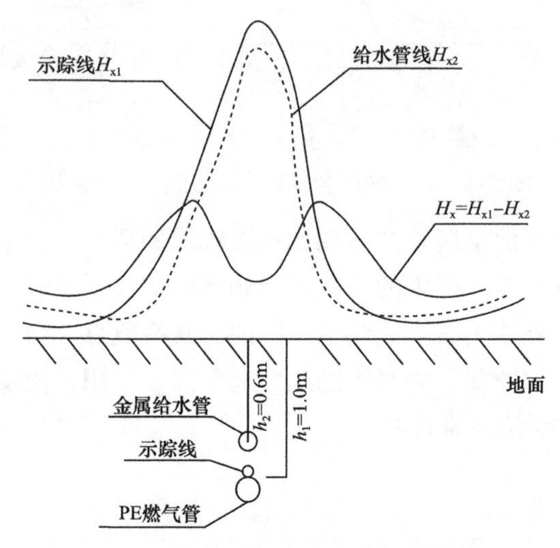

图 5-7　金属管线二次场对直连法的影响

第三节　PE 管道雷达探测技术

随着我国经济的快速发展，作为城市生命线的地下管道对城市经济发展影响越来越大。PE（聚乙烯）管道因具有施工方便、抗腐蚀和环保性好等优点而被广泛应用，由于此类管道为惰性材料，非金属、不导电、不导磁，埋入地下后其平面位置和埋深不易查明，经常发生施工机械挖漏、挖断燃气管道等第三方破坏现象，由此造成的燃气泄漏和爆炸事故也时有发生。

为解决 PE 管探测定位难的问题，较有效的办法是在铺设过程中将一（或两）条导线（简称示踪线）与 PE 管道一起埋入地下，为间接探测 PE 管道位置提供物理前提。然而，实际工程中示踪线随管道埋设时易断裂，且老的 PE 管道并未埋设示踪线，因此，开展地下 PE 管道的探测、定位研究对管道系统更有效、安全的运营具有重要意义。对金属管道的探测主要借助于地下管线探测仪，其工作原理大部分是基于电磁场理论和电磁感应理论，但是，由绝缘材料聚乙烯制作而成的 PE 管道难以用这些方法探测得到。近年来，PE 管道探测成为物探、测绘等领域研究的重点。肖良武等成功运用 APL 探测出 PE160 燃气管线，张汉春等运用 RIS-K2 探地雷达成功探测出 PE110 煤气管线等。这些方法都能探测出 PE 管线的大致位置；但是，都存在精度不高、效率低下，拐点、三通等特征点确定困难的问题，因此，如何准确、快速确定出城市燃气PE管道的平面位置、埋深、拐点等，是城镇燃气、测绘领域共同关注的热点问题。笔者通过分析IDS地质雷达的工作原理，以成都市新都区燃气PE管道探测为例，探讨了燃气PE管道的探测方法，并通过开挖验证了探测结果的准确性。

一、采集系统

探地雷达系统主要分为三个部分：主机、天线、后处理软件。雷达天线有多种频率，天线频率越高，探测分辨率越高，探测深度越浅。探地雷达的总体结构如图5-8所示，包括发射天线，接收天线、控制单元、微机系统等。

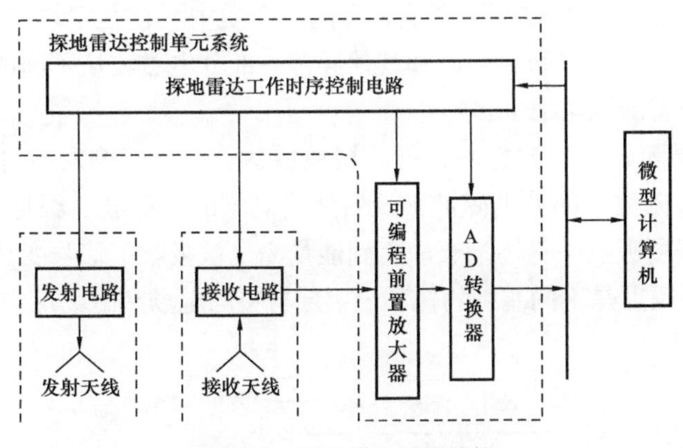

图5-8 探地雷达系统结构

二、管线探测的物理原理

探地雷达最先是以空气为介质来达到相关探测目的，当人们在非金属管道探测中遇到阻碍后，发现探地雷达在管线探测中也能发挥很好的作用。探地雷达在管线探测中应用的物性前提是目标管线与周边介质的介电常数、电磁波传播速度存在一定差异，管线探测工程常用的介质及其介电常数如表5-3所示。

表5-3 常见介质的介电常数

介质名称	传播速度，km/s	相对介电常数 ε_r
空气	0.3	1
水	0.033	81
湿黏土	0.077	15
土壤（含水20%）	0.095	10
混凝土	0.12	6.4
PE颗粒	0.224	1.5
PVC粉末	0.254	1.4
金属	0	300

从表 5-3 可以看出，金属的相对介电常数非常强，电磁波穿透不了金属就形成了全反射。而土壤的介电常数与塑料粒、PE 颗粒、PP 颗粒介质不同，它们之间就会发生电磁波反射。利用这一特性，就可以通过雷达波形较好地确定出非金属管线。

三、工作原理

通过分析探地雷达的采集系统和工作原理，可以知道探地雷达有连续作业、高效率、无损探测等优点。探地雷达的工作原理如图 5-9 所示。当探地雷达天线移动到目标管线正上方并由主机发出扫描 1 命令后，发射天线向地下发送极化、高频率的电磁波。由于在地下存在不同介质，且同一介质中又存在不均匀性，如土壤层、地下公用设施、石头、碎石、空洞和其他异常，部分电磁波从不同的绝缘体材之间反射出来，这样就能探明地下目标。

理论上只要满足电磁波探测条件，探地雷达就可以实现对各种材质管线的探测。而其他的电磁波（部分电磁波被反射之后剩下的电磁波）根据能量守恒定律，波的能量被底层所吸收，它逐渐衰减直到能量完全被吸收，信号变得很微弱。介质分界线的电磁波反射是不同基础物体和土壤层材料的电场和磁场反应的结果。

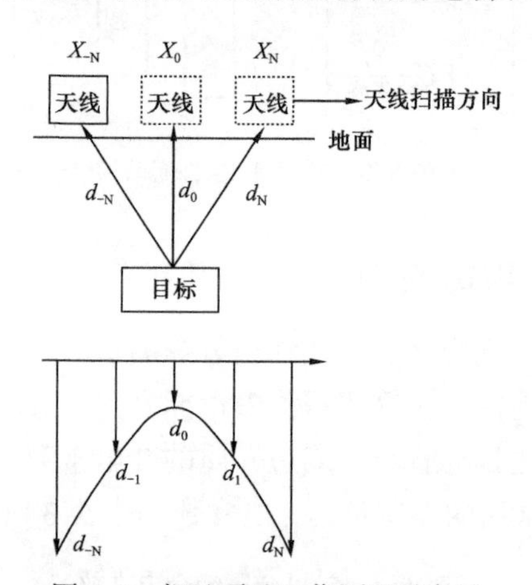

图 5-9　探地雷达工作原理示意图

在探测时，发射天线很接近接收天线，甚至发射天线与接收天线合在一起。正因为如此，发射天线的边界到所测管线顶部的距离约等于管线与土层介质边界到地面接收天线的距离。从天线到地下目标的距离随着天线的移动不断地变化。如图 5-9 所示，X_{-N}，…，X_0，…，X_N 为目标正上方位置到天线的水平距离，d_{-N}，…，d_0，…，d_N 是所探测的管线深度。雷达可测量信号从发射天线发出至信号到达目标的传输时间，利用电磁波在介质中的传播速率即可计算出天线至目标的距离。雷达波的穿透深度主要取决于地下介质的电导率和天线频率，电导率越高，穿透深度越小，天线频率越高，穿透深度越小，分辨率越高；反之亦然。

第四节 PE 管道红外线探测技术

一、红外热成像无损检测技术简介

红外热成像无损检测技术通过获取目标表面的红外辐射能量，经过计算、处理，将目标表面温度场分布转换为人眼能识别的热像图，从而识别目标内部缺陷。根据热像仪与热源处于被测目标的同侧或异侧，可将红外热成像无损检测分为反射法与透射法。PE 管道缺陷的红外热成像无损检测的透射法是将热源置于管内，在管外用红外热像仪获取 PE 管道外表面的温度分布云图（即红外热像图），对红外热像图进行分析便能诊断出 PE 管道的内部缺陷。

红外热成像技术是一种重要的无损检测技术，它利用红外热像仪接收目标表面的热辐射，并将其转换为表面的温度分布，通过直观形象的热像图呈现出来的一种可视技术。红外热成像的最初应用是军事领域，德国在第二次世界大战中率先装备了红外夜视仪、红外通信设备等。但是，从 20 世纪 70 年代开始，随着红外热像仪技术的快速发展，红外热成像技术逐渐被用于民用领域，如机械电子、航空航天、土木工程、建筑、医疗、石油化工等。历史上第一台商用红外热像仪于 20 世纪 60 年代由瑞典的 AGA 公司研制，美国是目前红外热像技术最为先进的国家，绝大多数的红外热像仪器供应商也集中在美国。红外热像技术的应用研究美国最为活跃，其次是瑞典、英国和日本等国家。

红外热像无损检测技术是一种结合了信号探测与处理、信号激励以及红外成像等多种技术的无损检测技术，有着诸多优点，如非接触测量、检测速度快、检测目标范围广，远距离检测、能够检测内部缺陷，检测结果直观形象等，因此被广泛用于无损检测领域，如承压设备、高压炉、高压输电线、航天航空材料、冲压件、铸件等缺陷检测。红外热成像是面检测技术，而大多数其他的无损检测方法是点检测或者线检测，但是，红外热成像是一种表面检测技术，随着缺陷深度增加检测的有效性降低。

红外热成像技术分为主动热成像技术与被动热成像技术。被动热成像检测目标是与环境自然情况下就存在温差的材料或结构，而主动热成像需要对目标施加外部激励使其与周围环境产生温差。被动热成像常用于工业生产、预见性维护、医疗、森林火灾探测、道路交通监控、农业与生物、气体检测以及无损检测等，在这些应用中，需要注意的是不正常的温度变化情况。主动热成像需要给目标施加外部激励使其产生温度差，否则就达不到检测的目的。主动热成像广泛应用在无损检测领域，根据外部激励的不同，可将主动红外热成像分为以下几类：脉冲热成像、锁相热成像、阶跃加热热成像、震动热成像、涡流热成像，有的红外热成像技术将其中两种以上的热成像技术结合在一起，如脉冲锁相热成像、超声震动热成像等。

脉冲热成像是利用高能闪光灯照射目标表面，为检测目标施加强热流，当热波传递到试件内部缺陷时，受到阻碍并反向传播，这样缺陷部分对应的表面与周围无缺陷处将产生温差，用红外热像仪探测目标表面温度分布即可检测出目标物体的内部缺陷。脉冲热成像技术简单，但可检测缺陷深度有限，且产生的温差小，若需要更加有效的检测出缺陷，对红外热像仪分辨力和高能闪光灯激励源的均匀性与波长范围有更高的要求，大大增加了检测成本。

锁相热成像是采用调制信号发生器控制照射到目标表面的光源，使光源按正弦规律变化，红外热像仪与光源在被测物体的同侧，由于内部缺陷对热流扩散的影响，在缺陷处与无缺陷处的表面产生温差，用红外热像仪采集目标表面在加热周期的特定时刻的热像图序列，提取目标表面各点温度变化的相位图和幅值图，从而诊断缺陷类型与特征。锁相热成像需要的激励强度较弱，信号分析较简单而且其抗干扰强度好，但检测时间较长。

超声红外热成像技术是利用超声波在材料的传播中由于缺陷等不均匀结构引起超声的衰减而转化为热能，使局部温度升高；阶跃加热热成像是用低能量的连续的阶跃加热脉冲对带缺陷的目标加热，使目标表面产生温差；震动热成像是通过在样件表面预加预紧力，再施加超声振动激励，在缺陷处因为吸收超声波或者摩擦振动而与周围产生温差；涡流热成像技术是利用电磁感应激励，通过在导电体施加变化的交变电流，使得导体产生感应电流进而产生热量变化。在利用不同的外部激励使目标表面产生温差后，用红外热像仪采集红外热像图，从而定性或定量分析被测物体的缺陷。

二、传热与红外热成像原理

1. 传热学原理

热量的传递依靠三种基本方式：热传导、热对流和热辐射。热传导和热对流需要接触，而热辐射是一种非接触的传热方式。根据温度是否与热量的传递时间过程有关，可将传热过程分为与时间无关的稳态热传导过程和与时间有关的瞬态热传导过程，一般在 PE 管道红外热成像检测中采用的是热量在 PE 管道中的瞬态热传导过程。

2. 红外热成像原理

红外热像仪是一种将目标表面辐射场分布转化为温度场分布，并用红外热像图直观表示的探测仪器。其主要由红外探测器、红外光学系统、信号处理模块、显示记录系统及其他辅助装置构成。

红外热成像的基本工作原理是：红外光学系统接收被测物体向外发出的红外辐射，光机扫描器将红外辐射能聚焦在单个或多个红外探测器上，红外探测器再将辐射能量转化为电信号，最后对电信号进行增强、转换等处理，将被测物体表面的温度场分布以红外热像图的形式被显示出来。

三、红外热成像图像识别

1. 图像识别主要部分

图像识别的过程可分为四个主要部分。

（1）图像采集。选取四个典型缺陷试件的热像图进行识别，四个热像图分别是：管内钻孔缺陷试件的热像图、内置硅酸铝隔热材料缺陷试件的热像图、内置聚氨酯复合材料缺陷试件分别在电加热棒激励与液氮激励下的热像图。

（2）图像预处理。本节对热像图进行图像灰度化与图像增强预处理。

（3）缺陷边缘检测。采用 Sobel 边缘检测、最大类间方差法与模糊 C 聚类对图像进行特征提取，判断缺陷的位置与大小。

（4）缺陷分析。对比分析三种图像识别算法对四张典型热像图中缺陷特征提取的优缺点，给出 PE 管道缺陷图像识别的建议算法。

2. 红外热像图预处理

由于图像采集设备、操作与环境的影响，获取的图像无法完全体现原始图像的全部信息，因此要改善图像数据，抑制不需要的变形或者增强。本论文对热像图做了灰度化与图像增强的预处理。灰度化图像的数值表示灰度图像的亮度，其亮度对比度（即亮度反差）越大越能够突出图像的重点内容，图像增强实际是增强原图像各部分的亮度对比度，使图像中感兴趣的部分突显出来。

图 5-10 所示是管内钻孔缺陷试件的红外热像图做灰度化和图像增强后的二维图和三维图，显然，背景被抑制，缺陷所在的区域得到增强，从三维图上更加直观形象地展示了图像增强后的效果。图 5-11 所示是内置硅酸铝隔热材料缺陷试件的热像图做灰度化和图像增强后的二维和三维图像，这一缺陷试件的红外热像图灰度化后缺陷处很不明显，很难判断缺陷的位置，而图像增强使缺陷区域凸显了出来。图 5-12 与图 5-13 分别是内置聚氨酯复合材料缺陷试件在电加热棒激励方式与液氮激励方式下的红外热像图经灰度化和图像增强后的二维图和三维图，两热像图在经过灰度化与图像增强之后背景都得到了很好的抑制，缺陷区域更加明显。

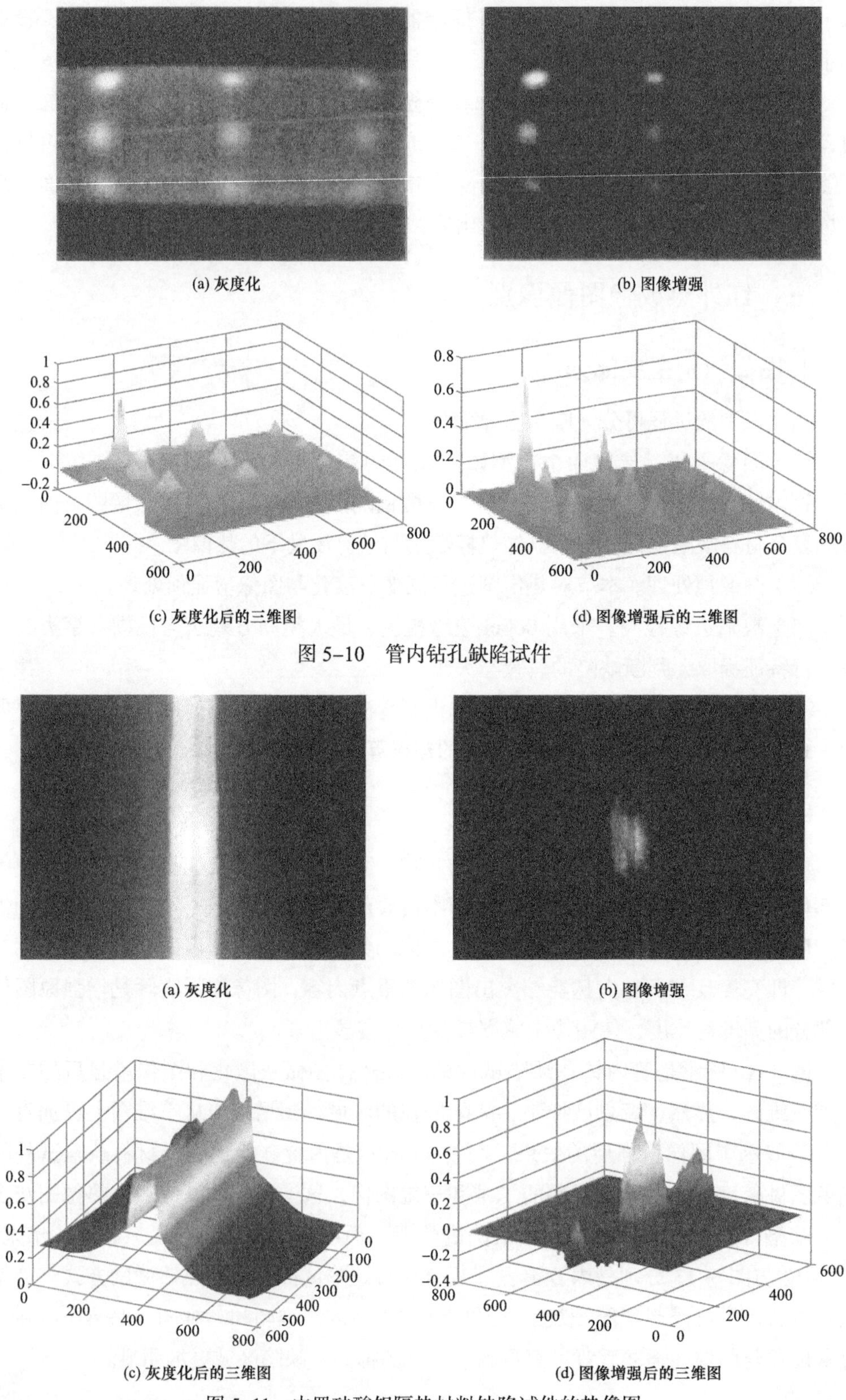

(a) 灰度化

(b) 图像增强

(c) 灰度化后的三维图

(d) 图像增强后的三维图

图 5-10 管内钻孔缺陷试件

(a) 灰度化

(b) 图像增强

(c) 灰度化后的三维图

(d) 图像增强后的三维图

图 5-11 内置硅酸铝隔热材料缺陷试件的热像图

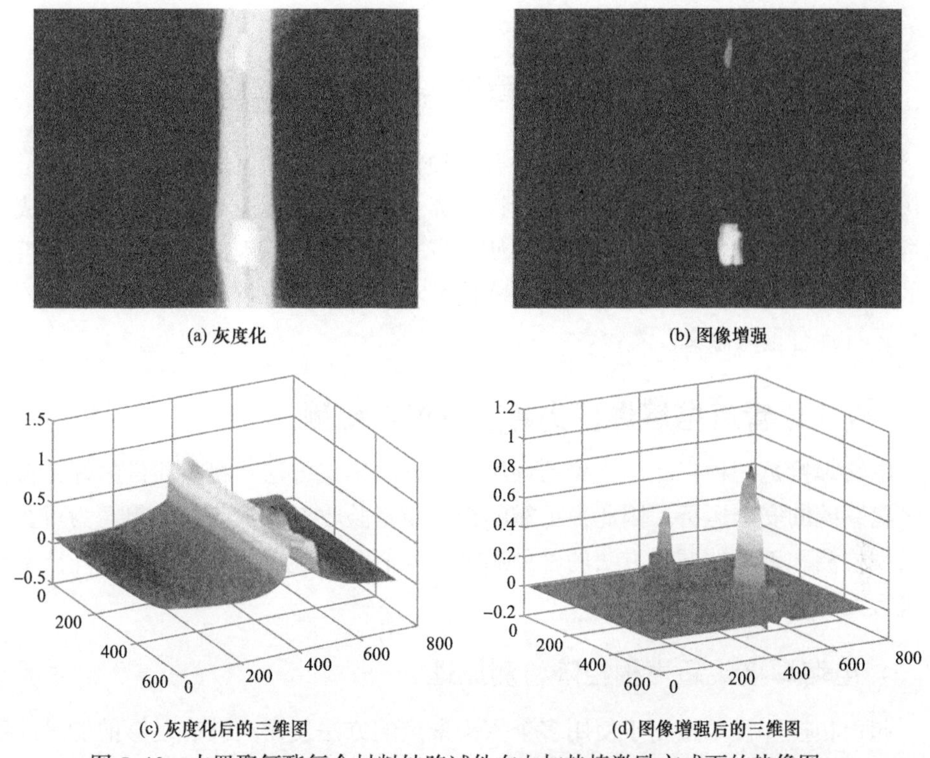

(a) 灰度化　　(b) 图像增强

(c) 灰度化后的三维图　　(d) 图像增强后的三维图

图 5-12　内置聚氨酯复合材料缺陷试件在电加热棒激励方式下的热像图

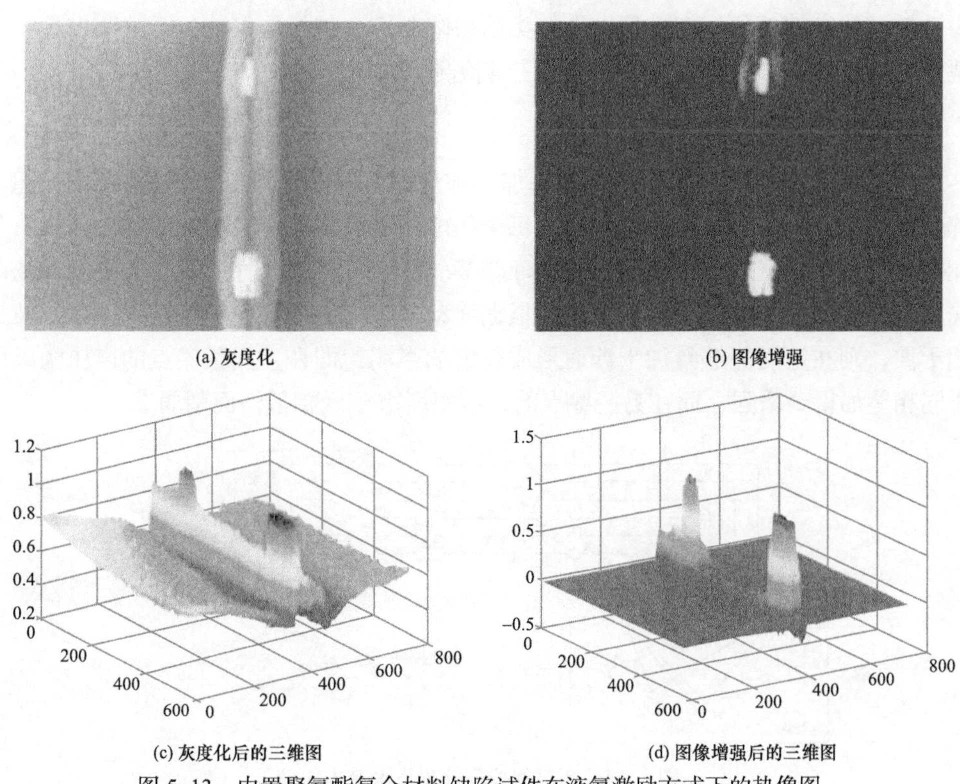

(a) 灰度化　　(b) 图像增强

(c) 灰度化后的三维图　　(d) 图像增强后的三维图

图 5-13　内置聚氨酯复合材料缺陷试件在液氮激励方式下的热像图

第五节 PE管道接头相控阵检测

目前，聚乙烯管道连接形式主要有两种，即热熔焊和电熔焊。两种连接形式各有优势，由于各种因素的影响，两种接头都会不可避免地会产生各种缺陷，成为聚乙烯管道系统的薄弱环节，给管道的使用带来安全隐患，因此，针对聚乙烯管道接头的结构和材料特征，采用超声相控阵技术对连接接头进行检测，对聚乙烯管道的安全运行具有重大意义。

一、PE管道电熔焊接头超声相控阵检测

电熔焊接是一种广泛用于聚乙烯压力管道的连接方法，接头质量的好坏直接影响管道系统的安全运行。因此，可靠的接口质量验收对管道工程显得尤为重要。由于目视检测和破坏性试验方法的种种局限，人们开始尝试使用超声相控阵技术对接头进行无损检测。

1. 电熔焊接头超声相控阵检测原理

超声相控阵技术相当于使用多个探头聚焦的方法使得声波有足够的能量反射并被接收器接收，可解决声波衰减过多使回波太弱这一问题。此外，一般通过观察接头沿轴向的纵剖面的形态进行电熔接头的缺陷判别，扫描恰好能显示缺陷在接头纵截面的二维特征，而实时成像技术更使得检测操作简单，缺陷辨别直观。

1）相控阵技术

相控阵超声发射利用了声场的叠加干涉原理，基本原理如图5-14所示。超声阵列换能器内部含有多个压电晶片，每个压电晶片形成一个发射接收阵元，多个阵元排列成一定形状，如线阵、方阵和环阵等。单个阵元的尺寸都很小，它的近场范围小而发射角大，可以看作点波源。根据波动理论，如果各点波源发射的超声波为相干波，则在空间能够叠加干涉而形成稳定的声场，即在空间某些点的声压幅度由于同相叠加得到增强，而在另一些点的声压幅度由于反相抵消而削弱。

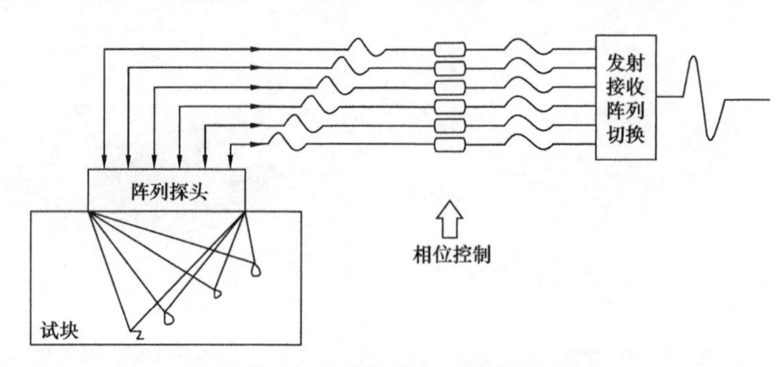

图5-14 超声相控阵检测技术基本原理

相控发射就是调整馈送到各个阵元的电激励信号的延迟，从而产生多路具有不同相位的相干超声波在空间合成声场，信号发射示意如图 5–15 所示。同样，在反射波的接收过程中，按一定规则和时序对各阵元的接收信号进行合成，再将合成结果以适当形式显示。

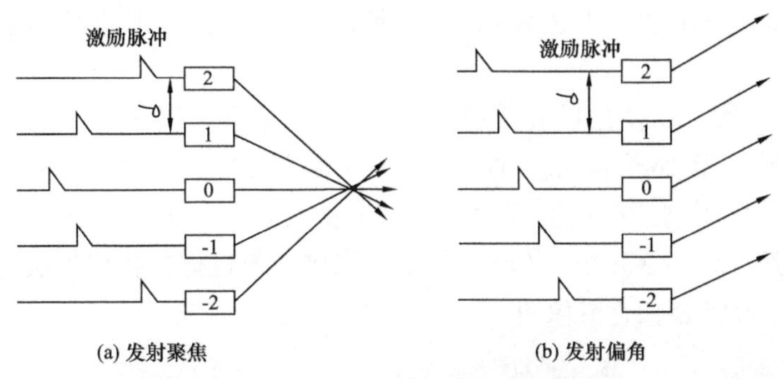

图 5–15　超声相控阵发射示意图

相控阵列除了能够有效控制超声波束的形状和方向外，还实现和完善了复杂无损检测应用的所要求两个条件，即动态聚焦和实时扫描。与传统超声检测技术相比，相控阵技术具有如下优势：

（1）用单轴扇形扫查替代栅格形扫查，提高了检测速度；

（2）不移动探头或较少移动探头即可扫查厚大工件和形状复杂工件的各个区域，成为解决可达性差和空间限制问题的有效手段；

（3）不需要复杂的扫查装置，一般不需更换探头就可实现整个体积或所关心区域的多角度多方向扫查，检测效率高；

（4）可优化控制焦柱长度、焦点尺寸和声束方向，在分辨力、信噪比、缺陷检出率等方面具有一定的优越性。

2）B 扫描

超声检测方法其缺陷显示方式主要分为 A 型、B 型和 C 型。

A 型：A 型显示方式在工业超声检测技术中应用最多，是目前脉冲式超声检测仪最基本的一种实现方式。主要利用超声波的反射性，在荧光屏上以纵坐标代表反射波的幅度，以横坐标代表反射回波的传播时间，根据缺陷反射波的幅度和时间来确定缺陷的大小和存在的位置。

B 型：B 型显示方式以反射回波作为灰度调制信号，用亮点显示接收信号，在荧光屏上以纵坐标代表声波的传播时间，以横坐标代表探头水平方向上的位置，反映缺陷的水平延伸情况。B 扫描能直观地显示缺陷在纵截面的二维特征。

C 型：C 型显示方式以反射回波或透射波作为灰度调制信号，用亮点或暗点显示接收信号，接收波在荧光屏上显示的亮点构成了被检测对象中缺陷的平面投影图，即显示工件内部缺损的横剖面图形。这种显示方式能给出缺陷的水平投影位置，但不能确定缺陷的深度。

传统的A扫描法存在结果不直观、数据无法记录存储、难以对缺陷做出精确定量、定位等缺陷；C扫描法只能给出缺陷的水平投影位置，不能确定缺陷的深度，即利用C超检测电熔接头缺陷时无法确定缺陷与焊接界面的相对位置，也就不知道缺陷是管材或套筒的本体缺陷还是焊接缺陷。因此电熔接头超声检测使用B超扫描技术不仅能显示缺陷在接头纵截面的二维特征，也能确定缺陷是焊接缺陷还是本体缺陷。

如图5-16所示，使用的相控阵探头有96个单元，以相邻16个阵元作一组，如第1个阵元至第16个阵元，通过对1～16通道预设不同的延时值实现在位置（1）的聚焦。采用电子线扫查技术，可以依次实现2～17、3～18、…、81～96各组阵元在位置（2）、（3）、…、（81）的密排聚焦，通过记忆各聚焦点的位置信息和反射波幅值，形成B扫查成像图。

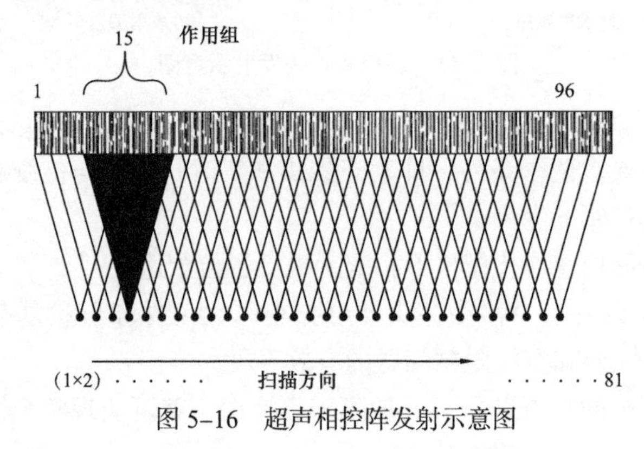

图5-16　超声相控阵发射示意图

2. 电熔焊接头超声相控阵检测条件及工艺

1）检测条件

（1）仪器。

使用Inde system公司生产的AIM33超声检测仪对电熔接头进行检测，检测系统见图5-17。该仪器采用B扫描实时成像技术，超声探头为96单元的相控阵直探头，检测示意图见图5-18。

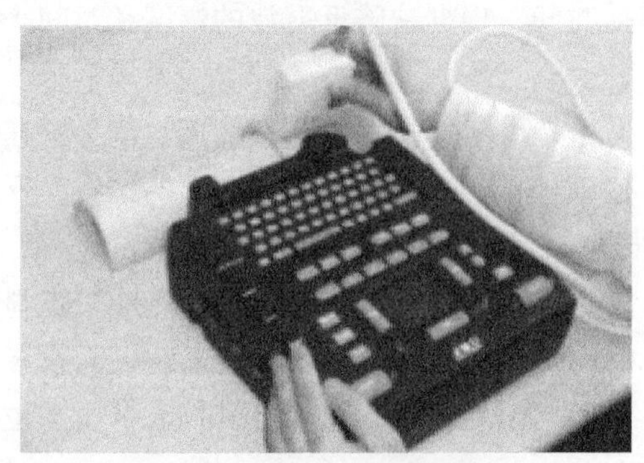

图5-17　AIM33超声检测系统

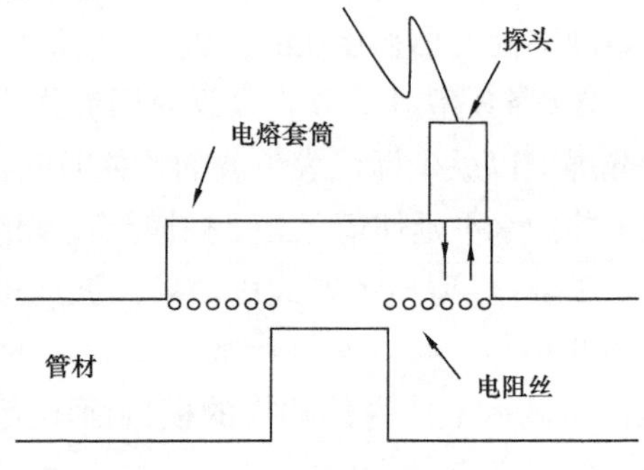

图5-18　检测示意图

（2）探头。

该系统有三个探头类型可供选择，见图 5–19，各探头参数在表 5–4 中列出。探头频率根据套筒厚度选用。当检测 D110mm 套筒或尺寸更小的套筒时，由于检测厚度＜15mm，且探头频率越高分辨率越高，则选用 7.5MHz 探头；当检测 D160mm 套筒或更大套筒时，则选用高穿透性的探头，如 5MHz 或 3.5MHz 探头。

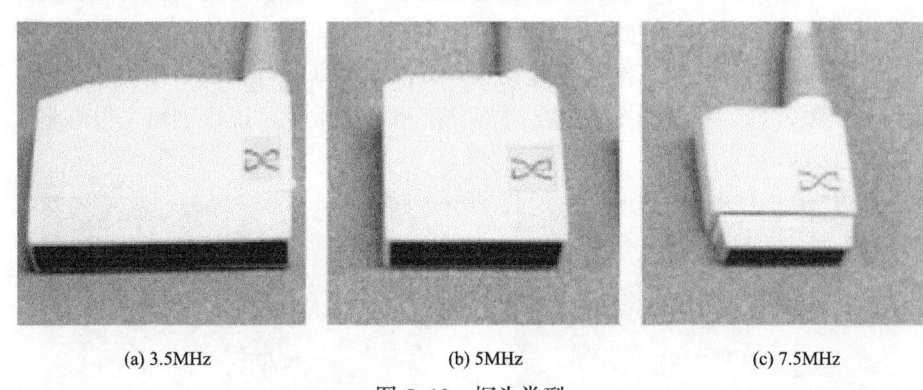

(a) 3.5MHz　(b) 5MHz　(c) 7.5MHz

图 5–19　探头类型

表 5–4　探头参数

探头频率，MHz	穿透厚度，mm	单元数	阵元排列形式
3.5	≥20mm	96	线性
5	6～25	96	线性
7.5	3～15	96	线性

（3）校准试块。

校准试块用于调整超声扫查灵敏度，确定缺陷位置及校验仪器的校准准确性，校准试块应由与被测试样同质或声学特征相似的材料制成。本试验使用的校准试块尺寸规格见图 5–20，试块在不同高度位置上制有 5 个直径为 ϕ1mm×25mm 深度一致的侧面钻孔。

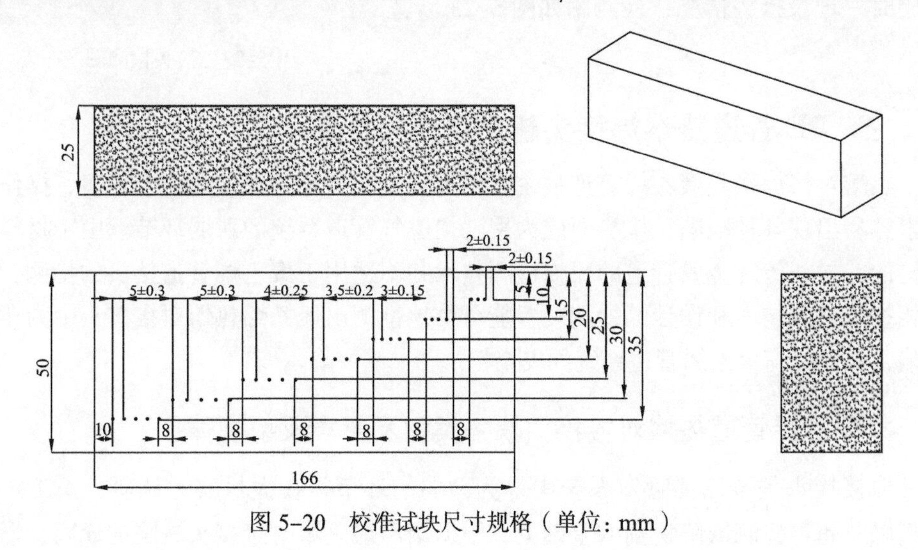

图 5–20　校准试块尺寸规格（单位：mm）

2）检测工艺

（1）灵敏度测试。

调节灵敏度可以采用两种方法：校准试块调节法和试件金属丝调节法。

校准试块调节法：选择高度（孔到表面距离）与被测接头厚度接近的侧面钻孔，将探头放置在校准试块表面，调整增益及焦距，直至获得的图像有足够的分辨率和灵敏度可以鉴别每个侧面的钻孔为止（图5–21）。

试件金属丝调节法：将探头放置在与测试件同厚度的合格电熔接头外表面，调整增益及焦距，直至获得的图像有足够的分辨率和灵敏度可以鉴别每一根电阻丝为止（图5–22）。

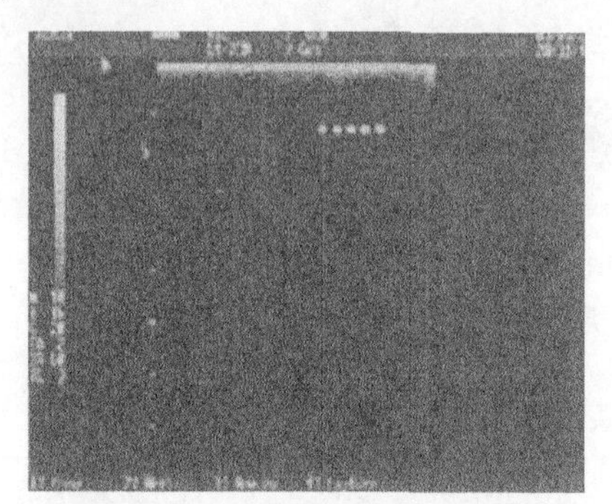

图5–21　校准试块调节灵敏度

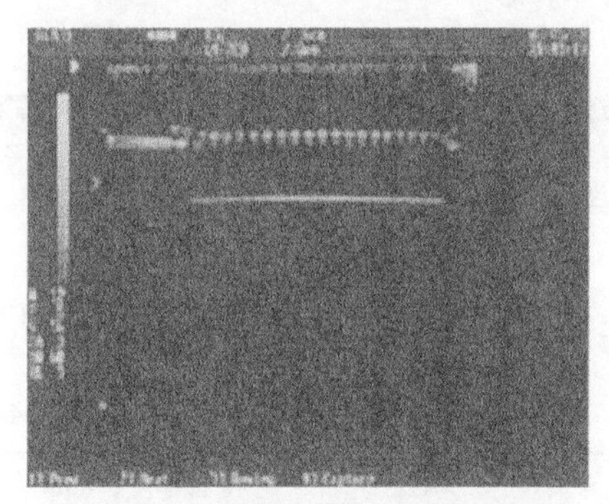

图5–22　试件金属丝调节灵敏度

（2）检测步骤。

检测前被测表面应当没有污物，连接好超声检测设备并根据所要检测的接头尺寸选择合适的探头，调整仪器灵敏度，直到超声图像清晰为止，将耦合剂涂于被检表面，沿宽度方向移动探头以检查整个接头同时一记录接头情况，检测图如图5–23所示。

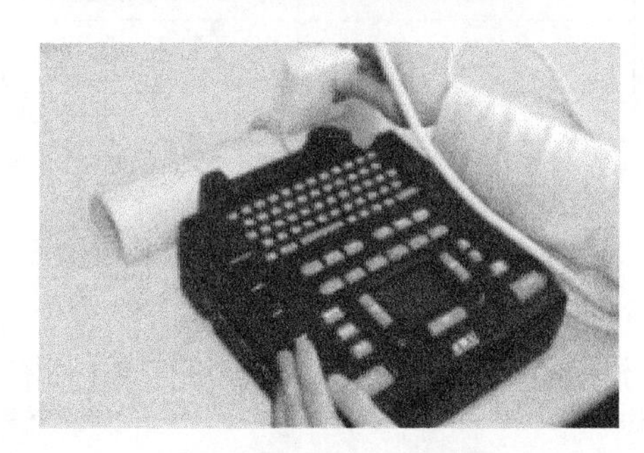

图5–23　接头检测图

二、PE管道热熔焊接头超声相控阵检测

热熔对接焊接是聚乙烯管道最主要的连接方式，管道焊接时由于环境、操作等因素容易出现各种缺陷，接头便成为聚乙烯燃气管道系统的薄弱环节。由于材料和结构的差异，传统金属管道的无损检测技术并不适用于聚乙烯管道接头的检测，超声相控阵检测技术和设计的检测装置能可靠地检测出聚乙烯热熔对接接头中的典型缺陷，从而提高聚乙烯管道系统的安全性。

1. 聚乙烯管道热熔对接接头缺陷类型及超声反射规律

焊接接头是聚乙烯管道系统中最为薄弱的环节，在大量实地调研、人工缺陷解剖以及超声检测缺陷识别的基础上，根据聚乙烯热熔对接接头缺陷的成因、形态特征及其引起的失效形式，将缺陷系统地分为裂纹、孔洞、熔合面夹杂、工艺缺陷（包括冷焊、过焊、不对中、熔合面过短）四类。工艺缺陷一般通过外观检验来判别，但裂纹、孔洞、熔合面夹杂缺陷位于接头内部，其中孔洞属于体积型缺陷，裂纹、熔合面夹杂属于面积型缺陷。对体积型缺陷，只要超声波主声束能够扫查到，反射回波通常能被探头接收；对面积型缺陷，当缺陷方向与声束轴线不垂直时，其反射回波受探头的指向性和缺陷指向性两者共同的影响，常规横波斜探头发射的超声波声束角度就不能改变，只能检测一定倾角范围内的面积型缺陷。当与假想波源的距离 $x \geqslant N$ 时（N 为近场区长度），即当声程 $>3N$ 时，在声束轴线与界面法线所决定的入射平面内，超声场中的声压 $p(x, \theta)$ 可由式（5-4）决定。

在聚乙烯中纵波声场声束轴线上的声压为：

$$p(x,\theta)=\frac{KD(\theta)\,F_s\cos\beta_L}{\lambda_{L_2}x\cos\alpha_L} \tag{5-4}$$

式中 K——与波源初始声压 p_0 有关的系数；

F_s——波源的面积，mm^2；

$D(\theta)$——假想波源在工件中发射的声束的指向性系数；

λ_{L_2}——第二介质中纵波波长，mm；

x——轴线上某点至假想波源的距离，mm。

裂纹与熔合面夹杂属于面积型缺陷，其反射回波具有一定方向性。采用常用的斜射纵波技术检测与表面垂直的大裂纹或熔合面夹杂时，可将缺陷视作镜面反射，反射原理示意如图 5-24 所示。

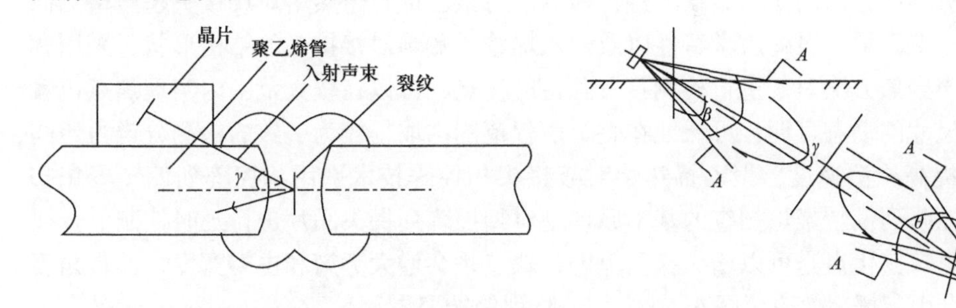

图 5-24 缺陷的镜面反射原理示意图　　图 5-25 镜像原理示意

（摘自《聚乙烯管道热熔对接接头的超声相控阵检测》）

应用镜像原理（如图 5-25 所示），当 $x \geqslant 3N$，声束轴线与缺陷方向的倾角为 γ 时，其回波声压 p_L 为：

$$p_L=R_{LL}p_{L_0}D(\theta)\cos\gamma \tag{5-5}$$

当缺陷相对于声束轴线的斜角 γ 在探头 -3dB 声束角 θ_w 以内，且 $\theta \approx \gamma$ 时，缺陷的反射回波最大。若 θ 在第二介质中纵波超声场的上、下半扩散角 θ_0^+ 和 θ_0^- 以外，则缺陷反射波减少。当 γ 在探头 -3dB 声束角 θ_w 以内时，缺陷回波声压可近似为：

$$p_t = p_{t_0} D^2(\theta) \tag{5-6}$$

从式（5–5）可以得出，镜面反射面积型缺陷的检测灵敏度主要取决于声束轴线与缺陷之间的倾角，当倾角大于 –3dB 声束扩散角时，探头接收不到主声束的回波，检测灵敏度迅速减少。所以，单一横波斜探头只能检测一定深度范围内的具有镜面反射特性的面积型缺陷。图 5–26 为镜面反射时缺陷回波高度随入射角变化的规律，垂直入射时相对回波波高为 80dB，当声波入射角为 2.5° 时，相对回波波高下降到 60dB，倾角为 12° 时，相对回波波高下降到 20dB，此时仪器已不能检出缺陷。

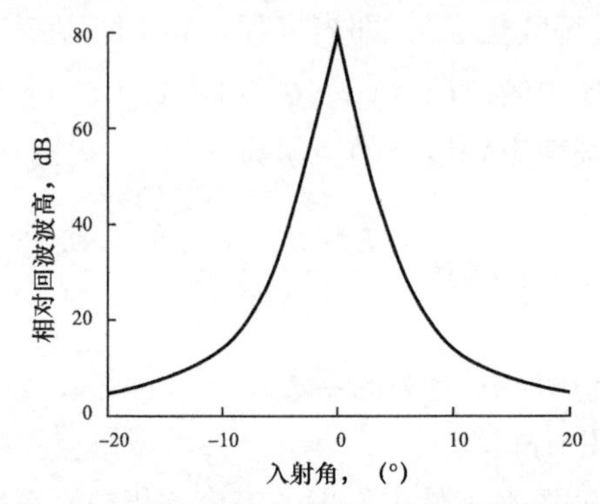

图 5–26　缺陷回波高度随入射角变化的规律

2. 热熔接头的超声相控阵检测

传统的脉冲反射技术中声束方向不能改变，而采用相控阵探头可以实现声束的偏转或偏转聚焦，在不更换探头的情况下，在同一位置可实现检测区域的多角度扫查，并对不同方向的面积型缺陷进行检测。对聚乙烯管道热熔对接接头超声检测而言，由于聚乙烯材料的声学特性以及聚乙烯管道热熔对接接头的结构形状，采用相控阵超声聚焦方法对其进行检测具有独特的优点：可以在较大范围内实现焦点位置和焦点尺寸的动态可调；可保证在整个声程范围内取得较为一致的检测分辨力，同时也可提高检测速度。聚乙烯热熔对接接头相控阵技术采用相控阵列偏转聚焦扫查，相控阵列偏转聚焦扫查的基本原理是对相控阵列探头晶片进行延时控制，合成所需波束。其优点是可以增大检测范围，缺点是会增大旁瓣和主瓣宽度，偏转角度过大则会引起栅瓣效应。图 5–27 为相控阵列偏转聚焦示意。

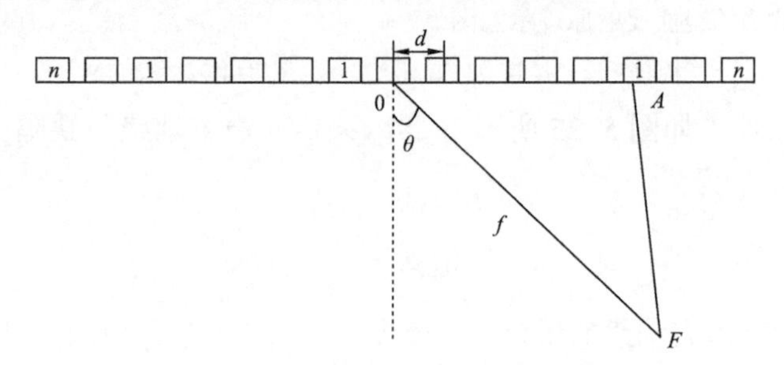

图 5–27　相控阵列偏转聚焦示意

（摘自《聚乙烯管道热熔对接接头的超声相控阵检测》）

图 5–27 中，d 为相邻阵元的间距，θ 为偏转角，F 为聚焦点，f 为中心阵元到聚焦点的距离。由几何关系可得：

$$OA=id \tag{5-7}$$

$$AF^2=(id)^2+f^2-2idf\sin\theta \tag{5-8}$$

第 i 个阵元与中心阵元的声程差为：

$$\Delta S=f-AF \tag{5-9}$$

因此可以得到第 i 个阵元相对于中心阵元的延时值 T_i：

$$T_i=\frac{f}{c}\left\{1-\left[1+\left(\frac{id}{f}\right)^2-\frac{2id\sin\theta}{f}\right]^{1/2}\right\}+t \tag{5-10}$$

式中　t——常数（避免产生负的延时值）；

c——声速。

根据式（5–10）计算得到的延时值，运用电子技术，按计算得到的时序控制（聚焦法则）激发相控阵各阵元，使阵列中各阵元发射的超声波通过叠加形成一个新的波阵面，在效果上相当于改变了换能器的空间排列形式，达到超声波声束偏转和特定位置聚焦的目的。同样，在反射波的接收过程中，按一定聚焦法则控制接收阵元的接收并进行信号合成，再将合成结果以适当形式显示，由此实现超声波声束的动态聚焦。

3. 热熔对接接头液浸耦合技术

为了避免聚乙烯管表面曲率对耦合的影响，通常需要将探头修磨成曲面形状以匹配管子表面，因为管子直径存在误差，探头的曲面难以完全匹配管子表面，所以超声波表面耦合时损失增大。笔者设计了一种液浸耦合技术的相控阵探头装置，以声速和声阻抗与聚乙烯材料相匹配的特殊耦合剂液体来代替固体楔块，液浸耦合相控阵线阵列斜聚焦技术原理如图 5–28 所示。笔者通过水、甘油、水玻璃和海藻酸钠四种物质，采用超声机械振动同时结合化学乳化方法配制成多元混合液。配制的耦合剂声速随温度变化的规律与聚乙烯材料基本一致，且在检测过程中不会因为温度变化而使超声波折射角发生变化。图 5–29 为新配制的特殊耦合剂和 PE80 材料的声速随温度的变化曲线，从图 5–29 中可以看出，新配制的特殊耦合剂的声速随温度变化的规律与 PE80 材料基本一致。

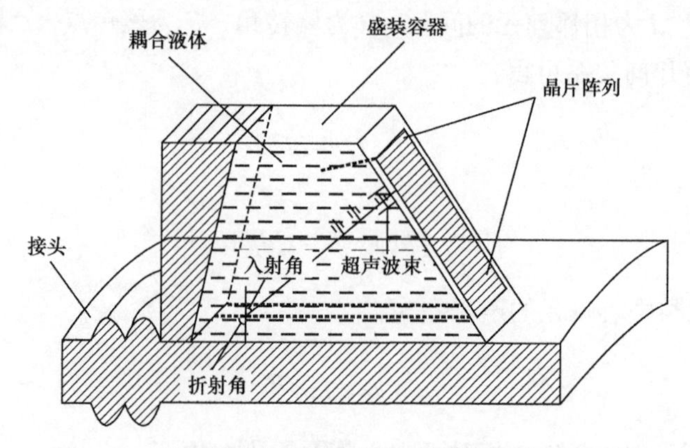

图 5-28　液浸耦合相控阵线阵列斜聚焦技术原理示意

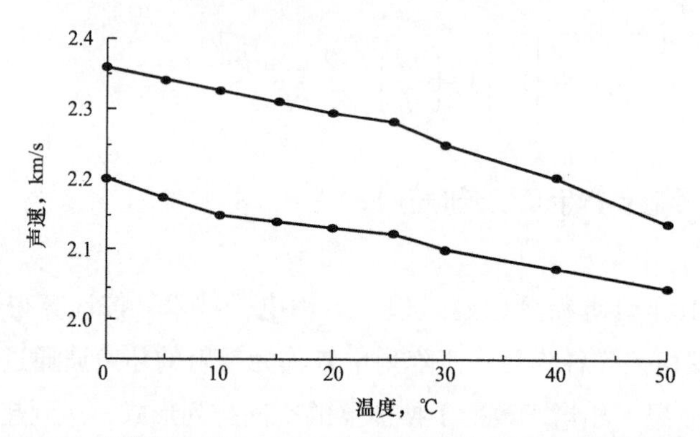

图 5-29　配制耦合剂和 PE80 聚乙烯材料的声速随温度的变化曲线

由于聚乙烯材料的声速随温度升高有规律的减小，因此选择声速随温度变化与聚乙烯材料有相同或相近规律的斜楔。楔块角度可以按下式设计：

$$\alpha=\frac{\left[\sin^{-1}\left(\frac{c_{L_1}\sin\beta_1}{c_{L_2}}\right)+\sin^{-1}\left(\frac{c_{L_1}\sin\beta_2}{c_{L_2}}\right)\right]}{2} \tag{5-11}$$

式中　β_1，β_2——工件中需要的折射角度。采用 CIVA 软件对超声相控阵探头发射声场进行计算，当液体耦合楔块的物理角度为 30°，在聚乙烯材料中偏转角度分别为 45°，60° 时声场仿真如图 5-30 所示。从 CIVA 声场仿真可以得出，超声波通过耦合剂 / 聚乙烯界面声能损耗较小，声束偏转越接近楔块的物理主声束角度，声束就越均匀，分辨率越好。通过液体耦合楔块可以减少晶片的延时补偿，尤其是通过相控阵超声聚焦技术和液浸耦合技术相结合，从声束聚焦和界面耦合匹配两个方面来提高检测灵敏度和可靠性，从而可最大限度地克服聚乙烯材料衰减大和热熔对接接头结构形状限制等超声检测的难点。

(a) 偏转45°　　(b) 偏转60°

图 5–30　楔块角度为 30° 时不同偏转角声场仿真结果

第六节　PE 管道接头工业 CT 检测

PE 管道的焊接质量的好坏直接影响管道系统的安全运行。因此，可靠的焊接接头质量对管道工程显得尤为重要。由于目视检测和破坏性试验具有局限性，所以需要采用无损检测技术对焊接接头缺陷进行检测。

一、微焦点三维 CT 成像技术

微焦点三维成像技术是工业 CT 中的一种。工业 CT（ICT）就是计算机层析照相或称工业计算机断层扫描成像。虽然层析成像有关理论的有关数学理论早在 1917 年由 J.Radon 提出，但只是在计算机出现后并与放射学科结合后才成为一门新的成像技术。在工业方面特别是在无损检测（NDT）与无损评价（NDE）领域更加显示出其独特之处。因此，国际无损检测界把工业 CT 称为最佳的无损检测手段。进入 20 世纪 80 年代以来，国际上主要的工业化国家已把 X 射线或 γ 射线的 ICT 用于航天、航空、军事、冶金、机械、石油、电力、地质、考古等部门的 NDT 和 NDE，检测对象有导弹、火箭发动机、军用密封组件、核废料、石油岩芯、计算机芯片、精密铸件与锻件、汽车轮胎、陶瓷及复合材料、海关毒品、考古化石等。我国 20 世纪 90 年代也已逐步把 ICT 技术用于工业无损检测领域。进入 21 世纪，ICT 更是得到了进一步发展，已成为一种重要的先进无损伤检测技术。

1. 工业 CT 的发展

按扫描获取数据方式的不同，CT 技术的发展经历了五个阶段：

第一代 CT（图 5–31），使用单源（一条射线）单探测器系统，系统相对于被检物作平行步进式移动扫描以获得 N 个投影值（I），被检物则按 M 个分度作旋转运动。

这种扫描方式被检物仅需转动 180° 即可。第一代 CT 机结构简单、成本低、图像清晰，但检测效率低，在工业 CT 中则很少采用。

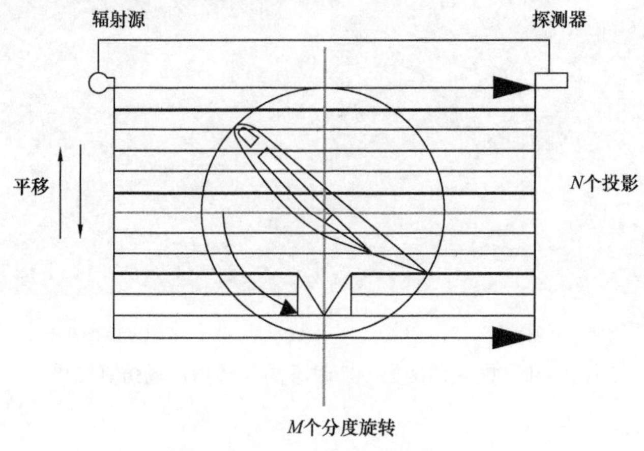

图 5-31　第一代 CT 扫描方式

第二代 CT（图 5-32），是在第一代 CT 基础上发展起来的。使用单源小角度扇形射线束多探头。射线扇形束角小，探测器数目少，因此扇束不能全包容被检物断层，其扫描运动除被检物需作 *M* 个分度旋转外，射线扇束与探测器阵列架一道相对于被检物还需作平移运动，直至全部覆盖被检物，求得所需的成像数据为止。

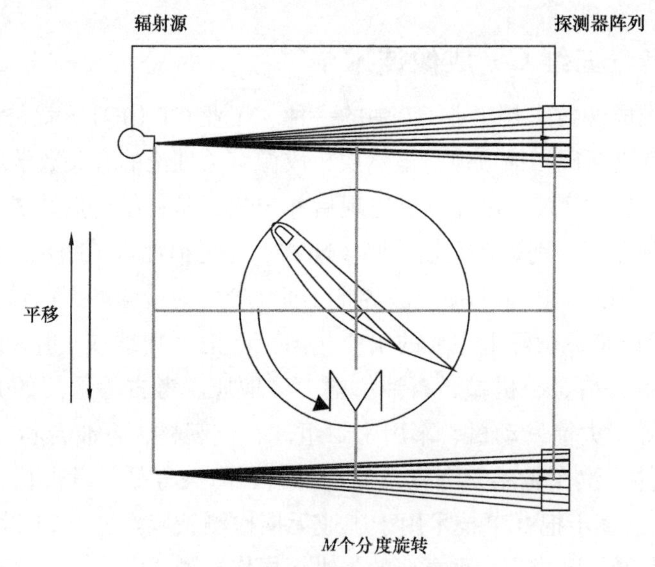

图 5-32　第二代 CT 扫描方式

第三代 CT（图 5-33），它是单射线源，具有大扇角、宽扇束、全包容被检断面的扫描方式。对应宽扇束有 *N* 个探测器，保证一次分度取得 *N* 个投影计数和 *I* 值，被检物仅作 *M* 个分度旋转运动。因此，第三代 CT 运动单一、好控制、效率高，理论上被检物只需旋转一周即可检测一个断面。

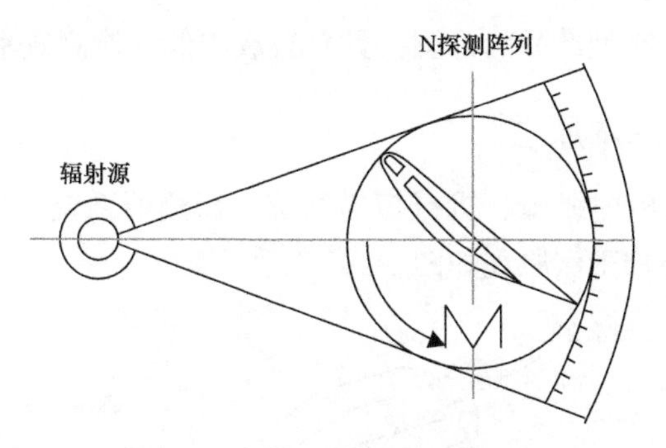

图 5-33 第三代 CT 扫描方式

第四代 CT（图 5-34），也是一种大扇角全包容，只有旋转运动的扫描方式，但它有相当多的探测器形成固定圆环，仅由辐射源转动实现扫描。其特点是扫描速度快、成本高。

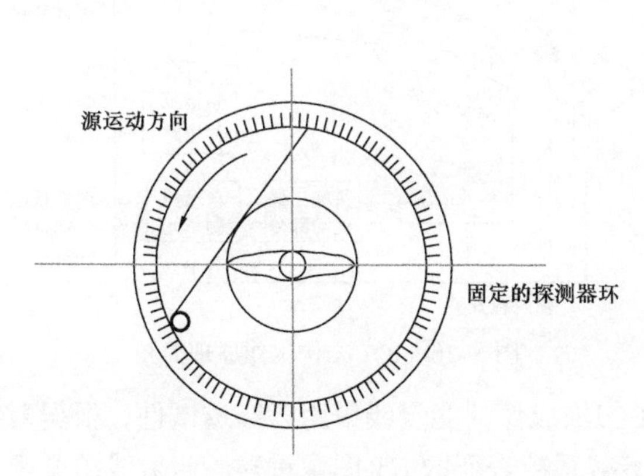

图 5-34 第四代 CT 扫描方式

第五代 CT（图 5-35），是一种多源多探测器，用于实时检测与生产控制系统，图中是一种钢管生产在线检测与控制壁厚的 CT 系统。源与探测器按 120° 分布，工件与源到探测器间不作相对转动，仅有管子沿轴向的快速分层运动。

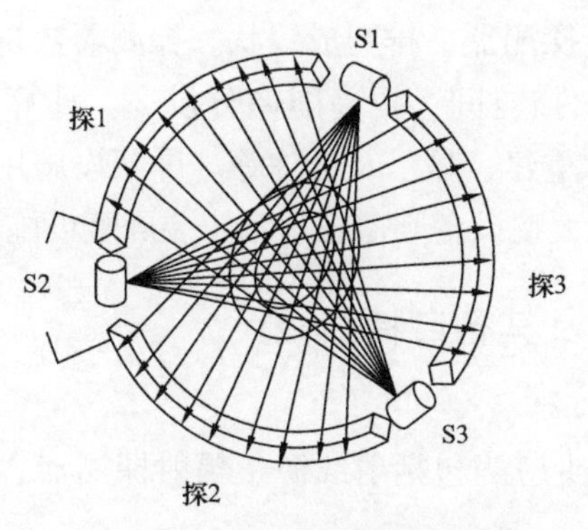

图 5-35 第五代 CT 扫描方式

上述五种 CT 扫描方式，在 ICT 机中用得最普遍的是第二代与第三代扫描，其中尤以第三代扫描方式用得最多。这是因为它运动单一，易于控制，适合于被检物回转直径不太大的中小型产品的检测，且具有成本低、检测效率高等优点。

2. 工业 CT 的基本原理

工业 CT 机一般由射线源、机械扫描系统、探测器系统、计算机系统和屏蔽设施等部分组成，其结构工作原理如图 5-36 所示。

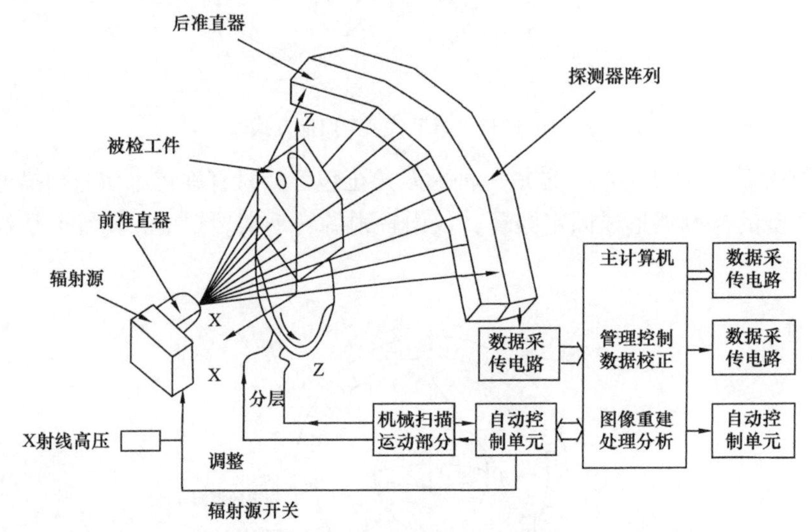

图 5-36　ICT 结构工作原理简图

射线源提供 CT 扫描成像的能量线束用以穿透试件，根据射线在试件内的衰减情况实现以各点的衰减系数表征的 CT 图像重建。与射线源紧密相关的前直准器用以将射线源发出的锥形射线束处理成扇形射束。后准直器用以屏蔽散射信号，改进接收数据质量。机械扫描系统实现 CT 扫描时试件的旋转或平移，以及射线源—试件—探测器空间位置的调整，它包括机械实现系统及电器控制系统。探测器系统用来测量穿过试件的射线信号，经放大和模数转换后送入计算机进行图像重建。ICT 机一般使用数百到上千个探测器，排列成线状。探测器数量越多，每次采样的点数也就越多，有利于缩短扫描时间、提高图像分辨率。计算机系统用于扫描过程控制、参数调整，完成图像重建、显示及处理等。屏蔽设施用于射线安全防护，一般小型设备自带屏蔽设施，大型设备则需在现场安装屏蔽设施。

3. 工业 CT 的组成及其各自特点

（1）工业 CT 的组成。

一个工业 CT 系统至少应当包括射线源、辐射探测器、样品扫描系统、计算机系统（硬件和软件）等。

（2）射线源的种类。

射线源常用 X 射线机和直线加速器，统称电子辐射发生器。X 射线机的峰值射线能量和强度都是可调的，实际应用的峰值射线能量范围从几 keV 到 450keV ；直线加速器的峰值射线能量一般不可调，实际应用的峰值射线能量范围从 1～16MeV，更高的能量虽可以达到，主要仅用于实验。电子辐射发生器的共同优点是切断电源以后就不再产生射线，这种内在的安全性对于工业现场使用是非常有益的。电子辐射发生器的焦点尺寸为几微米到几毫米。在高能电子束转换为 X 射线的过程中，仅有小部分能量转换为 X 射线，大部分能量都转换成了热，焦点尺寸越小，阳极靶上局部功率密度越大，局部温度也越高。实际应用的功率是以阳极靶可以长期工作所能耐受的功率密度确定的。因此，小焦点乃至微焦点的射线源的使用功率或最大电压都要比大焦点的射线源低。电子辐射发生器的共同缺点是 X 射线能谱的多色性，这种连续能谱的 X 射线会引起衰减过程中的能谱硬化，导致各种与硬化相关的伪像。

同位素辐射源的最大优点是它的能谱简单，同时又消耗电能很少，设备体积小且相对简单，而且输出稳定。但是其缺点是辐射源的强度低，为了提高源的强度必须加大源的体积，导致“焦点”尺寸增大。在工业 CT 中较少实际应用。

同步辐射本来是连续能谱，经过单色器选择可以得到定向的几乎单能的高强度 X 射线，因此可以做成高空间分辨率的 CT 系统。但是由于射线能量为 20～30keV，实际只能用于检测 1mm 左右的小样品，用于一些特殊的场合。

4. 辐射探测器

（1）分立探测器。

工业 CT 所用的探测器有两个主要的类型——分立探测器和面探测器。而分立探测器常用的 X 射线探测器有气体和闪烁两大类。

气体探测器优点：具有天然的准直特性，限制了散射线的影响；几乎没有窜扰；且器件一致性好。缺点是：探测效率不易提高，高能应用有一定限制；其次探测单元间隔为数毫米，对于有些应用显得太大。

应用更为广泛的还是闪烁探测器。闪烁探测器的光电转换部分可以选用光电倍增管或光电二极管。前者有极好的信号噪声比，但是因为器件尺寸大，难以达到很高的集成度，造价也高。工业 CT 中应用最广泛的是闪烁体——光电二极管组合。

应用闪烁体的分立探测器的主要优点是：闪烁体在射线方向上的深度可以不受限制，从而使射入的大部分 X 光子被俘获，提高探测效率。尤其在高能条件下，可以缩短获取时间；因为闪烁体是独立的，所以几乎没有光学的窜扰；同时闪烁体之间还有钨或其他重金属隔片，降低了 X 射线的窜扰。分立探测器的读出速度很快，在微秒量级。同时可以用加速器输出脉冲来选通数据采集，最大限度减小信号上叠加的噪声。分立探测器对于辐射损伤也是最不敏感的。

分立探测器的主要缺点是像素尺寸不可能做得太小，其相邻间隔（节距）一般大于 0.1mm；另外，价格也要贵一些。

（2）面探测器。

面探测器主要有三种类型：高分辨半导体芯片、平板探测器和图像增强器。半导体芯片又分为CCD和CMOS。CCD对X射线不敏感，表面还要覆盖一层闪烁体将X射线转换成CCD敏感的可见光。

半导体芯片具有最小的像素尺寸和最大的探测单元数，像素尺寸可小到10μm左右，探测单元数量取决于硅单晶的最大尺寸，一般直径在50mm以上。因为探测单元很小，信号幅度也很小，为了增大测量信号可以将若干探测单元合并。为了扩大有效探测器面积可以用透镜或光纤将它们光学耦合到大面积的闪烁体上。用光纤耦合的方法理论上可以把探测器的有效面积在一个方向上延长到任意需要的长度。使用光学耦合的技术还可以使这些半导体器件远离X射线束的直接辐照，避免辐照损伤。

平板探测器通常用表面覆盖数百微米的闪烁晶体（如CsI）的非晶态硅或非晶态硒做成。像素尺寸127μm或200μm，平板尺寸最大约45cm（18in）。读出速度大约3～7.5帧/s。优点是使用比较简单，没有图像扭曲。图像质量接近于胶片照相，基本上可以作为图像增强器的升级换代产品。主要缺点是表面覆盖的闪烁晶体不能太厚，对高能X射线探测效率低；难以解决散射和窜扰问题，使动态范围减小。在较高能量应用时，必须对电子电路进行射线屏蔽。一般说使用在150kV以下的低能效果较好。

图像增强器是一种传统的面探测器，是一种真空器件。名义上的像素尺寸<100μm，直径152～457mm（6～18in）。读出速度可达15～30帧/s，是读出速度最快的面探测器。由于图像增强过程中的统计涨落产生的固有噪声，图像质量比较差，一般射线照相灵敏度仅7%～8%，在应用计算机进行数据叠加的情况下，射线照相灵敏度可以提高到2%以上。另外的缺点就是易碎和有图像扭曲。面探测器的基本优点是不言而喻的—它有着比线探测器高得多的射线利用率。面探测器也比较适合用于三维直接成像。所有面探测器由于结构上的原因都有共同的缺点，即射线探测效率低；无法限制散射和窜扰；动态范围小等。高能范围应用效果较差。

5.样品扫描系统

样品扫描系统形式上像一台没有刀具的数控机床，从本质上说应当说是一个位置数据采集系统，从重要性来看，位置数据与射线探测器测得的射线强度数据并无什么不同。仅仅将它看成一个载物台是不够全面的，尽管设计扫描系统时首先需要考虑的是检测样品的外形尺寸和重量，要有足够的机械强度和驱动力来保证以一定的机械精度和运动速度来完成扫描运动。同样还要考虑，选择最适合的扫描方式和几何布置；确定对机械精度的要求并对各部分的精度要求进行平衡；根据扫描和调试的要求选择合适的传感器以及在计算机软件中对扫描的位置参数作必要的插值或修正等。

工业CT常用的扫描方式是平移—旋转（TR）方式和只旋转（RO）方式两种。只旋转扫描方式无疑具有更高的射线利用效率，可以得到更快的成像速度；然而，平移—旋转的扫描方式的伪像水平远低于只旋转扫描方式；可以根据样品大小方便地改变扫描参数（采样数据密度和扫描范围），特别是检测大尺寸样品时其优越性更加明显；源—探测器距离可以较小，提高信号幅度；以及探测器通道少可以降低系统造价，便于维护等。

6. 计算机系统

计算机软件无疑是 CT 的核心技术，当数据采集完成以后，CT 图像的质量已经基本确定，不良的计算机软件只能降低 CT 图像的质量，而良好的计算机软件能充分利用已有信息，得到尽可能好的结果。

二、工业 CT 的性能

在无损检测中，如何选择一台工业 CT 机满足使用要求是十分重要的。现就工业 CT 应具有的基本性能要求分述如下。

1. 检测范围

主要说明该 ICT 机能检测的对象，如：能透射试件材料的最大厚度，试件最大回转直径、最大高度长度和最大重量等。

2. 辐射源的使用

若是 X 射线源：能量大小、工作电压（kV）、工作电流（mA）、出束角度、焦点大小等。

若是高能直线加速器：能量大小（MeV）、出束角度、焦点尺寸。

3. ICT 的扫描方式

有无数字投影成像或实时成像功能等。

4. 扫描检测时间

指扫取一个断层花在扫描数据采集时间 T 扫，如按 256×256 扫描时间 T256，512×512 扫描时间 T512。

5. 图像重建时间

指重建出如 256×256、512×512 和 1024×1024 图像所需的时间（s）。

6. 分辨能力

这对于 ICT 来讲是关键性的性能指标，通常集中在空间（几何分辨率）分辨率和密度分辨率两个方面。

1）空间分辨率

也称为几何分辨率，是指从 CT 图像中能够辨别最小物体的能力。

2）密度分辨率

密度分辨率又称对比度分辨率，其表示方法通常以密度（通过灰度）变化的百分比（%）表示相互变化关系。

三、工业 CT 的应用

工业 CT 在无损检测中有着不可替代的优越性，越来越广泛地被应用于各个领域。缺陷检测方面最成功的范例是固体发动机的检测，用工业 CT 可检测推进剂的孔隙、杂质、裂纹以及推进剂、绝缘体、衬套和壳体之间的结合情况，每台发动机的具体检测时间为 10h 或更长。通过工业 CT 得到的三维空间信息同样可以用于复杂结构件内部尺寸的测量及关键件装配结构的分析，以验证产品尺寸或装配情况是否符合设计要求。工业 CT 突出的密度分辨能力对控制陶瓷烧结过程有重要应用价值，它可及时了解陶瓷烧结过程中不同阶段的组分及密度变化，便于针对性地改变工艺。采用微焦点 X 射线工业 CT 可检测小试件内十几微米的缺陷，这对高弹性模量、对缺陷要求苛刻的陶瓷零件来说，是一种理想的无损检测手段。工业 CT 扫描成像充分再现了试件材料的组分特性，所以适合于复合材料内多种类型的缺陷检测。美国波音公司在纤维增强复合材料、胶结结构、蜂窝结构件的工业 CT 检测上进行了大量的工作，认为工业 CT 可检测纤维分布的均匀性、孔隙、疏松、胶结界面的厚度及变化情况、图层厚度及变化、材料固化时的流动特性、外来夹杂物等。但工业 CT 的使用目前还存在一定的局限性。工业 CT 设备本身造价远高于其他无损检测设备，检测成本高，检测效率较低，例如一个 600mm 的试件，每毫米切一层，每层检测时间 1min，检测完毕需 10h，所以也多用于小体积、高价值的零件或一些零件关键部位的检测。另外，工业 CT 专用性较强，随着检测对象的不同和技术要求的不同，系统结构和配置可能相差很大。此外，工业 CT 对细节特征的分辨能力与试件尺寸有关，试件大时分辨能力很低，试件小时分辨能力高。由此可见，为使工业 CT 得到更广泛地应用，还有大量的工作要做。

四、PE 焊接接头工业 CT 检测

采用工业 CT 对热熔焊接接头进行检测。制作五个试样，分别为合格焊缝（图 5–37）、低温焊缝（图 5–38）、夹泥焊缝（图 5–39）、夹铁屑焊缝（图 5–40）和含油污焊缝（图 5–41）。

图 5-37　合格焊缝

图 5-38　低温焊缝

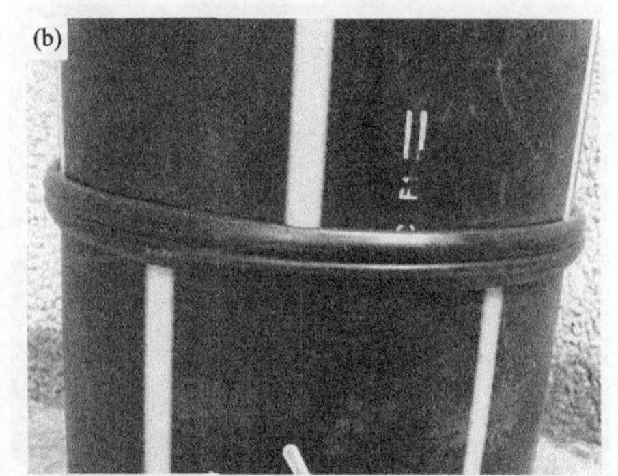

图 5-39　夹泥焊缝

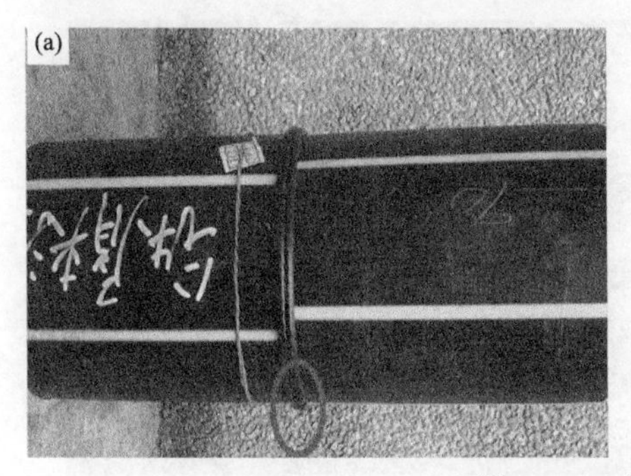

图 5-40　夹铁屑焊缝

图 5-41　含油污焊缝

从图 5-37、图 5-38、图 5-39、图 5-40 和图 5-41 可以看出，合格焊缝、夹泥焊缝和含油污焊缝表面质量较好，焊缝饱满，外观无缺陷显示。低温焊缝外观不饱满（175℃），而含铁屑焊缝外观有缺陷显示，如图 5-40 中圆圈的部分。

检测条件：微焦点锥束 CT，电压 160kV、电流 160μA、最小像素点尺寸 179μm，放大倍数 2.24。

1. 合格焊缝

检测结论：CT 图像中均未发现焊缝部位存在夹杂、裂纹、孔隙等缺陷（图 5-42 至图 5-45）。

图 5-42　焊缝位置三维图像

图 5-43　焊缝 XY 截面 CT 图像

图 5-44　XZ 截面 CT 图像

图 5-45　YZ 截面 CT 图像

2. 低温焊缝

检测结论：CT 图像中均未发现焊缝部位存在夹杂、裂纹、孔隙等缺陷（图 5-46 至图 5-49）。虽然焊接温度仅为 175℃，但依然满足焊接条件。

图 5-46　焊缝位置三维图像

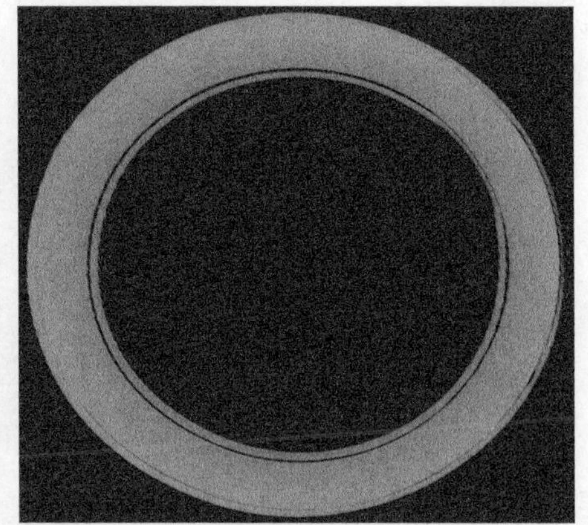

图 5-47　焊缝 XY 截面 CT 图像

图 5-48　XZ 截面 CT 图像

图 5-49　YZ 截面 CT 图像

3. 夹泥焊缝

检测结果：从 CT 图像中可见在焊缝两侧伴有少量高密度的固体颗粒，即为夹杂的泥沙（图 5-50 至图 5-55）。泥沙颗粒主要分布于焊缝外焊料中，焊缝内部有少量泥沙颗粒，最大粒径为 0.6mm。

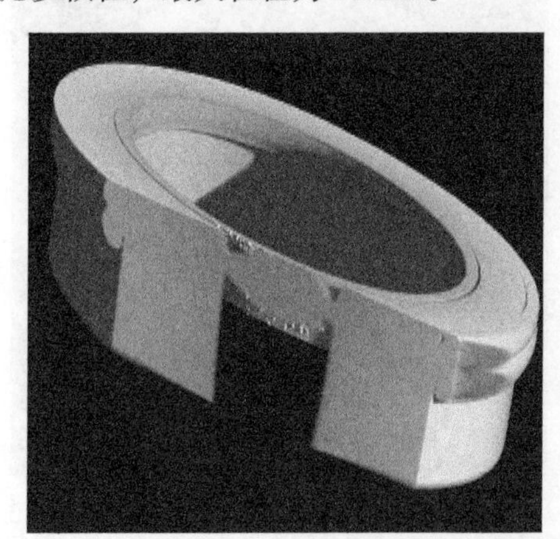

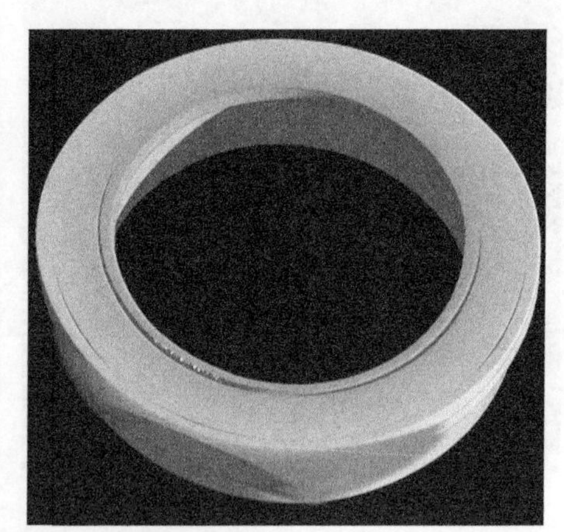

图 5-50　所含泥沙位置三维图像

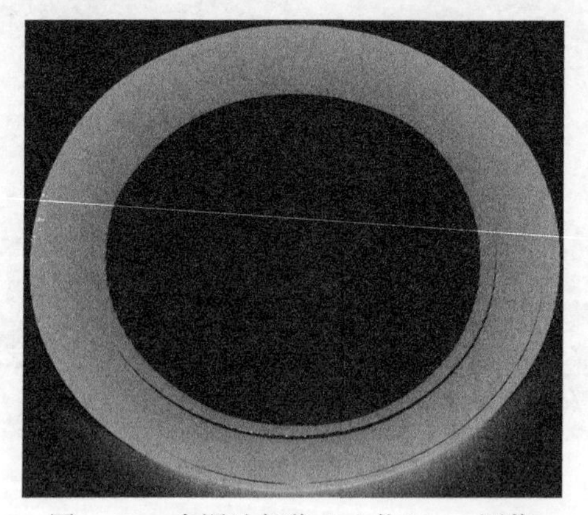

图 5-51　含泥沙部位 XY 截面 CT 图像

图 5-52　XZ 截面 CT 图像

图 5-53　YZ 截面 CT 图像

4. 夹铁屑焊缝

检测结果：从数字照相图像和 CT 图像中可见在焊缝中部有一块高密度物体，即为夹杂的铁屑。铁屑位于焊缝中间部位，铁屑最大尺寸约为 35mm。同时，图中可以看出焊缝已经不连续，在役 PE 燃气管道若有铁屑夹杂，往往就是失效点（图 5-54 至图 5-57）。

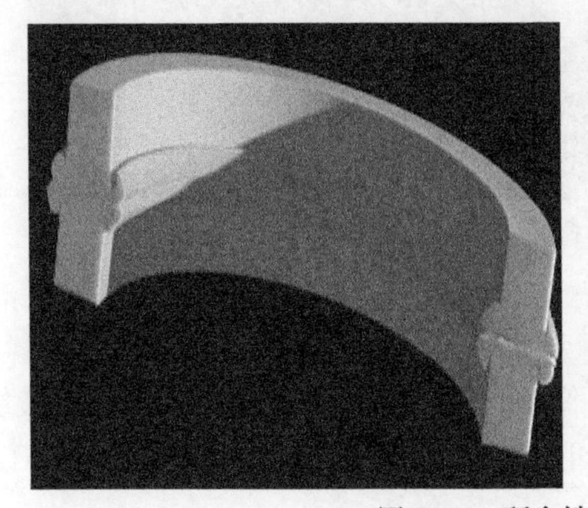

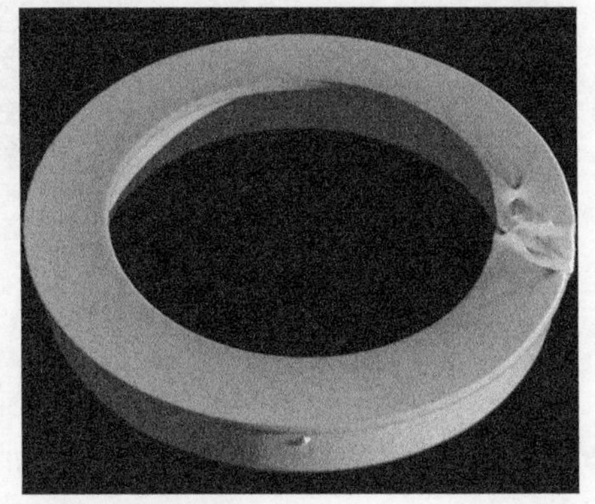

图 5-54　所含铁屑位置三维图像

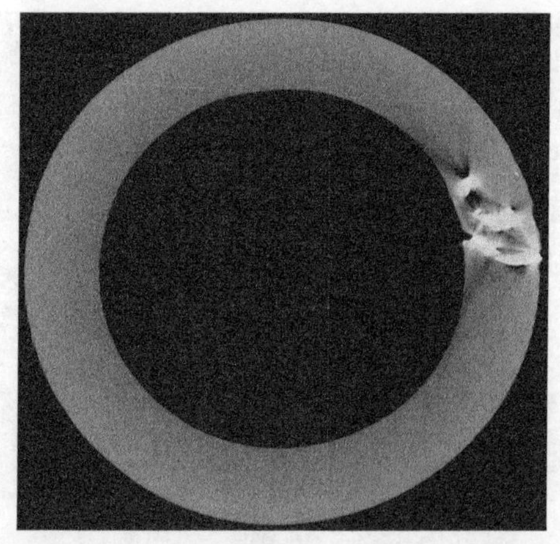

图 5-55　含铁屑部位 XY 截面 CT 图像

图 5-56　XZ 截面 CT 图像

图 5-57　YZ 截面 CT 图像

5. 含油污焊缝

检测结果：从数字照相图像和 CT 图像中均未发现焊缝部位存在夹杂、裂纹、孔隙等缺陷。在检测中未能发现油污，可能有两方面的原因：一是油污太薄，工业

CT对油污发现能力较差；二是因为在200℃左右的高温下，油污已经被溶化。也就是说在高温下，焊接面上无油污存在。当然，按照前述工业CT的检测能力，出现第二种可能性更大（图5–58至图5–61）。

根据以上检测结果，说明利用工业CT在发现PE管道焊缝上的缺陷的方法是可行的。不过工业CT毕竟是实验室设备，不能搬到工地进行检测，只能作为抽样检测或评价焊接性能的有效手段。所以需要开发一种适合PE焊接接头现场检验的无损检测方法。

图5–58　焊缝位置三维图像

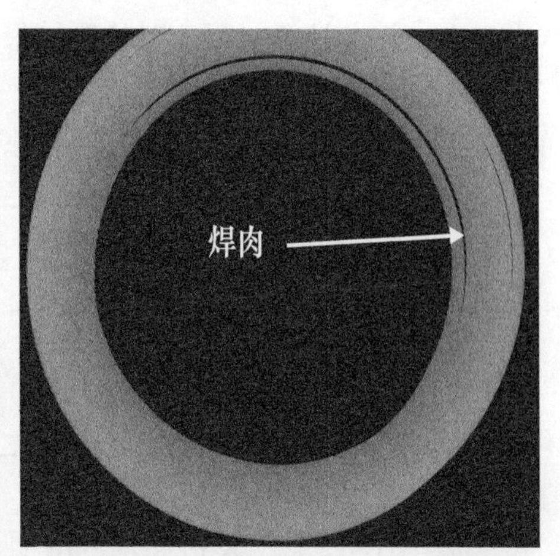

图5–59　焊缝XY截面CT图像

图5–60　XZ截面CT图像

图5–61　YZ截面CT图像

第七节　PE管道接头数字X射线检测

由于计算机数字图像处理技术的发展和微小焦点X射线机的出现，X射线数字成像检测技术已经能够用于金属材料的无损检测。它的原理可用两个“转换”来概括：X射线穿金属材料后被图像增强器所接收，图像增强器把不可见的X射线图像转换为可视图像，转换过程实为“光电效应”，称为“光电转换”；从信息量的载体而言，可视图像的载体是模拟量，它不能为计算机所识别，如要输入计算机进行处理，则需将模拟量转换为数字量，进行“模数转换”，再经计算机处理将可视图像转换为数字图像，其方法是用高清晰度电视摄像机摄取可视图像，输入计算机，进行“模数转换”，转换为数字图像，再经计算机处理，以提高图像的灵敏度和清晰度，处理后的图像显示在显示器屏幕上，显示的图像能提供检测材料内部的缺陷性质、大小、位置等信息，在显示器屏幕上直接观察检测结果，按照有关标准对检测结果进行缺陷等级评定，从而达到检测的目的。图像的产生会有短暂的延迟，延迟的时间取决于计算机处理的速度；检测结果暂储存在计算机硬盘内并最终转储到CD光盘上；借助计算机程序对检测结果进行辅助评定，可大大提高检测的速度，使X射线无损检测技术向自动化迈进了一步。X射线数字成像检测技术可以代替传统的X射线胶片照相检测方法。其工作原理如图5-62所示：

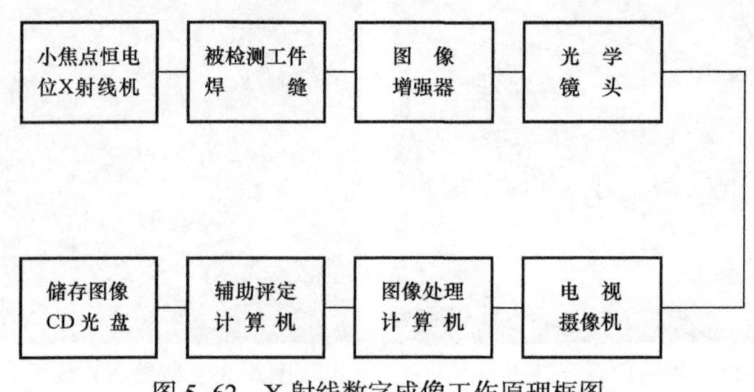

图5-62　X射线数字成像工作原理框图

一、X射线数字成像技术的特点

1. 与胶片照相检测方法的区别

X射线数字成像方法与X射线胶片照相方法在基本原理上是相同的；胶片照相方法是X射线穿透工件，部分射线能量被材料吸收，其余的射线能量穿过工件后使胶片感光，在底片上产生黑度差异的影像，从而达到检测目的；而X射线数字成像方法同样是X射线穿透工件，部分能量被材料吸收，其余的射线能量则经图像增强器转换为可见图像，经计算处理后，在显示器屏幕上观察检测结果。可见它们产生的机理是一致的。但是，在表现形式上却有所不同，主要表现为：

（1）检测的载体不同。

X射线胶片照相方法的检测载体是胶片，而X射线数字成像方法的检测载体则是计算机。

（2）检测结果的显示媒体不同。

X射线胶片方法检测结果的显示媒体是底片，而X射线数字成像方法检测结果的显示媒体则是计算机的显示器。

（3）检测影像（图像）大小不同。

X 射线胶片照相方法检测的影像基本是实物原样大小的影像，而 X 射线数字成像检测的图像则是放大的。

（4）X 射线曝光方式不同。

由于设备和工艺方法的原因，X 射线胶片照相的曝光方式是间断的，曝光时间与间歇时间比不小于 1∶1，而 X 射线数字成像则可以做到较长时间连续曝光。

（5）检测所需的时间不同。

X 射线胶片照相方法拍摄一张胶片的曝光时间一般不少于 3min，还需要较长时间的显影、定影、冲洗、晾干，而 X 射线数字成像则可以实现实时所见的检测结果，采集和处理一幅图像仅需几秒钟的时间，因而检测效率大大提高，适合于连续生产的流水线上的连续检测。

（6）图像处理方式不同。

实时成像检测方法不需要暗室处理，不会产生类似胶片和暗室处理等原因而造成的底片自身质量不合格等伪缺陷，这是 X 射线数字成像检测的一个明显优点。

2. 与工业电视的区别

X 射线数字成像与 X 射线工业电视虽有相同之处，但又有本质的区别，简言之，工业电视只实现了“光电转换”而未实现“模数转换”。20 世纪 70 年代末出现的 X 射线工业电视成像技术，由于系统设备条件和图像处理技术的限制，检测灵敏度低，达不到规定的要求因而被搁置了，而 X 射线数字成像技术则在工业电视的基础上发展起来。X 射线数字成像技术之所以能发展到今天的实用水平，主要得益于计算机图像处理技术的发展和微小焦点的 X 射线机的出现，当然更主要的是人们对它不断地研究和改进。X 射线数字成像与工业电视的不同之处表现为：

（1）工业电视显示的图像是未经处理的原始图像，噪声大，灵敏度低，相对灵敏度仅有 3%～5%，达不到规定的要求，因而没有实用价值，而 X 射线数字成像技术则借助于计算机图像处理技术，降低了图像噪声，使图像的灵敏度、对比度、清晰度大大提高，图像质量可以和 X 射线照相底片质量相媲美，从而进入了实用的全新阶段。

（2）工业电视一般只作为生产过程的普查手段，不保留图像，而 X 射线数字成像所产生的图像是经计算机处理转变成的数字量，能储存于计算机硬盘上能并转存储 CD 光盘上，图像可长期保存而不会丢失，也不失真，其保存效果比照相底片更好。

（3）工业电视的图像是动态图像，其缺陷尺寸难于测量，因而不能对检测结果进行有效的评定，而 X 射线数字成像可得到一幅幅静止的图像，利用计算机程序可实现对检测出的缺陷进行精确的测量，其精度可达到 0.1mm，比胶片照相方法更精确，并能对检测结果实行计算机辅助评定，大大地提高了检测精度和工作效率。

二、X 射线实时成像设备系统

1. X 射线机

用于实时成像的射线机与普通 X 射线机有所不同，它有以下特点：

（1）小焦点。

由于 X 射线成像系统设备的特性和成像方法所决定，检测图像是放大图像。如果射线机的焦点较大，则随着放大倍数的增大，几何不清晰度也将增大，将导致图像不清晰度的增大，影响图像的质量。为了降低几何不清晰度，射线机必须选用小焦点。通常认为，焦点尺寸≤1.0mm × 1.0mm 为小焦点，焦点尺寸≤0.1mm × 0.1mm 为微焦点。

（2）恒电位。

由于计算机处理需要恒定的图像，且要求重复性好，普通的半波整流 X 射线机已不能适应，因此，要求采用恒电位 X 射线机，管电压峰差≤1%。

（3）连续工作。

由于 X 射线数字成像多用于连续检测，因此要求 X 射线机具有较长时间连续工作的功能。可选用金属陶瓷 X 射线管，双小焦点，强制水循环冷却。工艺对比试验表明：对于相同透照厚度并得到相同的对比度，X 射线数字成像所需要的管电压仅是胶片照相方法的 80%～90%。

2. 图像增强器

X 射线数字成像技术采用图像增强器作为光—电—光转换系统。图像增强器输入屏直径对成像质量有较大的影响，直径较小，则分辨率较高，图像较清晰，且价格较低，焊缝探伤工艺试验表明，直径 150mm 图像增强器的分辨率比直径 230mm 的高。图像增强器的中心分辨率要求不低于 4.5LP/mm。图像增强器一般都配有光学镜头和电视摄像机。

3. 摄像机和光学镜头

图像增强器输出端配有一组高清晰度的光学镜头，镜头后面配高清晰度的摄像机。摄像机的分辨率要求不低于 800 × 600 线，采用 PAL 制。

4. X 射线数字成像检测软件

软件应具有图像采集、图像处理、图像分析、图像测量、图像储存、图像转录、图像打印、辅助评定、打印报告、检测数据库管理等功能。

5. 设备系统分辨率

系统分辨率是整个设备系统组成后重要的综合性能指标，对成像技术和图像质量有很大影响。目前国产设备的系统分辨率能够达到 1.4LP/mm，若配置部分进口设备，系统分辨率可达到 1.6～1.8LP/mm，与全套进口设备的性能基本相当。

6. 检测工装

为了提高检测工作效率和检测准确的程度，需要借助于自动化程度较高的检测工装来实现。对于小型工件的检测，如果形状较简单，具有一个自由度即可；对于较大型或较复杂的工件，则要求工装应具有两个或两个以上自由度，或者做成各具一个自由度的多个工装。工装应具有较高的精度，要求每检测一幅图像工件所移动或转动距离的偏差不大于 2.0mm。

三、图像处理技术

图像处理是将摄取的原始图像经计算机数字化处理后，按一定规则存贮在计算机内，利用数字处理技术，将图像对比度和清晰度进行增强，以获得良好的图像质量。图像处理方法有多种，连续帧叠加和勾边处理对提高图像质量有良好作用。

四、图像质量指标

与射线胶片照相技术一样，X 射线数字成像技术以像质计灵敏度作为图像质量的主要控制指标，要求达到的像质指数与 GB 3323—2019 相应的质量级别等同。只有像质计灵敏度达到规定要求的图像，才能进行焊缝质量评定。像质计灵敏度是设备系统性能和成像技术的综合反映。

五、成像技术

成像技术受设备系统性能和人员操作技能的制约，并作用于图像质量。成像技术以图像对比度和不清晰度为考核指标。

六、成像工艺

1. 工艺试验与工艺评定

X 射线数字成像在正式使用前应进行工艺试验和工艺评定，以确定工艺的有效性和稳定性。由于 X 射线数字成像是一项新技术，实时成像工艺与胶片照相工艺有许多不同，只有经过多次的工艺试验才能寻找到较佳工艺参数，尤其是对于初次接触 X 射线实时成像方法的人员来说，多做工艺试验是十分必要的。通过工艺试验，以确定各工艺因素之间的相互关系。这里讲的工艺因素主要有：X 射线机管电压、管电流、成像距离（L_1、L_2）、放大倍数、散射线屏蔽、低能射线过滤等。由于需要试验的工艺因素较多，正交试验法是一种较有效的试验方法。工艺评定是 X 射线数字成像时投入使用之前的必不可少的重要环节，工艺评定是以图像质量指标来评定工艺试验所确定的工艺参数的有效性。工艺评定应有记录和评定报告，以备查核。当工艺条件改变之后，应重新进行工艺评定。

2. 对比试验

工艺评定合格之后，要进行X射线数字成像与胶片照相法的焊缝缺陷检出能力的对比试验。对比试验的方法是制作一定数量并含有各种常见焊接缺陷的试件，用两种方法各自对标样进行探伤比较。对比试验的作用是培训操作人员和评定人员，图像评定人员对照检测图像和照相底片，逐渐熟悉掌握图像中焊缝缺陷的特征和评定方法，取得经验后才能独立地进行图像评定工作。

3. 透照方式

X射线数字成像的透照方式与胶片照相方法基本相同，同样有纵缝外透法、内透法；环缝外透法、内透法，双壁单影法和双壁双影法。例如，透照筒体焊缝时，可将图像增强器（或X射线机）固定在筒体外，X射线管头（或图像增强器）固定在悬臂上，筒体放在电动小车上，悬臂伸进筒体内，筒体随小车按规定的等分转动或按等距离移动，即可对环缝或纵缝进行连续检测。双壁透照时，由于工件不可紧靠近图像增强器，所以，以后侧焊缝还是前侧焊缝为检测焊缝就显得不那么重要，这一点是与胶片照相方法是不同的。

4. 散射线的屏蔽

无用射线和散射线对图像质量有负影响作用，应给予屏蔽。屏蔽的方法与胶片照相法基本相同。

5. 图像的观察

为了适应评定人员的评片习惯，图像可以正像或负像方式显示，两种显示方式是等效的，彩色显示对于分析微小缺陷有明显的分辨作用。

七、X射线数字成像在PE管道对接接头上的应用

由于X射线数字成像检测技术与X胶片照相方法在检测结果上是等效的，用它可以代替胶片照相检测方法。因此，原来应用X射线胶片照相方法进行检测的产品，一般来说都可以运用X射线数字成像技术来进行检测，特别是形状相对简单、批量较大或是在流水线上生产的产品更加适合，例如PE管道对接焊缝，只要配上必要工装，就能运用X射线数字成像技术进行检测。

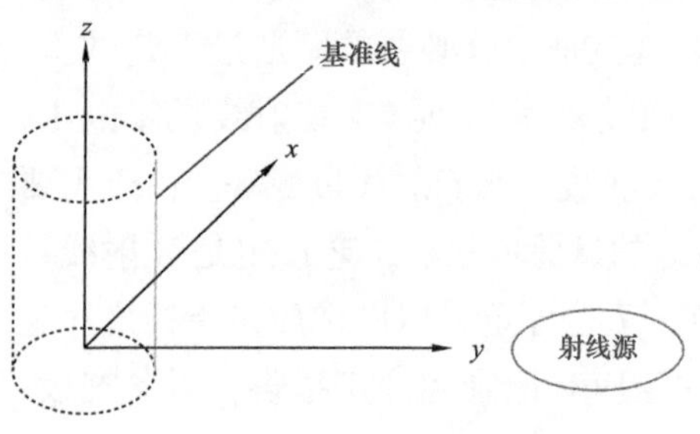

图5-63　检测位置示意图

1. 检测位置

如图5-63所示，y轴方向为X射线源，其中以PE管道试样写有字的左边第一根黄线为基准线，该线在yz平面上且垂直于y轴。

实物图如图5-64所示。

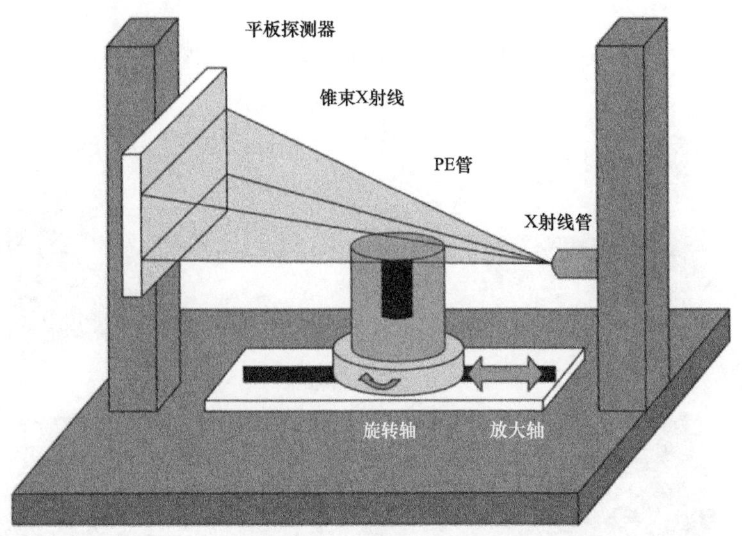

图 5-64　检测实物图

2. 合格焊缝

样品如图 5-64 放置于检测平台上，基准线正对射线源且朝向 y 轴的正方向时为 0° 方向，基准线顺时针旋转 90° 时为 90° 方向，从两个方向的数字照相图中均未发现裂纹、未焊透、未熔合等缺陷，如图 5-65 所示。

(a)　0°数字照相图像

(b)　90°数字照相图像

图 5-65　合格焊缝数字成像结果

3. 低温焊缝

检测结果：从图 5-66 的数字成像结果中均未发现焊缝部位存在夹杂、裂纹、孔隙等缺陷。

(a) 0°数字照相图像

(b) 90°数字照相图像

图 5-66 低温焊缝数字成像结果

4. 夹泥焊缝

样品放置于检测平台上，基准线正对射线源且朝向 y 轴的正方向时为 0° 方向，基准线顺时针旋转 180° 时为 180° 方向。

检测结果：从图 5-67 的数字成像结果可以看出，从两个方向的数字照相图中均可看到泥沙存在。

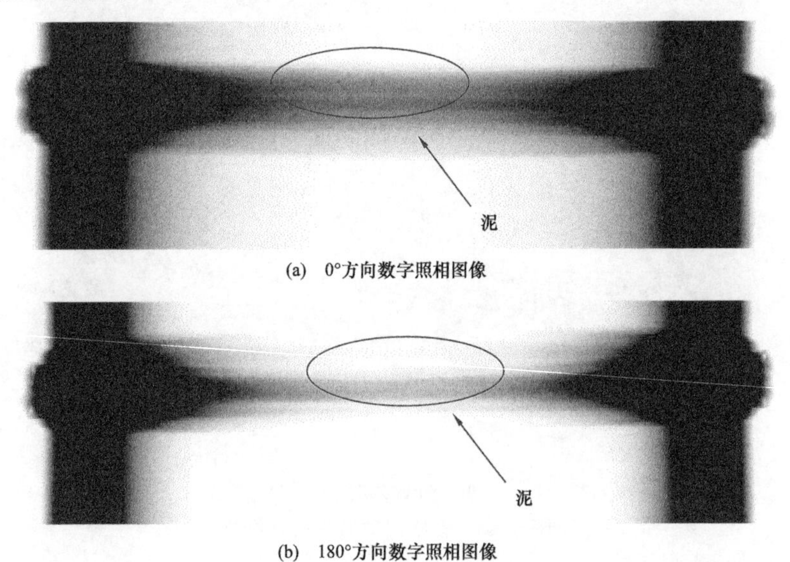

(a) 0°方向数字照相图像

(b) 180°方向数字照相图像

图 5-67 含泥沙焊缝数字成像结果

5. 夹铁屑焊缝

样品放置于检测平台上，基准线正对射线源且朝向 Y 轴的正方向时为 0° 方向，基准线顺时针旋转 90°，120°，270° 时为 90°，120°，270° 方向，检测结果如图 5-68 所示。

(a) 0°数字照相图像

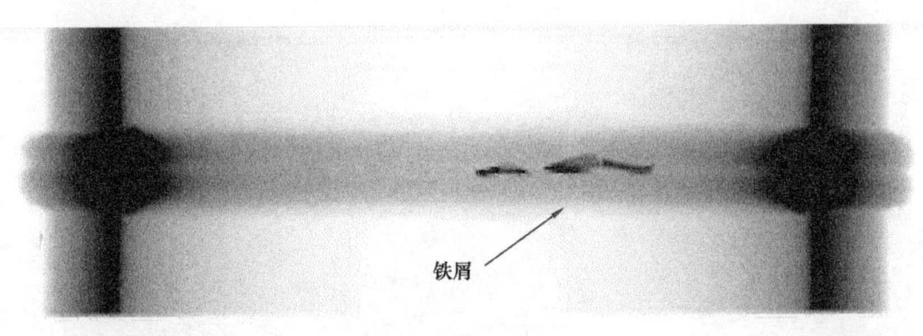

(b) 90°数字照相图像

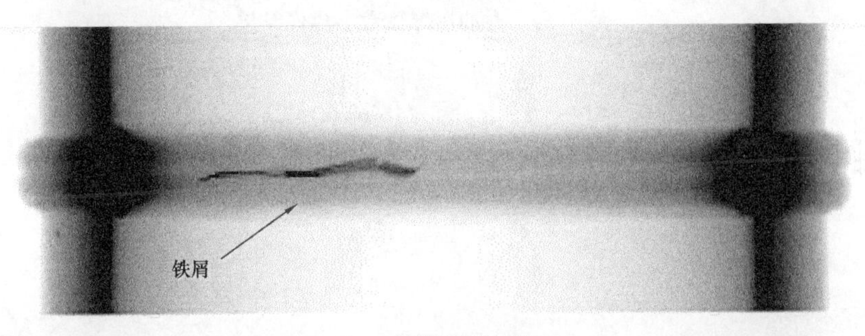

(c) 120°数字照相图像

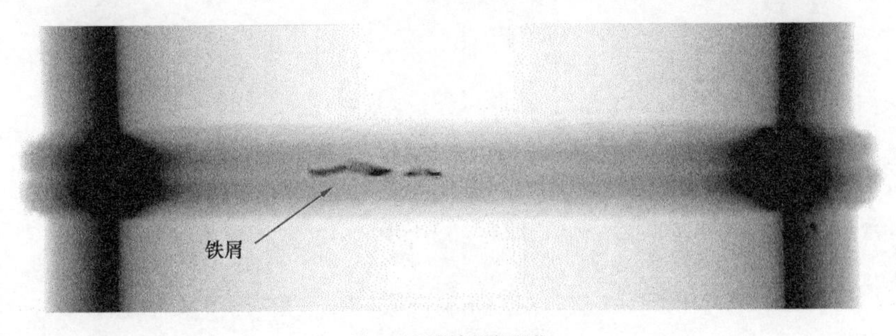

(d) 270°数字照相图像

图 5-68 含泥沙焊缝数字成像结果

6. 含油污焊缝

检测结果：从图 5-69 可以看出，均未发现焊缝部位存在夹杂、裂纹、孔隙等缺陷。

从以上五个样品的检测结果可以看出，数字成像对 PE 焊缝的缺陷检测是比较敏感的，而且与 CT、射线检测结果一致。

(a) 0°数字照相图像

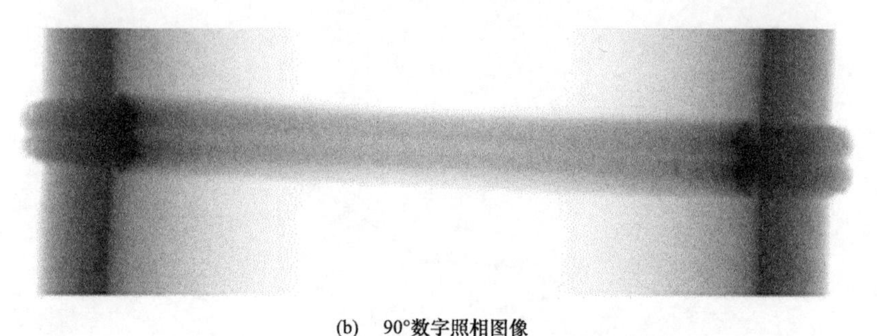

(b) 90°数字照相图像

图 5-69 含油污焊缝数字成像结果

第六章　油气管道腐蚀完整性评价

油气管道完整性评价是指对在役管道运行期所受到的损伤进行综合性检测的基础上，对其结构完整性及完成规定输送任务的性能进行的评价。完整性评价可采用的方法有：管道内检测、管道强度试压或严密性试压、管道内外腐蚀直接评价等，可根据管道不同失效类型及其他条件来选择。根据管道检测结果来评价管道各种缺陷，如裂纹、点蚀、壁厚减薄、变形等的类型、尺寸、位置等情况，并对管道缺陷的可容许性、剩余强度、剩余寿命等进行评价。

对管道工业而言，管道的完整性评价技术无论是现在还是将来都具有十分重要的工程意义，它是保证现役管道安全可靠运行必不可少和亟待开展的一项工作，其中现役管道运行可靠性分析、管道检测与评价和管道风险分析。目前国外的研究进展很快，正朝着工程化、智能化、概率化和模糊化方向发展，有许多成熟的、精确的理论和方法可供借鉴利用。应加强这方面的技术跟踪，研究适合我国管道的评价技术，尽快开发适用于运行管理的软件系统，提高我国管道运行的可靠性和经济性。

第一节　油气管道适用性评价技术

油气管道适用性评价又称油气管道完整性评价，是对含缺陷的油气管道是否适合于继续使用以及如何继续使用的一种定量评价，包括剩余强度评价和剩余寿命预测两个部分。前者主要解决在服役压力下含缺陷管道是否能够安全运行的问题，而后者是以研究缺陷动力学发展规律为基础，确定含缺陷管道的剩余安全服役时间或检测周期。适用性评价研究的是含缺陷管道的剩余承载能力、缺陷状况及管材性能三者之间的函数关系。

一、管道剩余强度评价方法

腐蚀是油气管道中的最常见现象，由于埋设的长输管道穿越地域广、地形复杂、土壤性质千差万别、管道结构形式多种多样、输送介质性质各异，因而造成长输管线大量地出现内外壁腐蚀缺陷。腐蚀造成的直接后果是长输管道的管壁减薄，腐蚀是威胁油气管道安全运行的主要因素。腐蚀造成的直接后果是管壁减薄，当腐蚀发展到一定程度时，就会造成管道局部破裂，而发生大面积泄漏。因此，对于发生了腐蚀的管线，必须对其剩余强度进行评估，才能做出正确决策——继续服役、维修或更换，这样既可以避免事故的发生又能节约维护费用。

1. 含平面型缺陷管道剩余强度评价技术

管道缺陷按几何形状分为平面型缺陷和体积型缺陷，平面型缺陷也称为裂纹型缺陷，管道存在上述缺陷后，管道的承压能力下降，目前通过内检测手段可以部分检测出这些缺陷，出于管道检测过程中可能发现的缺陷较多，缺陷的大小将不一样，有些缺陷是轻微损伤缺陷，而有的缺陷是严重损伤缺陷，哪些缺陷需要立即维修，哪些缺陷不需要维修，这都是管道管理者最关心的问题。因此，管道缺陷的安全评价是确定缺陷严重程度的技术手段，对管道的维护管理具有重要意义。

1）概述

英国中央电力局（CEGB）在1976年发表了题为“带缺陷结构的完整性评定”的R/H/R6报告（即R6方法），给出一条失效评定曲线，故亦称失效许定曲线法。1977年第一次修订，1980年第二次修订，1986年又作了第三次修订。1986年以前的R6曲线失效评定曲线（称老R6曲线），是以D—M模型为依据的，提出时对其物理意义的理解还不是很深刻。后来，美国EPRI研究了R6的失效评定曲线。用J积分取代窄条区屈服模型，给出了新的失效评定曲线，并将R6失效评定曲线的物理意义阐述得非常清楚，取纵坐标为双重坐标，$\sqrt{J_e/J}$ 及 K_r 这里 $K_r=K_I/K_{IC}$，实质上 K_r 反映了结构脆性断裂的程度，横坐标 $L_r=p/p_0$ 是施加荷载 p 与塑性失稳极限荷载 p_0 之比，实质上 L_r 反映了结构塑性失稳程度；当被评定点（L_r，K_r）落在评定曲线外时，表示结构失效。若评定点落在曲线内，则说明结构是安全的，英国CEGB于1986年修改了R6标准，一般称为新R6标准，并在以下两个方面进行了分析和评定：一是考虑了材料应变硬化效应，以J积分理论为基础，建立了失效评定曲线的三种选择方法，比EPRI方法更为简便；二是裂纹延性稳定扩展的处理方法有了重大的改革，提出了缺陷评定的三种类型的分析方法。根据具体情况采用其中一种类型，进行所需要的分析和评定。

综上可见，R6方法的20年发展，集中反映了近十年来弹塑性断裂理论的发展。它取K断裂应力强度因子理论、COD理论及J积分理论等众家之长，以及它们的最新研究成果，使其成为目前国际上应用较多的压力容器缺陷评定标准。日前世界各国的压力容器缺陷评定标准均在向R6方法靠拢，相继采用失效评定图技术。

新R6标准是目前国际上较为先进的标准，能够判别含缺陷结构的潜在失效模式，能进行结构的脆性断裂、弹塑性断裂和塑性失稳分析，所以被广泛用于管道的断裂评定。

2）新R6失效评定曲线

R6对结构完整性的评定是通过失效评定图得以进行的。失效评定曲线的建立则是失效评定图技术的关键技术之一。新R6失效评定曲线的一般形式如图6–1所示，是以一条连续的曲线和一个截断线所描绘，定义失效评定曲线为 $K_r=f(L_r)$。图6–1

中截断线 L_{rmax} 表示缺陷尺寸很小时，结构塑性失稳荷载与屈服荷载之比，在 $L_r > L_{max}$ 时，$K_r=f(L_r)=0$。为建立失效评定图，新 R6 提出了难易程度不同的制作大致评定曲线的三种选择方法。

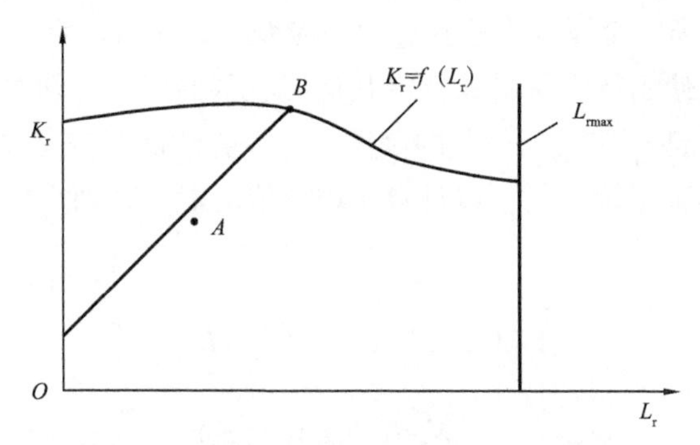

图 6-1 新 R6 失效评定曲线的一般形式

（1）方法一：采用通用失效评定曲线，通用失效评定曲线对于应力—应变特性曲线上无明显的连续屈服点（屈服平台）的所有材料都是实用的。该曲线方程可由下式给出：

$$K_r = \left(1-0.14L_r^{\ 2}\right)\left[0.3+0.7\exp\left(-0.65L_r^6\right)\right] \quad (6\text{–}1)$$

截断点定义如下：

$$L_{rmax} = \frac{\bar{\sigma}}{\sigma_s} \quad (6\text{–}2)$$

$$\bar{\sigma}=\frac{1}{2}\left(\sigma_b+\sigma_s\right)$$

式中 $\bar{\sigma}$ ——单轴向流变应力，MPa；

σ_s——单轴向屈服应力，MPa；

σ_b——单轴向抗拉强度，MPa。

工程中较多地采用通用曲线。只要知道材料的屈服应力 σ_s 或 $\sigma_{0.2}$ 和抗拉强度 σ_b 就可以得到一条失效评定曲线。该曲线较合理地估计了结构的允许裂纹尺寸。

（2）方法二：绘制的失效评定曲线需要材料的详细应力—应变数据，尤其是应变低于 1% 时的数据。这图线比方法一的图线更为精确，尤其是当应力—应变曲线上初始硬化速率高的时候，例如对在应变失效区操作的材料以及应力—应变曲线上有明显屈服不连续点的材料。图线可由下述方程描述：

$$K_r = \left(\frac{E_{\varepsilon \mathrm{ref}}}{L_r\sigma_y}+\frac{L_r^2\sigma_y}{2E\varepsilon_{\mathrm{ref}}}\right)^{-\frac{1}{2}} \quad (L_r \leqslant L_{rmax}) \quad (6\text{–}3)$$

$$K_r=0 \quad (L_r > L_{rmax}) \quad (6\text{–}4)$$

式中 ε_{ref}——单轴向拉伸的应力—应变曲线上真实应力，等于 $L_r\sigma_y$；

E——弹性模量；

σ_y——下限屈服应力或 0.2% 试验应力。

此曲线适用于所有金属，不论其应力—应变行为如何。

（3）方法三：使用特定材料和特定几何形状的曲线。必须对有缺陷的结构作详细的分析，作为引起 σ_p 应力的荷载的函数。这一方法需要在有关荷载条件下对有型纹的结构作弹性和弹塑性分析，以计算 J 积分值。对一系列用以作图的荷载分别计算相应的值和 J 值如下：

$$(K_r = J_e/J)^{-\frac{1}{2}} \quad (L_r \leqslant L_{rmax}) \tag{6-5}$$

$$K_r=0 \quad (L_r > L_{rmax}) \tag{6-6}$$

3）评定点的计算

对于方法一中通用曲线，待评定点的坐标是用（L_r，K_r）表示。在失效评定方法中考虑了塑性的影响，这项影响就是用参数 L_r 表达的。L_r 是失效评定图的横坐标，它表示有裂纹的结构接近塑性屈服程度的度量。L_r 的定义是所评定的荷载条件与引起结构塑性屈服的荷载之比，即

$$L = \frac{p}{p_0} \tag{6-7}$$

式中 p——总外加载荷，对于管道来说为管道当量内压，MPa；

p_0——完全塑性状态下构件的极限压力，其下限值表示为式（6-8）。

$$p_0 = \frac{2\sigma_s}{3} \cdot \frac{1}{R} \cdot \frac{\left(1-\dfrac{a}{t}\right)}{\left(1+\dfrac{a}{R}\right)} \tag{6-8}$$

式中 σ_s——管道的屈服极限，MPa；

a——管壁上轴向裂纹深度，m；

t——管道壁厚，m；

R——管道外半径，m。

失效评定图的纵坐标 K_r 值表示接近断裂失效程度的度量，定义为应力强度因子与材料断裂韧性的比值，即

$$K_r = \frac{K_I}{K_{IC}} \tag{6-9}$$

$$K_I = \frac{2pR^2\sqrt{\pi a}}{R^2 - R_i^2} F\left(\frac{a}{t}, \frac{R_i}{R}\right) \text{（对于含轴向裂纹的内压管道）} \tag{6-10}$$

式中 K_{IC}——材料的断裂韧性（可由试验得出），MPa；

K_I——对应于裂纹尺寸 a 的线弹性应力强度因子；

p——管道内压，MPa；

R——管道外半径，m；

R_i——管道内半径，m；

F——可由表 6-1 外推得出。

表 6-1 F 值

t/R_i	F 值			
	a/t=1/8	a/t=1/4	a/t=1/2	a/t=3/4
1/5	1.19	1.38	2.10	3.30
1/10	1.20	1.44	2.36	4.23
1/20	1.20	1.45	2.51	5.25

利用本方法进行管道完整性评定，是将计算出的评定点标到适合的失效评定图上，例如图 6-1 所示的 A 点。如果该点在曲线以外，则表明所评定管道是不安全的；如果该点在曲线以内，就表明所评定管道是安全的，其安全系数（$F.S.$）内一条直线来确定，该直线从原点出发通过 A 点且与失效评定曲线交于 B 点。因此，得到安全系数为：

$$(F.S.)=OB/OA \tag{6-11}$$

而安全裕度（$M.S.$）由下式给出：

$$(M.S.)=F.S.-1 \tag{6-12}$$

4）管道的完整性评定

算例：条材料为 16Mn 钢的钢管，管道外径 529mm，管壁厚度 7mm，管道内压 3MPa，管道上裂纹缺陷深 3.5mm，16Mn 钢的屈服极限、抗拉极限、断裂韧性分别为 351.45MPa、533.92MPa、131.16MPa · $m^{0.5}$。评定该含裂纹缺陷的管道。

荷载条件与引起结构塑性屈服的荷载之比：

$$p_0=\frac{2\sigma_s}{3}\cdot\frac{1}{R}\cdot\frac{\left(1-\frac{a}{t}\right)}{\left(1+\frac{a}{R}\right)}=5.30\text{（MPa）}$$

$$L=\frac{p}{p_0}=0.566$$

应力强度因子与材料断裂韧性的比值计算如下：

由表 6-1 可知：F=2.579

$$K_{\mathrm{I}}=\frac{2pR^2\sqrt{\pi a}}{R^2-R_{\mathrm{i}}^2}F\left(\frac{a}{t},\frac{R_{\mathrm{i}}}{R}\right)=31.06\ (\mathrm{MPa}\cdot\mathrm{m}^{0.5})$$

$$K_{\mathrm{r}}=\frac{K_{\mathrm{I}}}{K_{\mathrm{IC}}}=0.2368$$

结论：管道的安全系数（$F.S.$）=1.915，失效评定曲线如图 6-2 所示，此管道是安全的。

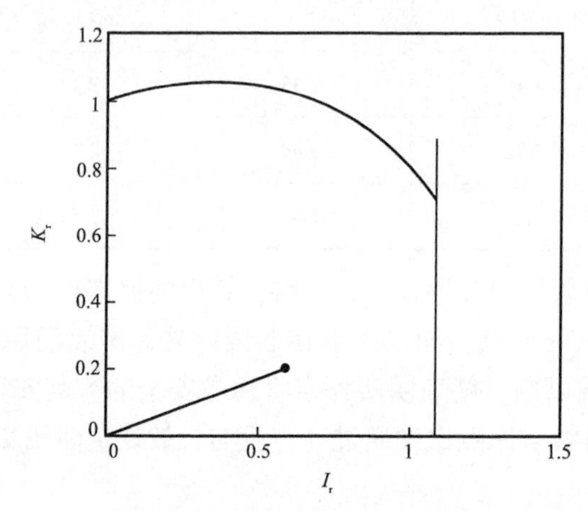

图 6-2　算例的失效评定曲线 K_{r}

2. 含体积型缺陷管道剩余强度评价方法

对于含体积型缺陷管道，通过检测出腐蚀区域的尺寸，利用管道运行压力和管材强度数据就可确定管道的剩余强度因子（RSF 为缺陷部位极限载荷和无缺陷部位极限载荷的比值），若大于规定的许用剩余强度因子（RSF_{a}），则管道在规定压力下运行是安全的，否则是不安全的。

1）腐蚀缺陷的类型

腐蚀有一般性腐蚀和局部腐蚀。一般性腐蚀是指管线上大部分发生腐蚀情况。局部腐蚀主要是发生在管线的某一小部分区域，而导致局部减薄，也称为体积型缺陷。

（1）局部腐蚀类型。

点蚀（见 6-3）：腐蚀面积小，严重情况下会造成穿孔情况。在点蚀中，深度的影响最大。

沟槽型腐蚀（图 6-4）：分为轴向和环向两种。

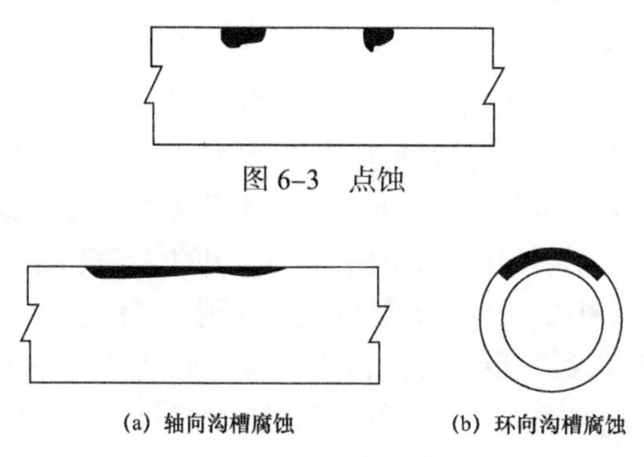

图 6-3　点蚀

(a) 轴向沟槽腐蚀　(b) 环向沟槽腐蚀

图 6-4　沟槽型腐蚀

焊缝腐蚀（图 6-5）：存在于焊缝及其热影响区附近的腐蚀。

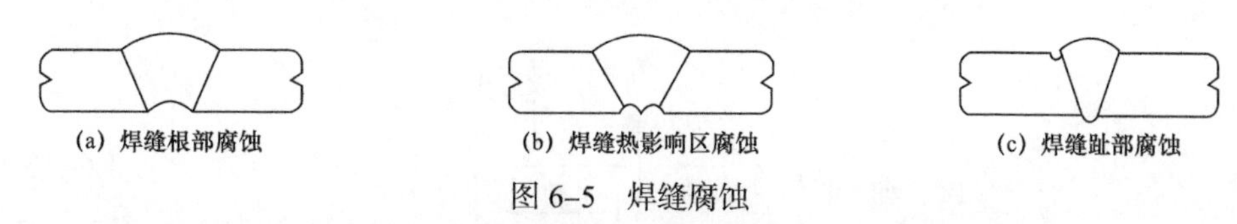

(a) 焊缝根部腐蚀　(b) 焊缝热影响区腐蚀　(c) 焊缝趾部腐蚀

图 6-5　焊缝腐蚀

螺旋形腐蚀（图 6-6）：存在于管道螺旋焊缝及其热影响区附近的腐蚀，腐蚀缺陷管线的轴向成一定的角度。螺旋形腐蚀的评估比轴向腐蚀要复杂一些。

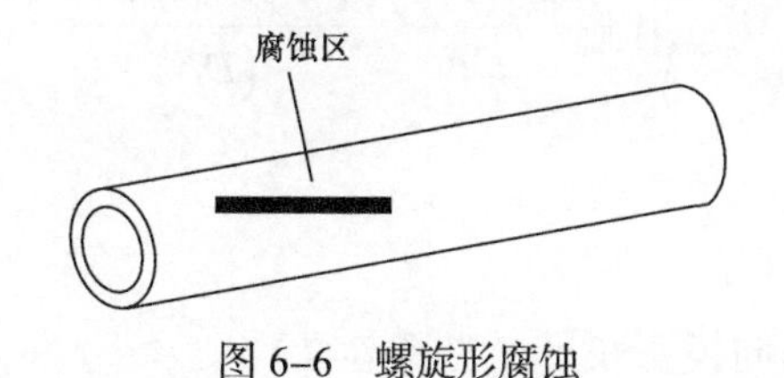

图 6-6　螺旋形腐蚀

（2）交互作用的缺陷。

有些管段上同时存在的缺陷由于距离较近会发生交互作用。这些缺陷分为：

① 环向排列缺陷：指沿管段的环向分布，缺陷中间以全壁厚管段相隔，投影在轴向上重叠，如图 6-7（a）所示。

② 轴向排列缺陷：指缺陷沿管段位于同一轴线方向上，中间被全壁厚管段隔开，如图 6-7（b）所示。

③ 交叠排列缺陷：指在一较长较浅的缺陷内部有一个或多个较深的蚀坑，如图 6-7（c）所示。

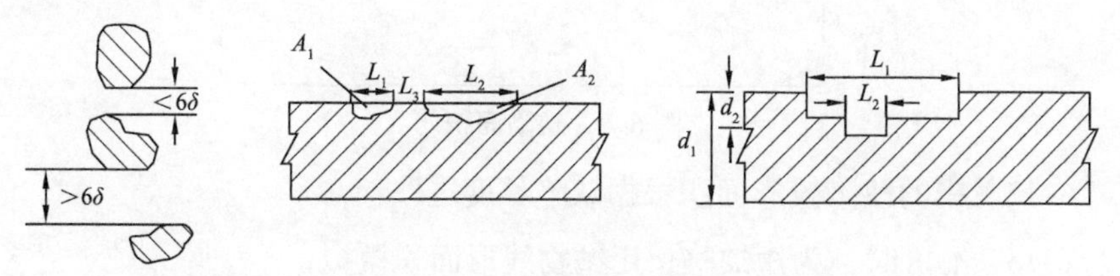

(a) 环向排列缺陷（平面图）　(b) 轴向排列缺陷（斜面图）　(c) 交叠排列缺陷（剖面图）

图 6-7　交互作用腐蚀缺陷

2）ASME B31G 标准的原始方法

20 世纪 70 年代，美国得克萨斯州东部输气公司和美国煤气协会（AGA）的管道研究委员会合作进行含有各类腐蚀缺陷的压力管道的剩余强度评估研究。主要采用断裂力学的方法研究了裂纹缺陷的扩展机理和失效模式以及缺陷评估方法等。在此研究的基础上，提出了表面缺陷的评估公式，用来计算腐蚀管线的剩余强度。后来，经过大量的实验，提出了评估腐蚀管线的准则。1984 年，美国机械工程师协会（ASME）把该准则收入到管道设计规范中，即 ANSI/ASME B31G—1984 标准，这里称为 ASME B31G 的原始方法，它的出现对后来关于含缺陷管道的剩余强度评价方法与标准产生了重大影响。

如图（6–8）所示，对于管壁上存在的单一缺陷，ASME B31G—1984 中给出的管道爆破压力表达式为：

$$p_{\mathrm{f}} = \frac{\bar{\sigma} \cdot 2 \cdot \delta}{D} \left(\frac{1 - \dfrac{A}{A_0}}{1 - \dfrac{A}{A_0} \dfrac{1}{M}} \right) \tag{6–13}$$

$$M = \sqrt{1 + \frac{2.51 (L/2)^2}{D\delta} - \frac{0.054 (L/2)^4}{(D\delta)^2}} \tag{6–14}$$

式中 p_{f}——爆破压力；

A_0——面积 $A_0=L \cdot \delta$；

L——腐蚀缺陷轴向投影长度（见图 6–7）；

$\bar{\sigma}$——流变应力（$\bar{\sigma}=1.1\sigma_s$，σ_s 是管材的屈服极限）；

A——腐蚀缺陷在管壁上轴向投影面积；

D——管道外径；

δ——管道公称壁厚；

M——鼓胀因子。

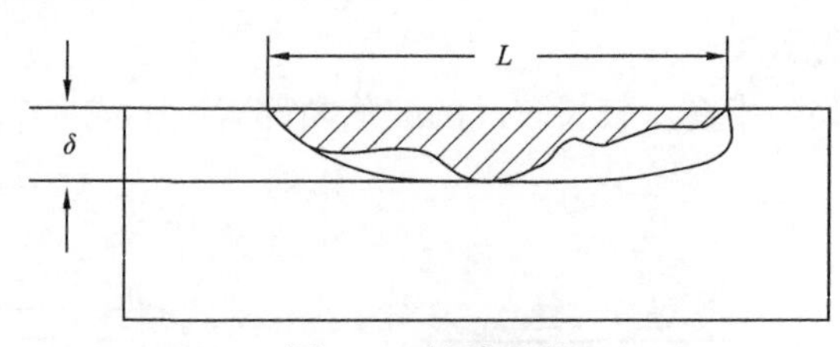

图 6–8　缺陷面积

式（6–13）中的缺陷投影面积根据缺陷长度选取：

当 $L/\sqrt{D\delta} < 4.48$ 时，为短缺陷，用抛物线形面积模拟：

$$A = \frac{2}{3} dL \tag{6–15}$$

当$L/\sqrt{D\delta}>4.48$时，为长缺陷，用矩形面积模拟：

$$A=dL \tag{6-16}$$

所以式（6–13）形式为：

$$p_{\mathrm{f}}=\frac{2\delta\cdot\bar{\sigma}}{D}\left(\frac{1-\dfrac{2d}{3\delta}}{1-\dfrac{2d}{3\delta}\dfrac{1}{M}}\right)\text{（短缺陷）} \tag{6-17}$$

$$p_{\mathrm{f}}=\frac{2\delta\cdot\bar{\sigma}}{D}\left(\frac{1-\dfrac{d}{\delta}}{1-\dfrac{d}{\delta}\dfrac{1}{M}}\right)\text{（长缺陷）} \tag{6-18}$$

由于鼓胀因子M的定义比较复杂，所以 Kiefher 推荐了简化表达式：

$$M_2=\sqrt{1+\frac{0.8L^2}{D\delta}} \tag{6-19}$$

需要注意的是：在 ASME B31G —1984 中所引入的适用于长短缺陷的公式导致了失效预测方程的不连续性。当缺陷很长时，M值将很大，此时可以将公式（6–13）简化为：

$$p_{\mathrm{f}}=\frac{2\delta\cdot\bar{\sigma}}{D}\left(1-\frac{d}{\delta}\right) \tag{6-20}$$

ASME B31G—1984 规定：缺陷最大许可深度为公称壁厚的 80%。当缺陷深度小于公称壁厚的 10% 时，可以忽略缺陷的存在。该标准可用于给定压力下确定腐蚀缺陷容许尺寸，也可以计算腐蚀管道最大安全工作压力：

（1）最大容许缺陷长度的确定。当腐蚀缺陷最大深度为管道公称壁厚的 10%～80% 时，最大容许级向腐蚀长度可通过下式计算：

$$L\leqslant 1.12B\sqrt{D\delta} \tag{6-21}$$

$$B=\sqrt{\left(\frac{d/\delta}{1.1d/\delta-0.15}\right)^2-1} \tag{6-22}$$

B的值不得超过 4.0。如果深度在 10%～17.5% 之间，则公式中的B值取为 4.0。当长度满足式（6–21），则认为可以接受，否则要进行修补、替换或降压运行。

（2）最大安全工作压力的计算。如果缺陷的存在使得管道需要降压运行时，降压后的最大安全工作压力由下式计算：

$$p' = 1.1\frac{2\delta\bar{\sigma}}{D}\left[\frac{1-\frac{2}{3}\left(\frac{d}{\delta}\right)}{1-\frac{2}{3}\left(\frac{d}{\delta}\right)M^{-1}}\right] \tag{6-23}$$

对于长缺陷（$B>4$），则：

$$p' = 1.1\frac{2\delta\bar{\sigma}}{D}(1-d/\delta) \tag{6-24}$$

3）ASME B31G 标准的改进

在实际应用中，人们逐渐发现 ASME B31G 的原始方法（ASME B31G—1984）过分保守，它所预测的失效压力低于实际压力很多。虽然这样的预测结果在工程使用上比较安全，但是另一方面也造成了不必要的经济浪费，所以其保守性问题引起很多的关注。经过总结，认为 ASME B31G 保守性的来源大致为：

（1）金属损失面积的近似表达式；

（2）流动应力近似表达式；

（3）膨胀因子的近似表达式。

ASME 于 1991 年提出改进的 ASME B31G—1991 方法。改进后的公式中将金属损失面积取为矩形面积和抛物线面积的平均值，因此得：

$$p_{\mathrm{f}} = \frac{2\delta\cdot\bar{\sigma}}{D}\left[\frac{1-0.85\left(\frac{d}{\delta}\right)}{1-0.85\left(\frac{d}{\delta}\right)\frac{1}{M}}\right] \tag{6-25}$$

其中流变应力和鼓胀因子也有变化，具体表达式如下：

$$\bar{\sigma}=\sigma_{\mathrm{s}}+68.95(\mathrm{MPa}) \tag{6-26}$$

$$M=\sqrt{1+0.6275\left(L/D\delta\right)^2-0.003375\left(L/\sqrt{D\delta}\right)^4} \tag{6-27}$$

$$\left(L/\sqrt{D\delta}\right)^2 \leqslant 50.0$$

$$M=0.032\left(L/\sqrt{D\delta}\right)^2+3.3\left(L/\sqrt{D\delta}\right)^2>50.0 \tag{6-28}$$

例如：在直径 762mm 壁厚 11.9 的材质为 X52 的管道上，发现长 190m 深 5mm 的缺陷，该管线的设计系数可确定为 0.72，管线最大操作压力是 7MPa。试确定这一腐蚀缺陷是否可以接受。

解：X52 管线钢的屈服极限 σ_s=358MPa；

根据缺陷的几何尺寸，得到：

$$\frac{d}{\delta}=\frac{5}{11.9}=0.42\left(\frac{L}{\sqrt{D\delta}}\right)^2=\left(\frac{190}{\sqrt{762\times 11.9}}\right)^2=3.981$$

$$M=\sqrt{1+0.6275\left(L/\sqrt{D\delta}\right)^2-0.003375\left(L/\sqrt{D\delta}\right)^4}$$
$$=\sqrt{1+0.6275\times 3.981-0.003375\times 3.981^2}=1.856$$

管道失效压力由式（6–13）计算：

$$p_f=\frac{2\delta\cdot\bar{\sigma}}{D}\left[\frac{1-0.85\left(\frac{d}{\delta}\right)}{1-0.85\left(\frac{d}{\delta}\right)\frac{1}{M}}\right]$$
$$=\frac{2\times(358+68.95)\times 11.9}{762}\left[\frac{1-0.85\times 0.42}{1-0.85\times 0.42\div 1.856}\right]$$
$$=10.62(\text{MPa})$$

考虑设计系数后，得到管道的安全工作压力：

$$p'=0.72p_f=7.65\ (\text{MPa})$$

管道的现行最大操作压力为 7MPa，小于上式确定的管道安全工作压力。因此，按照此评价结果管道可继续使用，不需要修理缺陷。

4）金属损失面积确定方法的修正

在 ASME B31G 原始和改进方法中，采用了抛物线形和矩形面积以及抛物线形和矩形两种形状面积的平均值来表征腐蚀缺陷的面积。但是腐蚀缺陷底部的形状是很复杂的，对腐蚀坑深度剖面测量得越细致，则对金属损失的描述越真实。下面介绍三种确定腐蚀缺陷精确面积的方法。

（1）精确面积法。

测量腐蚀缺陷，然后绘制腐蚀面积的等高线图，根据此等高线图，得到准确的剖面图。在剖面图上，沿轴向间隔相等的距离 1 测量腐蚀区的深度 d_i，假设测量 n+1 次，得到 n+1 个深度值 d_0，d_1，…，d_n 这样就可以通过计算每个小梯形的面积得到腐蚀区的损失面积，公式如下：

$$A=l\left(\frac{d_0+d_1}{2}\right)+l\left(\frac{d_1+d_2}{2}\right)+\cdots+l\left(\frac{d_{n-1}+d_n}{2}\right)=l\left(\frac{d_0+d_n}{2}+\sum_{i=1}^{n-1}d_i\right) \qquad (6\text{–}29)$$

式中 A——金属损失面积；

l——两次深度测量的间隔；

d_i——第 i+1 次测量的深度值；

d_0，d_n——分别为腐蚀区两端出的深度。

在理想情况下 d_0、d_n 为零，这时有：

$$A=\sum_{i=1}^{n-1} d_i nl = nld_{avg} = l_{total} d_{avg} \tag{6-30}$$

可以看出，腐蚀区的精确金属损失面积可以用一个长方形的面积来代替，腐蚀区的总长度与平均深度的乘积。

（2）等效面积法。

把式（6-30）作变换即可得到另一种计算方法：

$$A=l_{total}d_{avg}=l_{total}(d_{avg}/d)\,d=l_{eq}d \tag{6-31}$$

这里 l_{eq} 称为等效长度，可表示为：

$$l_{eq}=l_{total}(d_{avg}/d) \tag{6-32}$$

（3）有效面积法。

对不规则的腐蚀缺陷，根据缺陷的总面积和总长度得到的管子的强度常常不是最小值。有效面积法是分别对一系列连续腐蚀缺陷的每个梯形截面计算出管段的失效压力，把其中最小的失效应力作为管子的失效压力。

如图 6-9 所示，可以计算出 10 个不同的损失面积。每次计算包括 L_1，L_2，…，L_i，i=1，2，…，10。每次计算得到的面积是 L_i 范围内由不同深度的点形成的梯形面积的总和。这种方法是以有效面积和有效长度为依据。该方法要求细致的测量，工作量很大。

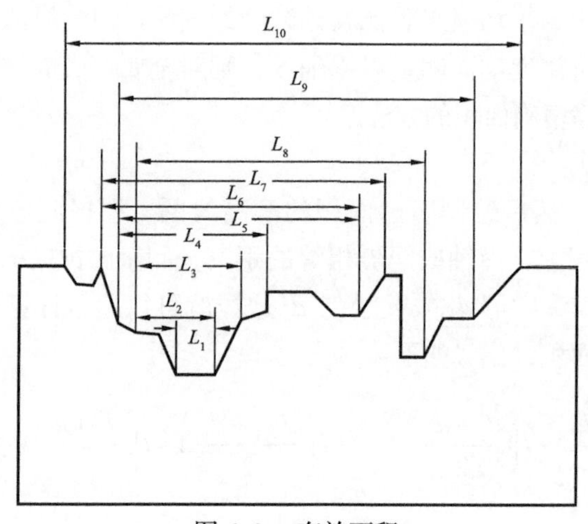

图 6-9　有效面积

3. 含弥散损伤型缺陷管道剩余强度评价方法

首次采用损伤力学理论，研究建立了基于损伤度的评价方法，基本思路是：通过 HIC 试验，采用定量金相技术和慢拉伸试验，测量试样在不同损伤度下材料性能如宏观弹性模量、屈服强度、抗拉强度等的退化规律，从而基于损伤力学的宏观唯象理论建料性能数据和损伤度就可对含弥散损伤型缺陷管道进行评价。

二、管道剩余寿命预测方法

管道剩余强度评价是管道剩余寿命预测的基础，但管道的剩余强度只能反映管道当前的状态，即从强度上考虑管道是否满足当前承压能力，确定对服役中的管道是否更换，能否升压运行，是否需要降压运行等。预测管道的剩余寿命则是预测在役管道的未来发展、确定管道的检测周期及维修周期等重要参数，在管道的安全评价和适用性评价中占有重要地位。特别是管道中，常常表现为腐蚀和疲劳的双重作用，因此如何预测管道的剩余寿命，对于缓蚀剂选取、缓蚀剂作用效果评价、缓蚀剂经济评价以及整个管道系统的经济有效运行等都具有重要作用。

管道剩余寿命的影响因素很多，如腐蚀影响因素、疲劳、应力、温度、加载频率等。但是通常，管道剩余寿命的影响因素主要是腐蚀和疲劳两个因素，其中，腐蚀是第一，疲劳次之。管道腐蚀包括管内壁腐蚀和管外壁腐蚀两种，主要是由于管道外界腐蚀介质和管道中输送介质的腐蚀性引起的，疲劳则主要是压力和温度变化引起的。

在给定腐蚀缺陷尺寸条件下，管道剩余寿命预测的关键是：

（1）建立腐蚀缺陷裂纹扩展速率数学模型并进行求解；

（2）确定给定腐蚀缺陷尺寸下的临界腐蚀缺陷尺寸。

目前，国内外主要集中在疲劳对管道剩余寿命的影响的研究，很少同时考虑腐蚀和疲劳对管道剩余寿命的综合影响；特别对腐蚀占主要地位、疲劳次之的管道剩余寿命预测方面的研究就更少。

（1）预测给定腐蚀缺陷尺寸下的剩余寿命。

管道的剩余寿命预测具体思路：

① 首先对腐蚀缺陷尺寸检测、腐蚀缺陷裂纹简化、缺陷区域应力分析。

② 进行剩余强度评价和承压测定。

根据管道材料性能和应力分析计算出给定失效准则条件下（如 LBB，YBB 准则）腐蚀缺陷临界尺寸 a_{er}、c_{er}；根据腐蚀缺陷裂纹的扩展速率数学模型，计算出 da/dt 和 dc/dt；根据腐蚀缺陷的扩展速率确定给定时间间隔下的腐蚀缺陷尺寸参数 a、c。

③ 重复进行剩余强度评价和承压测定。

具体预测剩余寿命的思路如图 6-10 所示。

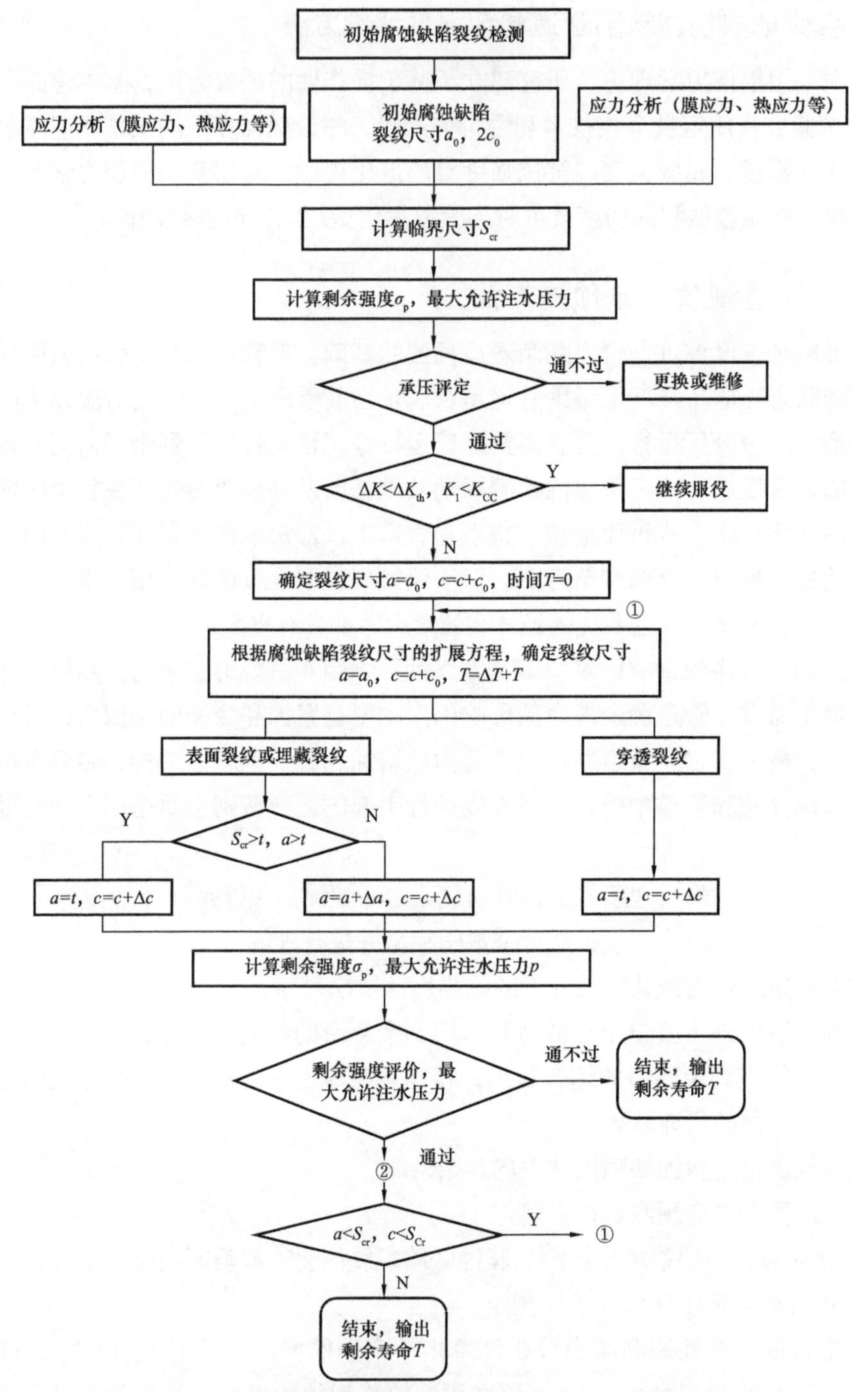

图 6-10　给定腐蚀缺陷尺寸管道的剩余寿命预测流程图

（2）基于腐蚀缺陷尺寸预测管道剩余寿命的变化趋势。

基于腐蚀缺陷尺寸预测管道剩余寿命的变化趋势的计算步要如下：

① 利用腐蚀智能检测仪检测当前腐蚀缺陷尺寸；

② 预测当前腐蚀缺陷尺寸下的剩余寿命；

③ 预测腐蚀速率随着时间的变化趋势，建立腐蚀缺陷和腐蚀裂纹缺陷扩展数学模型并进行求解；

④ 预测管道剩余寿命随着时间的变化趋势。

程序框图如图 6-11 所示。

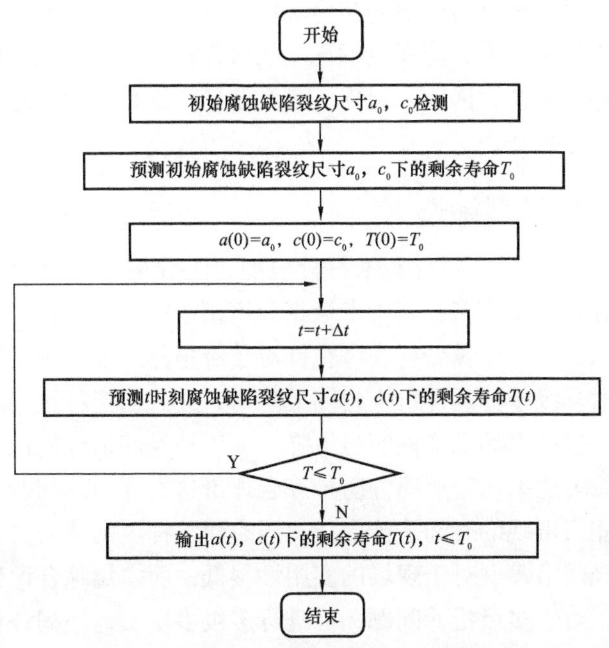

图 6-11　基于腐蚀缺陷尺寸预测管道剩余寿命变化趋势流程图

（3）基于灰色系统理论的腐蚀管道剩余寿命预测模型。

所谓的灰色系统是指系统的信息不完整，因素不完全准确，因素关系不完全明确，系统结构不清晰。对于管道腐蚀因素不完全清楚的腐蚀寿命预测，用灰色系统理论来建立模型具有可行性。灰色系统理论通过对有限、无规律的数据进行处理，再生成预测模型，以发掘出系统的潜在规律，但是灰色系统预测的精度不高，算法还有待提高。

（4）利用极值分布对输油管道建立寿命预测模型。

管道的工作强度由组成的各个管段中强度最小的决定，管道腐蚀寿命由腐蚀缺陷中最大腐蚀深度决定，工程上经常对系统中最小值和最大值的分布进行研究，常把这些量的分布叫作极值分布。极值分布在水利、地质、腐蚀等领域有广泛的应用。腐蚀行为符合概率的特点，特别是局部腐蚀，例如孔蚀、缝隙腐蚀等。输油管道寿命的决定因素并不是平均深度，而是局部腐蚀的最大深度，而且局部腐蚀进展的最大值遵循极值分布。通过概率统计的方法对管道腐蚀深度数据进行预处理，得到腐蚀深度的极值分布概率统计表，利用该表可以得到管道的最大腐蚀深度，再利用腐蚀速率公式，计算出管道的腐蚀剩余寿命。

第二节　油气管道腐蚀防护综合评价模型

目前，在对埋地钢质管道腐蚀防护系统评价时，往往只是运用一个或两个二级指标进行评价，如只运用土壤腐蚀和防腐层状况进行评价。而埋地钢质管道腐蚀防护的优劣是通过土壤腐蚀性、防腐层状况、阴极保护有效性、杂散电流干扰以及排流保护有效性共同决定的，因此，建立一套系统的、综合性的埋地钢质管道腐蚀防护综合评价模型十分必要。

一、综合评价模型筛选

常见的综合评价模型主要有专家打分模型、主分量分析模型、人工神经网络分析模型和模糊综合评价模型，其中专家打分模型往往具有很强的主观性，评价结果的准确性不能保证；主分量分析模型在针对单级指标（如土壤腐蚀性）的评价上很有优势，但针对多级指标的评价上也略显吃力，并且当指标过多时，评价中会丢失一部分信息，评价结果的准确性明显下降；人工神经网络分析模型在学习训练上很难控制，对于像埋地钢质管道腐蚀防护综合评价这类复杂的问题时，训练一个神经网络可能需要相当可观的时间才能完成，同时建立神经网络需要数据量也非常之大，因此人工神经网络模型对于现场的实用性很低；而模糊综合评价模型则完美地解决了这些问题，对于多级指标问题，可进行多级多层次地模糊评价，且模糊综合评价模型与其他模型的兼容性非常好，比如在确定权重时，可同时运用专家打分法、层次分析法（AHP）等方法来确定各个指标的权重。因此，对于埋地钢质管道腐蚀防护综合评价，模糊综合评价模型具有明显优势。

二、模糊综合评价方法

1. 模糊数学

世界上的万物是复杂多变的，在实际工作或生活中，有些事件往往既包含随机不确定性，又包含模糊不确定性。事物的模糊性是指客观差异的中介过渡划分所引起的一种不确定性，或概念上没有明显界限所引起的一种不确定性。1965 年，美国加州大学柏克莱分校的扎德（L.A.Aadeh）教授第一次提出了“模糊集合”的概念。近年来，模糊数学不论是在理论上，还是在应用上都在迅速发展。模糊技术能在信息时代得到如此迅速的发展，是由于模糊理论为信息革命提供了新的、富有魅力的数学工具和手段。

2. 模糊综合评价

对某个事物或事件的传统评价中，往往只根据某一指标或因素来进行评价，从而得出评价结论。而在很多实际场合，人们对事物或事件的评价要考虑多项指标，才能得出全面而准确的评价结论，若只根据某一指标进行评价，就不可能得出令人信服的结论。因此，汪培庄在20世纪80年代提出了综合评价模型。在实际应用中，评价的对象往往受到各种不确定因素的影响，其中模糊性是最主要的，将模糊理论和经典综合评价方法相结合进行综合评价，将使结果尽量客观，从而取得更好的实际效果。

三、地钢质管道腐蚀防护综合评价模型的建立

埋地钢质管道腐蚀防护综合评价模型采用二级模糊综合评价模型，其思路是将第二级模糊评价的评价集中对应的等级作为第一级模糊评价的单因素评价向量，即将第二级模糊评价的结果作为第一级模糊评价的条件，如图6-12所示。

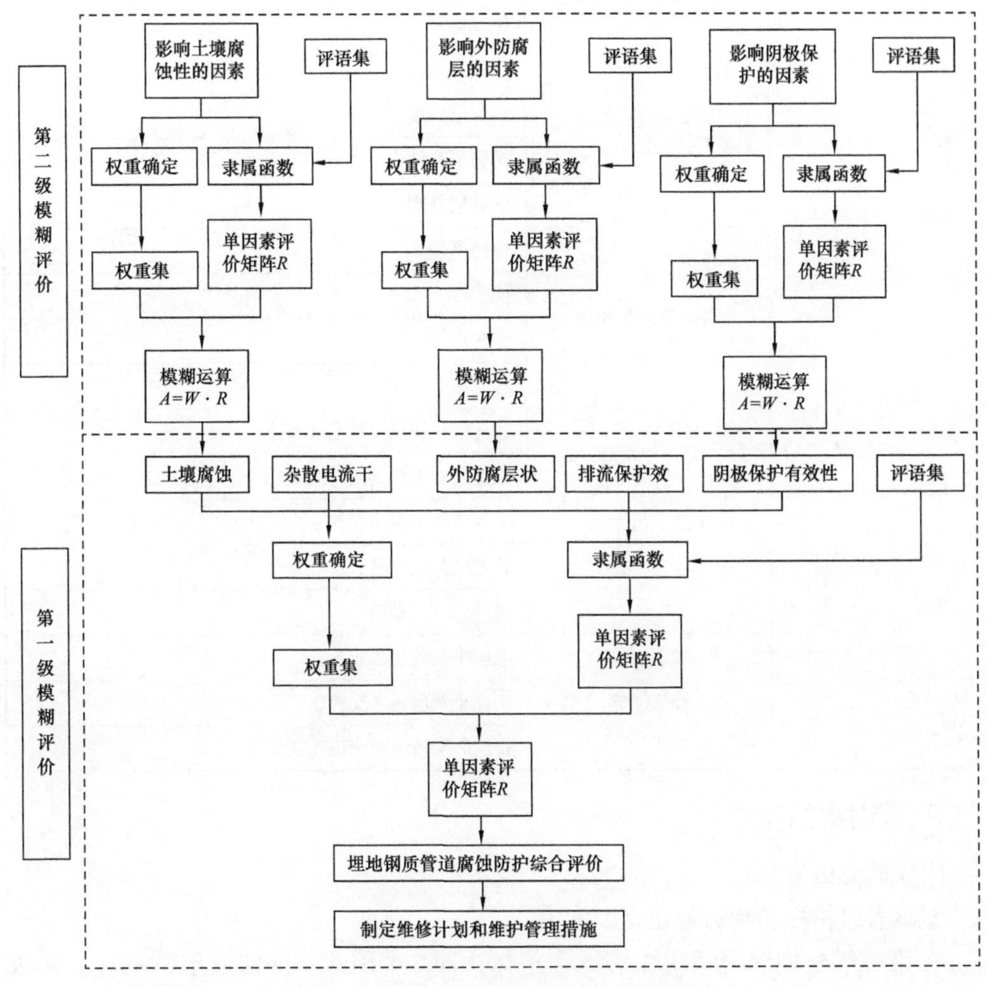

图6-12　埋地钢质管道模糊综合评价模型

1. 评价指标的选取

一级评价指标5个，二级评价指标25个，见表6-2。

表 6–2 模糊综合评价指标选取

模糊综合评价	一级指标	二级指标
埋地钢质管道腐蚀防护综合评价指标	土壤腐蚀性	土壤电阻率
		氧化还原电位
		自然腐蚀电位
		土壤 pH 值
		含水量
		含盐量
		土壤氯离子含量
		土壤质地
	防腐层状况	绝缘电阻率
		破损点密度
		防腐层厚度
		防腐层黏结力
		防腐层外观
	阴极保护有效性	保护电位
		保护度
		保护率
		运行率
	杂散电流干扰	管地电位正向偏移量（直流）
		土壤表面电位梯度（直流）
		交流电流密度（交流）
		管地电位波动值
		感应电流波动值
	排流保护	电位平均值比（直流）
		交流干扰电压（交流）
		排流后交流电流密度（直流）

2. 模糊集的建立

（1）建立因素集。

根据各级指标的指标数建立因素集。

在第一级模糊综合评价中有 5 个指标，即 5 个因素：外防腐层状况 u_1、阴极保护有效性 u_2、土壤腐蚀性 u_3、杂散电流干扰 u_4、排流保护效果 u_5，建立因素集 $U=[u_i]=[u_1, u_2, u_3, u_4, u_5]$（$i=1, 2, 3, 4, 5$），即：$U=\{$外防腐层状况 u_1，阴极保护有效性 u_2，土壤腐蚀性 u_3，杂散电流干扰 u_4，排流保护效果 $u_5\}$。

在第二级模糊综合评价中，如土壤腐蚀性有 8 个指标，第二级模糊综合评价土壤腐蚀性的因素集 $U_1=[u_j]=[u_1，u_2，u_3，\cdots，u_8]$（$j$=1，2，3，4，5），即：$U_1$={ 土壤电阻率 u_1，氧化还原电位 u_2，自然腐蚀电位 u_3，…，土壤质地 u_8}。其余因素集建立的方法类似。

（2）建立评价集。

在第一级评价中，建立评价集 V，即：

$$V=[v_j]=[v_1，v_2，v_3，v_4]=[1，2，3，4]\quad (j=1，2，3，4)$$

评价集中，各评价等级对应表 6–3 的 4 个等级。

表 6–3　埋地钢质管道腐蚀防护级别分级

等级	分级属性及检验周期
1	腐蚀防护系统功能完好，满足设计要求，在 6 年的检验周期内能有效使用
2	腐蚀防护系统基本完好，但存在一些不影响防护效果的缺陷，能基本满足设计要求，在 3～6 年的检验周期内能使用
3	腐蚀防护系统整体状况较差，存在缺陷，不能完全满足设计要求，在使用单位采取适当措施后，可在 1～3 年检验周期内在限定的条件下使用
4	腐蚀防护系统缺陷严重，不能满足设计要求，不能有效防止金属管体腐蚀，使用单位应立即实行重大维修

在第二级评价中，分别运用防腐层状况 V_1=[1，2，3，4]=（很好，较好，较差，差）；阴极保护有效性 V_2=[1，4]=（合格，不合格）；土壤腐蚀性 V_3=[1，2，3，4]（弱，较弱，中，强）；杂散电流干扰 V_4=[1，2，3，4]=（弱，较弱，中，强）；排流保护 V_5=[1，4]=（合格，不合格）来作为第二级单因素模糊评价的评价集。

3. 单因素评价矩阵的建立

（1）评价向量。

要建立单因素 u_i 的评价向量 $R_i=[r_{ivj}(\mathrm{x})]$（$i$=1，2，3，4；$j$=1，2，3，4），首先确定因素集 $U=[u_i]$ 中各因素 u_i 的评价指标对评价集中 $V=[v_j]$ 各评价等级 v_j 的隶属度值。其中 $r_{ivj}(\mathrm{x})$ 为因素集中各因素 u_i 的隶属度函数，表示各因素 u_i 隶属于评价等级 v_j 的程度，在 [0，1] 上取值，如图 6–13 所示。图中 x 为因素集中个因素 u_i 对应评价指标的实际检测值，x_1、x_2、x_3 为评价指标在本标准中进行等级划分时的指标。在确定隶属度函数时，首先确定各评价指标的取值范围，即通过因素集中各单因素对应评价指标的评价标准来确定。其中，阴极保护有效性和排流保护评价分级为 2 级（1 级合格，4 级不合格），所以可不用计算其隶属度。其余评价指标的分级均为 4 级，因此，各评价指标的取值范围分为 4 个区间，即 $(-\infty, x_1]$ $(x_1, x_2]$、$(x_2, x_3]$、$(x_3, +\infty)$ 与 $[x_3, +\infty)$、(x_2, x_3)、$(x_1, x_2]$、$(-\infty, x_1]$，分别对应评价指标值越小越安全与评价指标值越大越安全两种的情况。

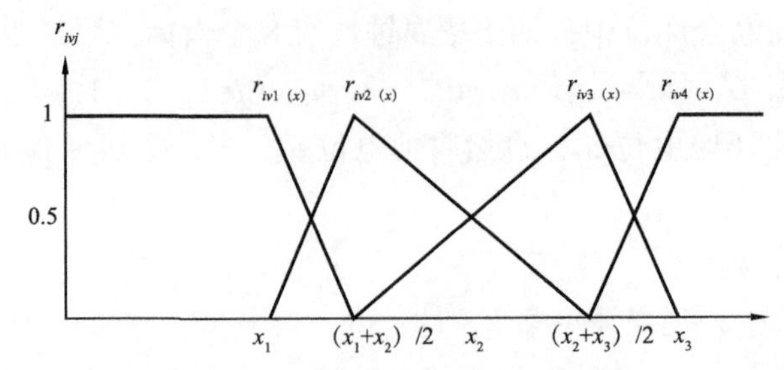

图 6-13　单因素评价矩阵隶属函数

① 对于指标值越小越安全的情况，选取 4 个区间的 3 个端点值 x_1、x_2、x_3，并取两两断点的重点（x_1+x_2）/2、（x_2+x_3）/2，建立降梯形分布函数 r_{iv1}（x）、升梯形分布函数 r_{iv4}（x）以及折线函数 r_{iv2}（x）、r_{iv3}（x）作为因素集中各因素的隶属度函数，见式（6-33）至式（6-36）。

$$r_{iv1}(x)=\begin{cases}1 & x\leqslant x_1\\ \dfrac{x-(x_1+x_2)/2}{x_1-(x_1+x_2)/2} & x_1< x\leqslant(x_1+x_2)/2\\ 0 & 其他\end{cases}\tag{6-33}$$

$$r_{iv2}(x)=\begin{cases}\dfrac{x-x_1}{(x_1+x_2)/2-x_1} & x_1\leqslant x\leqslant(x_1+x_2)/2\\ \dfrac{x-(x_2+x_3)/2}{(x_1+x_2)/2-(x_2+x_3)/2} & (x_1+x_2)/2< x\leqslant(x_2+x_3)/2\\ 0 & 其他\end{cases}\tag{6-34}$$

$$r_{iv3}(x)=\begin{cases}\dfrac{x-(x_1+x_2)/2}{(x_2+x_3)/2-(x_1+x_2)/2} & (x_1+x_2)/2< x\leqslant(x_2+x_3)/2\\ \dfrac{x-x_3}{(x_2+x_3)/2-x_3} & (x_2+x_3)/2< x\leqslant x_3\\ 0 & 其他\end{cases}\tag{6-35}$$

$$r_{iv4}(x)=\begin{cases}1 & x> x_3\\ \dfrac{x-(x_2+x_3)/2}{x_3-(x_2+x_3)/2} & (x_2+x_3)/2< x\leqslant x_3\\ 0 & 其他\end{cases}\tag{6-36}$$

② 对于指标值越大越安全的情况，因素集中各因素隶属度函数见公式（6-37）至式（6-40）。

$$r_{iv1}(x)=\begin{cases}\dfrac{x-(x_2+x_3)/2}{x_3-(x_2+x_3)/2} & (x_2+x_3)/2\leqslant x\leqslant x_3\\ 1 & x>x_3\\ 0 & \text{其他}\end{cases} \tag{6-37}$$

$$r_{iv2}(x)=\begin{cases}\dfrac{x-(x_1+x_2)/2}{(x_2+x_3)/2-(x_1+x_2)/2} & (x_1+x_2)/2<x\leqslant(x_2+x_3)/2\\ \dfrac{x-x_3}{(x_2+x_3)/2-x_3} & (x_2+x_3)/2<x\leqslant x_3\\ 0 & \text{其他}\end{cases} \tag{6-38}$$

$$r_{iv3}(x)=\begin{cases}\dfrac{x-x_1}{(x_1+x_2)/2-x_1} & x_1\leqslant x\leqslant(x_1+x_2)/2\\ \dfrac{x-(x_2+x_3)/2}{(x_1+x_2)/2-(x_2+x_3)/2} & (x_1+x_2)/2<x\leqslant(x_2+x_3)/2\\ 0 & \text{其他}\end{cases} \tag{6-39}$$

$$r_{iv4}(x)=\begin{cases}1 & x\leqslant x_1\\ \dfrac{x-(x_1+x_2)/2}{x_1-(x_1+x_2)/2} & x_1<x\leqslant(x_1+x_2)/2\\ 0 & \text{其他}\end{cases} \tag{6-40}$$

（2）建立单因素评价矩阵。

把因素集中各因素 u_i 对应评价指标的实际检测值 x 带入隶属函数，计算各单位因素评价指标对评价集中 v_j 的隶属值 $r_{ivj}(x)$，建立单因素评价矩阵 $R=[R_i]^{\mathrm{T}}=[r_{ivj}(x)]^{\mathrm{T}}$。

所以，第一级模糊评价的单因素评价矩阵如下：

$$R=[R_i]^{\mathrm{T}}=[u_{5v4}(x)]^{\mathrm{T}}=\begin{bmatrix} r_{1v1}(x) & r_{1v2}(x) & r_{1v3}(x) & r_{1v4}(x)\\ r_{2v1}(x) & r_{2v2}(x) & r_{2v3}(x) & r_{2v4}(x)\\ r_{3v1}(x) & r_{3v2}(x) & r_{3v3}(x) & r_{3v4}(x)\\ r_{4v1}(x) & r_{4v2}(x) & r_{4v3}(x) & r_{4v4}(x)\\ r_{5v1}(x) & r_{5v2}(x) & r_{5v3}(x) & r_{5v4}(x)\end{bmatrix}$$

同理，第二级模糊评价单因素评级矩阵（以阴极保护有效性为例）如下：

$$R=[R_i]^{\mathrm{T}}=[\mu_{4v2}(x)]^{\mathrm{T}}=\begin{bmatrix} r_{1v1}(x) & r_{1v2}(x) & r_{1v3}(x) & r_{1v4}(x) \\ r_{2v1}(x) & r_{2v2}(x) & r_{2v3}(x) & r_{2v4}(x) \end{bmatrix}$$

（3）单因素评价矩阵计算方法。

第二级模糊评价单因素矩阵的计算，应选择正确的隶属度函数进行计算，得出单因素评价矩阵。根据二级模糊综合评价思路，第一级模糊评价的单因素评价向量为第二级模糊评价的评价集中对应的结果，以外防腐层状况为例，计算方法如下：

在不开挖检验情况下进行外防腐层状况评价时，选择外防腐层绝缘电阻率（R_g值）（分级标准见附录）、破损点密度（P 值）（分级标准见附录）等评价指标进行评价，计算出第二级外防腐层状况模糊评价的评价集 $V_1=[v_1, v_2, v_3, v_4]$，从而第一级外防腐层状况模糊评价的评价向量 $R_1=[r_{1v1}, r_{1v2}, r_{1v3}, r_{1v4}]$。

在开挖检验情况下，以外防腐层绝缘电阻率（R_g 值）、破损点密度（P 值）、外观检查（分级标准见表 2–3）、外防腐层厚度（分级标准见表 2–3）和黏结力作为开挖检验的评价指标进行评价。计算出第二级外防腐层状况模糊评价的评价集 $V_1=[v_1, v_2, v_3, v_4]$，其对应结果作为第一级外防腐层状况模糊评价的评价向量 $R_1=[r_{1v1}, r_{1v2}, r_{1v3}, r_{1v4}]$。

其余单因素评价矩阵的计算方法可根据外防腐层状况进行相应计算。但须注意：

① 在阴极保护有效性的单因素向量计算中，通过测试阴保系统的管地点位以及计算阴极保护系统的保护率、保护度、运行率等评价指标来评价阴极保护的有效性，评价结果只有合格和不合格两种情况（评价标准见表 6–4），在第二级模糊综合评价中，依据检验结果选取评价向量 [1 0] 或 [0 1]，分别对应评价集中的一级和四级，不需要计算隶属度。排流保护效果的计算也类似。管地保护电位、保护率、保护度、运行率中只要有一个评价指标不合格，评价结果即为不合格，直接评价为 4 级，所以第一级综合评价中阴极保护有效性的单因素评价向量为 $R_2=[0\ 0\ 0\ 1]$。

表 6–4　运行率、保护率、保护度计算方法

对象	计算方法	备注
运行率	$运行率=\left[\dfrac{1年内有效运行小时数}{全年小时数（8760）}\right]\times100\%$	大于 98% 为合格
保护率	$保护率=\left(\dfrac{管道总长-未达到有效保护管道长}{管道总长}\right)\times100\%$	大于 100% 为合格
保护度	$保护度=\left(\dfrac{G_1/S_1-G_2/S_2}{G_1/S_1}\right)\times100\%$ 式中　G_1——未施加阴极保护检查片的失重（精度 0.1mg），g； S_1——未施加阴极保护检查片的裸露面积（精度 0.01cm^2），cm^2； G_2——施加阴极保护检查片的失重（精度 0.1mg），g； S_2——施加阴极保护检查片的裸露面积（精度 0.01cm^2），cm^2	需要检查片

② 对于土壤腐蚀性评价，可以采用两种方法计算单因素向量。

a. 首先对土壤电阻率、管地自然腐蚀电位、氧化还原电位、土壤 pH 值、土壤质地、土壤含水率、土壤含盐量、土壤氯离子含量等评价指标进行测试，根据测试结果分别计算上述 8 个评价指标的评价指标分数 N（i=1，2，3，4，5，6，7，8）及其和值 $N=\sum_{i=1}^{8} N_i$ ，然后根据表 6–5 给出的土壤腐蚀性分级标准，通过隶属度函数，计算土壤腐蚀性评价向量 R_3=[r_{3v1}，r_{3v2}，r_{3v3}，r_{3v4}]。如果评价土壤腐蚀性的 8 个检测指标不全时，可根据实际情况估算一个缺项检测指标的评分分数 N_i。

b. 参照第二级外防腐层模糊评价的方法算出第二级土壤腐蚀性模糊评价的评价集，再用其对应的结果作为第一级土壤腐蚀性模糊评价的结果。

表 6–5　土壤腐蚀性评价等级

N 值	土壤腐蚀等级
19＜N≤32	4（强）
11＜N≤19	3（中）
5＜N≤11	2（较弱）
0≤N＜5	1（弱）

注：（1）N 为 $N_1+N_2+N_3+N_4+N_5+N_6+N_7+N_8$ 之和。

（2）特殊情况下或 N 值的分项数据不全时，应根据实际情况确定土壤腐蚀性评价指标。

③ 在通过隶属度函数计算杂散电流干扰的评价向量时，由于表 6–6 给出的评价标准只有"弱、中、强"3 级，即评价指标的取值范围只有（–∞，a]、[a，b]、(b，+∞）3 个区间，不能够使用本章给出的隶属度函数计算评价指标的评价向量，此时可通过插值法将 [a，b] 区间等分成 [a，（$a+b$）/2）]、[（$a+b$）/2，b] 两个区间，从而将评价指标的取值范围扩展成（–∞，a）、[a，（$a+b$）/2]、[（$a+b$）/2，b]、(b，+∞）4 个区间，分别对应"弱、较弱、较强、强"4 个等级，并按照指标值越小越安全的情况，选择相应的隶属度函数进行计算。

表 6–6　干扰程度评价指标

干扰类型		弱	中	强
直流电流干扰	管地电位正向偏移，mV	＜20	20～200	≥200
	土壤表面电位梯度，mV/m	＜0.5	0.5～5.0	≥5.0
交流干扰	交流电流密度，A/m^2	＜30	30～100	≥100
杂散电流干扰	管地电位正向偏移，mV	＜50	50～350	≥350
	感应电流波动值，A	＜1	1～3	≥3

第三节 油气管道 ECDA 评价技术

一、ECDA 评价技术现状及特点

ECDA 技术是评价外腐蚀对管道完整性影响的一种方法。ECDA 按照规范化程序，通过外检测手段获取管道外腐蚀和防腐系统的现状信息，结合开挖验证和相关资料的分析结果，对管道外防腐系统进行系统而全面的评价。ECDA 的目标是将开挖和维修成本最小化的同时，通过对管道外腐蚀的风险进行有效管理以降低外腐蚀对管道完整性的影响，从而改善管道的安全状况。

直接评价方法是一个结构化过程，包括预评价（Pre-assessment）、间接检测（Indirect Inspection）、直接检查（Direct Examination）和后评价（Post Assessment）。这 4 个阶段的工作相辅相成，前者为后者提供数据基础，后者又通过反馈对前者的结果进行修正。ECDA 检测和评价的对象包括：管道外防腐层、阴极保护系统、缺陷点处的管体、干扰防护系统、相关附属设施和管道周边环境等。

ECDA 的主要工作内容包括：（1）通过间接检测手段对防腐层状况进行检测与评价，分析判断存在防腐层缺陷或防腐层性能较差的管段，评价防腐层缺陷点管道的腐蚀活性；（2）通过间接检测手段对阴极保护的有效性进行检测与评价，分析判断管道阴极保护异常的管段位置和导致异常的原因；（3）通过间接检测手段对管道的交、直流干扰状况进行检测与评价，分析判断存在杂散电流影响的管段位置以及影响程度和原因；（4）通过开挖检查手段对防腐层缺陷和管体腐蚀情况进行直接检测与评价；（5）通过检测和采样化验等手段对管道周围环境的腐蚀性进行检测与评价。

ECDA 可以为管道完整性管理提供必要的数据支持，是完整性管理的基础工作。通过实施 ECDA，判断管道外防腐系统的薄弱之处，全面掌握管道外防腐系统的现状、外腐蚀情况及相关影响因素，从而为制定管道维护方案提供决策依据。

目前，ECDA 技术已经形成了相关技术标准。2002 年，美国腐蚀工程师协会颁布了 NACE RP 0502—2002《管道外腐蚀直接评价推荐做法》。2006 年，国内修改采用该标准，形成了 SY/T 0087.1—2006《钢质管道及储罐腐蚀评价标准 第 1 部分：埋地钢质管道外腐蚀直接评价》。2008 年以来，美国腐蚀工程师协会又两次修订 NACE RP 0502—2002，由原来的推荐做法上升为标准，目前该标准最新版为 NACE SP 0502—2010。

与其他管道检测技术相比，ECDA 技术具有许多优点：（1）适应范围广，可应用于因管道结构或运行要求而无法进行内检测和压力试验的管道；（2）不仅可以识别和确定已经发生腐蚀的位置，而且可以确定正在发生或者将来可能发生腐蚀的位置；（3）检测和评价费用相对较低；（4）检测实施过程对管道没有影响或影响较小。ECDA 技术的主要不足之处：（1）需要较多的数据支持；（2）在某些场合由于缺乏有效的检测手段，该技术难以应用；例如，有电流屏蔽产生的管段、岩石回填的区域、在正常的时间段无法进行地面检测的管段等；（3）该技术涉及的检测方法较多，检测数据多样，分析过程相对较复杂。

外腐蚀直接评价法是针对管段上的外腐蚀危险评价管段的完整性。该过程将设施参数、管道特性的当前、历史的现场检测和数据相结合，采用无损检测技术（一般为地上或间接检测）对防腐效果进行评价。

直接评价技术与防腐层密切相关，现在国内新建管道普遍采用的是 3PE 防腐层，其典型的结构如图 6–14 所示。

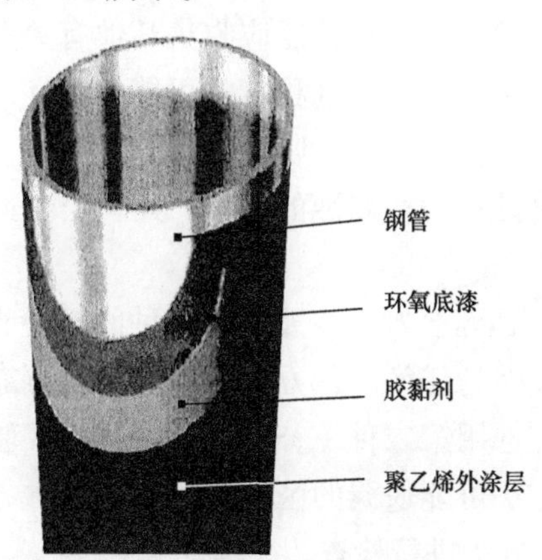

图 6–14　3PE 结构

直接评价一般在管道处于如下状况下选用：

（1）不具备内检测或压力试验实施条件的管道；

（2）不能确认是否能够进行压力试验或内检测的管道；

（3）使用其他方法评价需要昂贵改造费用的管道；

（4）无法停止输送的单一管道；

（5）压力试验水源不足并且压力试验水无法处理的管道；

（6）确认直接评价更有效，能够取代内检测或压力试验的管道。

二、ECDA 评价方法及其步骤

ECDA 要求进行直接检查和评价，直接检查和评价可验证间接检测确定的管道上现有的和过去的腐蚀位置。

ECDA 要求进行后评价，以确定腐蚀速率，从而确定检测时间间隔，重新评价效能的量度标准及其当前的适用性，确认前面几个阶段所作假设的正确性。

ECDA 分以下 4 个步骤：预评价、间接检测、直接检查、后评价。

ECDA 的重点是要识别外腐蚀缺陷可能已形成的区域。已经证明，在 ECDA 过程中，可以检测出机械损坏和应力腐蚀开裂（SSC）等其他危险。在进行 ECDA 且管子外露时，建议运营公司对非外腐蚀危险也进行检测。

ECDA 过程要求采用至少两种检测方法，通过检查和评价进行确认性检查，并进行后评价验证。

1. 预评价

预评价步骤为选择每一管段提供了指南，并提供了相应的间接检查方法。还可通过数据收集和分析，判断或确定沿被评价管道进行 ECDA 的区域。ECDA 区域是指管道上有数据表明适合用间接检查方法进行检查的区域。不同的 ECDA 区域，可以使用不同的间接检查方法。

运营公司必须首先收集管道的历史资料，包括设备资料、运行历史和以前对管道进行地面间接检查和直接检查的结果，还应收集其他有关数据以提高分析评价有效性。应对这些数据进行分析，评价腐蚀程度和可能性，还应考虑可能影响 ECDA 的其他因素，如邻近管道、入侵结构以及明显的操作变化。

预评价步骤评定以前腐蚀和现行腐蚀的位置，运营公司必须确定，在这些位置是否可以采用这些 ECDA 方法。

在 ECDA 区域确定后，运营公司至少要选择两种间接检查方法：一是主要检查方法，二是补充检查方法。因为任何一种方法都不能完全可靠地确定缺陷迹象的位置，所以两种方法都需要。选用第二种（补充）方法是为了验证第一种方法的有效性，并尽可能识别第一种方法可能遗漏的区域。对于这两种方法所得结果相互矛盾的区域，应考虑采用第三种方法进行检查。

2. 间接检测

首先采用有效主要的间接检测方法来检查涂层缺陷，应对上述预评价识别出的区域进行初步检查，第二步是使用补充方法对同一区域进行检查。补充检查应包括：在第次检查时难以确定结果的区域、所有特别关注的区域和（与历史数据对比可看出）最近发生了变化的区域。补充检查必须至少检查每一 ECDA 区域的 25%。（ECDA 预评价与间接检测过程框图如图 6-15 所示）。

把主要方法和补充方法间接检查结果进行比较，确定是否发现新的缺陷。如果在补充检查中，发现了新的涂层缺陷，则必须对检查结果相互矛盾的原因作出解释和 / 或采取另外的（第三种）间接检查方法再次检查。如果用第三种检查又检查出了其他的涂层缺陷和 / 或对补充检查时查出来的腐蚀缺陷不能作出解释，必须回到预评价阶段，选择其他的评价方法。

在每一 ECDA 区域，应对涂层缺陷的特征加以说明（即是离散的还是连续的），并根据间接检查数据预计的腐蚀严重程度，对涂层缺陷进行先后排序。例如，根据管道的历史，运营公司可利用腐蚀状态（即阳极 / 阳极、阳极 / 阴极、阴极 / 阴极），确定哪些涂层缺陷最有可能成为严重腐蚀区域。严重腐蚀可能性最大的那些区域，应优先开挖。

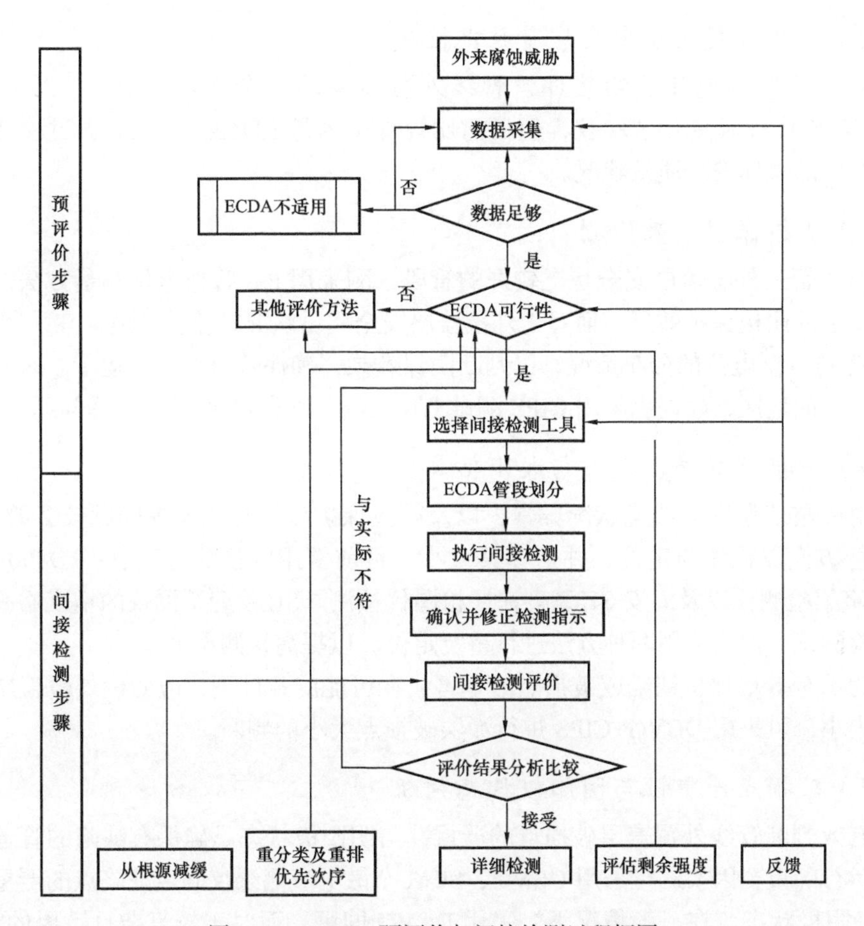

图 6-15　ECDA 预评价与间接检测过程框图

要对发现的所有管壁金属损失情况进行评价，确定相应的再检测和 / 或再试验的时间间隔。相同的间接检查方法不一定适用于正在评价的每条管道或管段，可根据检查结果改用不同的方法。

根据对上述各种检测方法的原理分析及优缺点总结，提出了埋地管道综合检验检测技术组合方法，具体的应用步骤如下。

1）管线探寻

为了保证所进行的检测是在管道正上方，需要明确管线的位置与走向。对厂区内的短距离管线，可选用 RD4000-PDL 进行检测，而长距离的管线，只能选用 RD400-PCM 进行探测；对于局部区域内的复杂管线，可选用探地雷达，如 PipeHawk 地下管道探测雷达。

探地雷达的工作原理是：通过天线向地下发射一个快速上升的电磁脉冲，该脉冲被地下介质介电常数的变化散射，这由地下介质介电常数的变化产生的散射将一小部分能量反射回到雷达天线。反射回来的信号由天线接收后传送到数字信号处理硬件，经计算机处理后就能得到管道的具体位置。

2）管线外覆盖层安全质量状况检测

可采用管中电流测绘法评价管线外覆盖层的安全质量状况。一般可采用RD400-PCM以及变频选频仪，但目前比较常用的是RD400-PCM。通过检测，可了解管段的整体安全质量状况。

3）阴极保护效果检测

对于管道外覆盖层安全状况较好的管段，刚采用P/S管地电位测量方法，综合评价管道的阴极保护效果。而对于外覆盖层安全质量状况较差的管道，宜采用CIPS测试其V_{on}/V_{off}电位的分布情况，以判断阴保效果，确保管道的安全运行。对土壤电阻率较高的地区，建议也采用CIPS测试P/S电位，以有效地消除*IR*降问题。

4）破损点找寻、定位与大小估算

对外覆盖层安全质量状况异常，以及阴极保护效果检测发现问题较多的管段，应进行破损点检测与定位，并估算其大小。目前常用的检测方法有：RD400-PCM带A字架检测仪以及海安SL系列涂层检漏仪检测。SL系列检漏仪的精度略高于A字架检测仪。建议采用两种方法进行重复定位，以提高检测准确率。

为了有效地评估缺陷或破损点的危害，在可能的条件下，应明确外覆盖层的破损点大小，可采用DCVG+CIPS进行涂层破损点大小的判断。

5）破损点严重性与阴阳极状态判断

有效判断管线外覆盖层破损点的严重性与阴阳极状态是确保有缺陷的管道能否安全运行的重要因素。可采用DCVG、SCM杂散电流测绘仪确定缺陷点的严重性与阳极 / 阴极状态。在一般情况下，采用DCVG即可；而对于较复杂且重要的管线，建议采用SCM方法。因为，对于有破损点的管段，SCM能更有效地进行杂散电流测试，找出破损点属于阳极倾向点还是阴极倾向点，为管道的运行维护与排流改造提供较多的信息。

SCM的工作原理为：智能信号发送器发送独特的电流信号，用SCM智能感应器测量所选管道中流动的干扰电流，确定干扰电流流入目标管道的流入点、方向、流出点。

经过以上检测技术的组合，可以掌握地下钢质管道的走向与埋深、外覆盖层安全质量状况、阴极保护电位分布、破损点大小与分布及位置、破损点的严重性与阴阳极趋向，从而为管道使用单位对管道进行维修与改造提供依据，为政府相关职能部门安全监察提供参考。

6）数据分析

（1）通过对CIPS（密间隔电位）ON、OFF管地电位的数据处理与分析，判断防腐层的状况和阴极保护有效性；确定管线阴极区、阳极区的分布及可能正在发生腐蚀的位置，评估阳极区的腐蚀状态；测定杂散电流分布情况，判定杂散电流干扰的区域及杂散电流干扰源。

（2）通过对 DCVG（直流电压梯度）数据处理与分析，评价埋地管道的涂层状况，确定缺陷点的位置，根据其腐蚀电流的流向，确定其腐蚀状态，评估阳极区的腐蚀程度。

（3）通过对数据记录器一定时间记录的数据分析，可以确定杂散电流干扰源的特性和强度，评价杂散电流干扰影响，评价排流效果。

（4）定位缺陷点后，通过 ON、OFF 管地电位及电压梯度，导出 $IR\%$ [$IR\%=V_g/(V_{on}-V_{off})$]，根据缺陷点处 $IR\%$ 的值，按照外腐蚀直接评价（ECDA）标准对缺陷点进行分类，制定相应的维修、维护措施（表 6–7）。

表 6–7　判断缺陷点腐蚀状态

极性		特性
C/C	阴极 / 阴极	在 ON 电位状态下，缺陷点处于阴极状态；在 OFF 电位状态下，缺陷点仍处于阴极状态。缺陷点消耗阴保电流，但腐蚀不活跃
C/N	阴极 / 中性	在 ON 电位状态下，缺陷点处于阴极状态；在 OFF 电位状态下，缺陷点处于中性（即 –850mV）状态。缺陷点消耗阴保电流，阴保受干扰时可能发生腐蚀
C/A	阴极 / 阳极	在 ON 电位状态下，缺陷点处于阴极状态；在 OFF 电位状态下，缺陷点处于阳极状态。缺陷点消耗阴保电流，这些缺陷点在阴保运转正常时仍然可能腐蚀
A/A	阳极 / 阳极	不管 ON 或 OFF 状态下，缺陷点都未受到保护。它们处于腐蚀状态

IR% 用来对防腐层状况进行分类，确定防腐层破损的优先级（表 6–8）。

表 6–8　防腐层破损的优先级表

级别	*IR*%	修复优先级
1 级	1%～15%	这类破损点不需立即修复
2 级	16%～35%	这类漏损点一般不是严重的威胁，适当的阴保条件可以提供足够的保护。这类漏损点需要进行监控
3 级	36%～60%	阴保电流主要从这里流失，防腐层出现了严重的破损，对管道安全造成了威胁，这类漏损点一般认为需要修复
4 级	61%～100%	阴保电流主要从这里流失，防腐层出现了大面积严重破损。对管道安全造成了严重威胁。这类漏损点需要立即修复

3. 直接检查

本阶段需要开挖，使管道外露，以便测量金属损失，估计腐蚀增长速率，测定间接检测时评估的腐蚀形态。开挖的目的是要收集足够的数据，以便确定正在评估的管道上可能出现的腐蚀缺陷的特征，并验证间接检测方法的有效性，如图 6–16 所示。

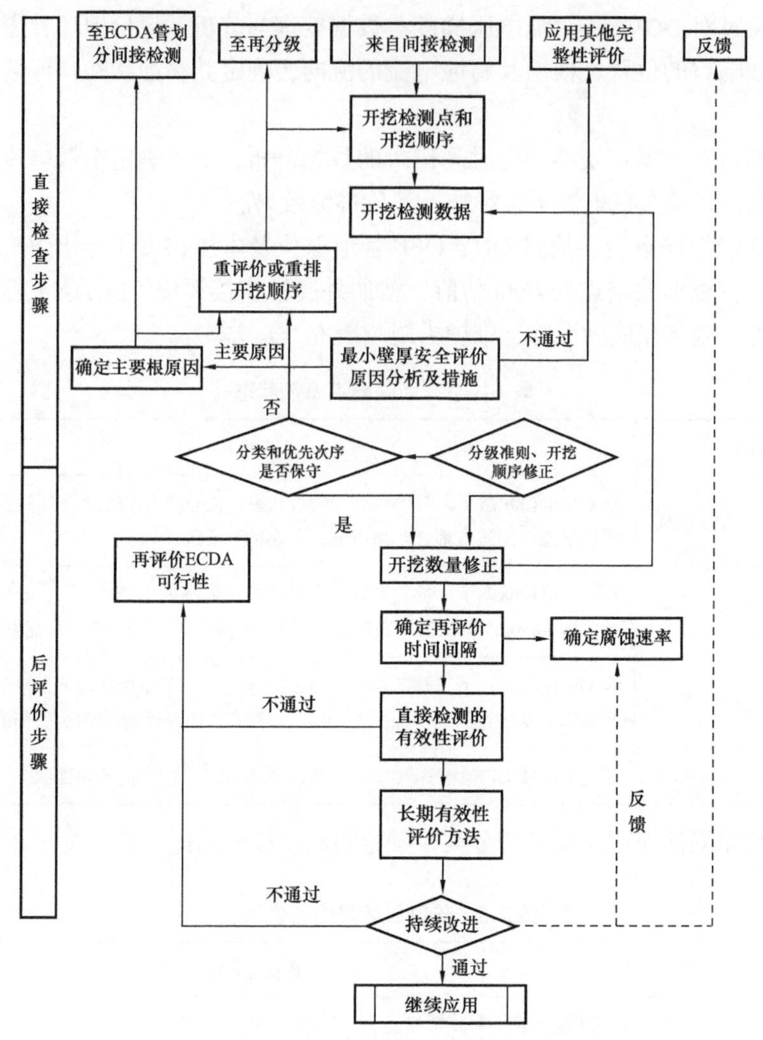

图 6-16　ECDA 直接检查与后评价过程框图

对发现有涂层缺陷的每一 ECDA 区的一个或多个地方，间接检测未发现异常的一个或多个地方，应进行直接检查。应对直接检查时发现的所有腐蚀缺陷进行测定、记录并按要求修复。

每次开挖时，运营公司应测定和记录一般环境特性（如土壤电阻率、水文、排水等）。可用这些数据估计腐蚀速率。平均腐蚀速率与土壤电阻率的关系见表 6-9。

表 6-9　腐蚀速率与土壤电阻率的关系

腐蚀速率，mil/a	3	6	12
土壤电阻率，Ω · cm	>15000（无活性腐蚀）	1000～15000（活性腐蚀）	<1000（最坏情况）

如果运营公司能为使用其他腐蚀速率或使用基于直接检测测量的估计值提供可靠的技术依据，那就可以使用实际腐蚀速率代替表 6-9 中的腐蚀速率。

应使用ASME B31.G或类似的方法，确定开挖处涂层缺陷区域所有腐蚀缺陷的严重程度。对未检查涂层缺陷的管段，必须按以下方法估计可能存在的腐蚀的最大尺寸：

（1）如果无其他数据，则必须假设最大缺陷尺寸是直接检查时测得的最大缺陷深度和长度的两倍。

（2）可以用直接检查时测得的腐蚀缺陷严重程度的统计分析结果，估计其他涂层缺陷处的缺陷严重程度。在这种情况下，运营公司必须进行开挖，在一个足够大的涂层缺陷试样上，进行直接检查，以80%的置信度对其余腐蚀缺陷的结构完整性进行统计估测。

运营公司要继续开挖、测定、分类和修补，直到有相关增长速率的其余缺陷，在下一次完整性评价之前，不会发展成为结构明显的缺陷。

4. 后评价

后评价确定再检测的时间间隔，验证整个ECDA过程的有效性，对完整性管理程序进行效能测试。再检测的时间间隔取决于有效性检查和维修活动。

对于预定的完整性管理程序的ECDA，如果运营公司对间接检查发现的所有腐蚀迹象进行开挖检查，并对10年内可能造成破裂的所有缺陷进行修补，那么再检测的时间间隔就应为10年。如果运营公司只对一小部分有腐蚀迹象的地方进行开挖检查，并通过评价，保证10年内可能造成破裂的所有缺陷（置信度为80%）都得到修补，那么再检测的时间间隔就应为5年。

在ECDA的预定的完整性管理程序中，对于在等于或小于30%SMYS条件下运行的管段，可按以下因素确定再检测的时间间隔：维修等级、维修时间间隔及增加的管子壁厚。如果运营公司对间接检查发现的所有出现腐蚀迹象的地方进行开挖，并对20年内可能造成破裂的所有缺陷进行修补，那么重新检查的时间间隔就应为20年。如果运营公司只对一小部分有腐蚀迹象的地方进行开挖检查，并通过评价，保证20年内可能造成破裂的所有缺陷（置信度为80%）都得到修补，那么再检测的时间间隔就应为10年。

对整个ECDA方法的有效性检查，应至少进行一次另外的开挖检查。进行这种开挖的位置应在有这样一种涂层缺陷的地方：即预测靠近该地方有个最严重的、没有进行过直接检查的缺陷。应确定该处的腐蚀程度，并与直接检查预测出的最严重程度进行比较。

（1）如果实际腐蚀缺陷的严重程度不到预计最严重程度的一半，则确认ECDA的有效性。

（2）如果实际腐蚀缺陷的严重程度介于估计的最严重程度和估计的最严重程度的一半之间，则把估计的最严重程度增加一倍，并进行第二次验证开挖。如果检查得到的实际腐蚀严重程度又比估计的最严重程度小，则确认ECDA的有效性。否则，ECDA 方法可能不合适，运营公司必须重新评价和重新设定缺陷发展速度的预测值。运营公司必须按要求进行另外的直接检查，并报告后评价的评价结果。

（3）如果实际腐蚀缺陷的严重程度高于估计的最严重程度，则 ECDA 方法可能不合适，运营公司必须重新评价和重新设定缺陷发展速度的预测值。运营公司必须按要求进行另外的直接检查，并报告后评价的评价结果。

可以采用同一管段上以前开挖得到的历史数据，进行 ECDA 有效性检查。必须评价以前开挖的位置，确定其与 ECDA 方法开挖的位置一致，并使二者具有可比性。如由此确定了 ECDA 方法的有效性，就可以根据以前的腐蚀数据，估计最大腐蚀深度。

第四节　油气管道 ICDA 评价模型

一、ICDA 评价方法

内腐蚀直接评价法是一个评价通常输送干气、但可能短期接触湿气或游离水（或其他电解液）的输气管道完整性的结构性方法。通过局部检查电解质（如水）最易积聚的管道沿线的倾斜段，可了解管道其他部分的情况。如果这些位置没有腐蚀，那么其下游管段积聚电解液的可能性就更小，因此可以认为没有腐蚀，不需要检查这些下游管段。

ICDA 是通过对有限管段的检查，来评价整条管道的内腐蚀情况。如果在最有可能发生内腐蚀的检测点上没有发现严重腐蚀，则该管道的完整性得到了保证。如果在多处区域发现了腐蚀，在腐蚀还没有成为事故之前，用该方法可确定威胁管道完整性的潜在危险。

ICDA 的优点：（1）可通过对高事故发生区（HCA）外部管道的检测，来确保 HCA 内部的完整性；（2）该方法使用了成熟的技术，简单而直接；（3）可由现场工作人员来完成；（4）通过准确定位腐蚀区域来优化现有的检测方法（或其他评价工具）；（5）它可优化腐蚀监测位置的选择。

ICDA 的缺点就是不能将 ICDA 方法普遍用于湿气系统（如含饱和水的集输管道），主要有以下几个原因：

（1）对于一个气体流速恒定，含液量较小的系统，可用当前的 ICDA 方法来预测积液区域，并进行检查。但是，湿气系统含有大量的水，以至于所有倾角大于临界角的区域预计都会聚集液态水，直到充满管道为止。因此开挖点的数量变得很大。另外，水会沿着聚集点间管道不断向下流动。

（2）对于流速随时间变化的非稳定流管道，必须假定在某个时候，所有上坡倾角点都聚集了水。这意味着所有上坡段都会聚集水（即大约有一半的管道聚集了水）。对于两个方向运行的管道，另外一半管道也可能聚集了水。如果没有附加资料，将无法确定可能的腐蚀区域。

（3）腐蚀速率模型本身（例如，以气质为依据）有一定局限性，因为：① 不能用模型确定腐蚀区域；② 对于老化系统，气体环境是随时间变化的。如果假定沿管段腐蚀是均匀的（例如，只取决于气体性质），完全可用管段任意一处的单个检查点来代表整条管道，不必要再用预测方法来进行管道评价。

内腐蚀最有可能出现在最易积水的地方。预测积水位置可以作为进行局部检查优先级排序的方法。预测最易积水的位置，需要有管内多相流特征方面的知识。ICDA 方法适用于管道任意两个进气点之间的管段，除非新的输入或输出气体改变了电解液进入的可能性或流动特性。

在预计有电解液积聚之处要进行局部检测。对于大多数管道，估计需要进行开挖检查和进行超声波无损检测，以测定该处的剩余壁厚。管道某处一旦外露，可采用内腐蚀监测法（如挂片、探针和超声波传感器）进行检查，这种方法可以使运营公司延长再检测的时间间隔，并有利于对最易发生腐蚀的部位进行实时监测。某些情况下，最有效的方法是对部分管段进行内检测，并利用检测结果对下游清管器不能运行的管段进行内腐蚀评价。如果最易发生腐蚀的部位检查发现没有受损，则可保证该管道的大部分完整性良好。

ICDA 流程如图 6-17 所示（同时也考虑了可积聚液体的其他管道部位）。

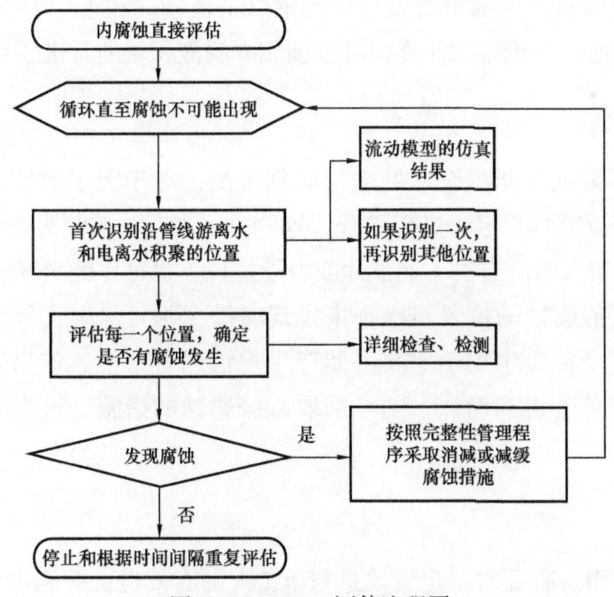

图 6-17　ICDA 评估流程图

1. 预评价

预评价确定 ICDA 是否适用于评价管道的内腐蚀情况。ICDA 方法适用于通常输送干气、但可能短期接触湿气或游离水（或其他电解液）的输气管道。预评价要求对设施进行描述，并收集有关操作和检测（包括管道破坏和修补）的相关历史数据。

如果可以证明某一管段从未有过水或其他电解液，那么该处的下游直到下一个进气点之前的管段，都不必进行 ICDA。如果经 ICDA 发现整条管道都有严重的腐蚀，对该条输气管道，ICDA 就不适用，应采用内检测或水压试验之类的其他完整性评价技术。

2. 局部检查点的选择

内腐蚀损伤最有可能出现在水最先积聚的地方。预测积水位置是确定局部检查点的主要方法。根据多相流计算，可预测积水位置，多相流的计算又取决于包括高程变化数据在内的几个参数。ICDA 适用于新输入量或输出量改变环境之前的任何管段。只有在电解液存在时才有可能腐蚀，腐蚀的存在又表明在该处有电解液。应当注意：没有腐蚀并不表明没有液体积聚。对于气流方向定期改变的管道，在预测水积聚的位置时，应考虑气流的方向，也就是说，液体可能在进气点的任何一侧或两侧积聚。

输气管道中液体含量较少时，电解液一般呈膜状或以滴状形式存在。膜状流动被视为主要的输送机理，因为大多数时间输气管道通常都输送干气，预计水滴会因良好的传质条件而蒸发。在含不饱和水的气相中，估计水滴会蒸发。流动气体产生的剪应力和管道倾斜产生的重力致使薄膜沿管道流动。在重力大于剪应力作用时，会发生水滞留。通过多相流的计算，可以预测电解液积聚的管道临界角度。

3. 局部检测

要在电解液最有可能积聚之处进行局部检测，对于大多数管道，往往要求开挖，并采用超声波壁厚测定法进行检查。这些方法和其他监测方法可以用于局部检测、某些时候，腐蚀监测方法（如试片或电子探针）也可作为局部检测方法。

如果最有可能腐蚀的位置经检查未发现腐蚀，则可保证大部分管段完整性良好，这就可以把资源集中用于更有可能产生内蚀的管道上。如果发现腐蚀，对管道完整性的潜在危险得到确认，则可采取减缓腐蚀的措施。这也说明这种方法是有效的。

4. 后评价

后评价的作用是验证对特定管段进行 ICDA 的有效性，并确定再评价的时间间隔，倾斜角度大于电解液积聚临界角的管段，运营公司必须在预测有水积聚地点的下游位置，再进行一次或多次开挖。如果最有可能腐蚀的部位，经检查未发现腐蚀，则可保证管道的大部分管段完整性良好。如果在管道倾斜角度大于电解液积聚临界角的地方发现腐蚀，则应对电解液积聚的管道临界倾斜角度进行重新评价，并另选几处地方进行局部检测。

二、ICDA技术详细操作步骤

1. 临界角概念

ICDA方法能被用来进行管道内部腐蚀的评价分析，并保证管道的完整性，这种方法是针对输送正常天然气管道，但经常遭受到短期的湿气和液体，电解液影响的管道开发的。ICDA的出发点是基于沿线检查管道的可疑点、并掌握一手的水、电解液积累信息，并进行分析评价腐蚀速率和剩余强度。如果发现沿着管道在可能积聚电解液的地方没有造成腐蚀，那么，其他地段就不可能产生电解液的积聚，更不可发生内部腐蚀，简单地说，腐蚀最可能在水积累的地方发生，用直接评估法评价内腐蚀的可能性，并且结合现有的检测方法将评价结果提供给操作运行人员，ICDA使用流体模型提供了一个框架，可以更加有效地使用直接检测方法。

由于一些原因，管道的内腐蚀难以定位和测量。绝大部分的内腐蚀探测和测量都依赖于管道内检测和可视化工具如智能内检测，由于物理上和化学上的一些因素，管道的一些部分不能够进行内检测。其他的检测技术如超声波技术和X射线技术是用来进行壁厚测量和管道外侧金属损失量的评估的，但是挖掘、清理和其他的物理条件约束决定了一次只能对很小的一块区域进行检测，ICDA技术提供了一种评估管道水聚集和内腐蚀的可能性，并且对关键区域进行鉴别从而提高检测方法的准确性和保证天然气管道正常运行的方法。一个对于关键部分水聚集具体的研究可以为管道系统其他部分提供相应信息。

ICDA有以下两个列出的具体程序：一是对于倾斜度大于临界角的区域的鉴别和选取；二是针对这个区域进行详细的腐蚀检查。临界角是指致使液体在管道里聚集的临界角度，促使切应力与液体的重力达到平衡的状态。如果检测没有发现腐蚀则可以认为下游也不太可能发生腐蚀，对于倾斜度最大的上游的最初位置的性能监测，能给我们提供这两点之间的管道完整性信息。通过对于各个易受影响管段的鉴定和监测，实现了对整个管道的内腐蚀评估。

如果评估最易发生内腐蚀的区域经检查发现没有损伤，可确定管道系统的完整性，如果在这些部位发现有腐蚀，就会出现一个潜在的完整性问题。

2. 数据收集ICDA区域腐蚀可行性分析

对于ICDA，通过搜集历史数据和当前数据来确定ICDA是否可行，评价的区域和范围确定，搜集的数据类型应该包括：建设数据、操作和运行历史记录，高程和管道埋深图，其他地面的检测记录，以前完整性评估和维护方面的检测报告。ICDA所要求的数据列于表6-10之中。

表 6–10　ICDA 方法数据要求

分类	条件
操作历史	输气气流方向有无改变，服务年限，压力波动
定义长度	所有进气口和出气口之间的距离，气出口和进口位置
高程	管道高程走向 GPS、埋深
特征 / 倾斜	穿路、河流、排污等
直径	内外径
压力	正常操作范围
流量	正常操作范围
温度	周边环境
水露点	假设＜7lb/MMSCF
脱水剂类型	例如：乙二醇的注入量和规律
扰动	例如：自然地、断断续续地、慢慢地
水压试压频率	有水存在
失效 / 泄漏位置	
其他数据	

气体输送管道 ICDA 的可行性由一系列的管道特征所确定，ICDA 的发展是以这些特征为基础的。第一个特征是输送的气体是干气（≤712g/m^3），另外受外界扰动的液态水分都蒸发为气相分散到干气中，这种条件允许短期的上游水聚集，但下游水的积聚和析出是不期望的，在这种限制条件下，如果水存在，将发生在沿着管道的孤立位置。如果这些管道没有被加缓蚀剂，没有内涂层提供腐蚀防护，不经常使用清管器清管，清管的次数少于造成腐蚀的次数，以至于水积聚在驻留的位置形成腐蚀，这个位置即是流体模拟预测的位置而不是下游的某个位置（如遗留在管线清管后的管线内部）。流体模型参数的范围包括来自预见的主要天然气输送管道，不受任何技术限制，边界条件是：最大的气流速度为 7.6m/s，管道尺寸为 0.1～1.2m，压力为 3.4～7.6MPa，整个管段相对为常温（在潮湿的地区，压缩机站出口温度可达 54℃）。

对于 ICDA，液态（游离）水被认为是腐蚀的主要源由，电解液、乙二醇和湿气被认为第二腐蚀源，其他腐蚀源则不被考虑（如试压用水），但液态碳氢化合物的影响，如碳氢冷凝析出物、液压油、压缩机防凝液、润滑油等对 ICDA 的影响应被考虑，这是因为腐蚀速率可能受这些条件影响。

管道长度在一段长度内被强调的是管道输入条件和输出条件，ICDA 过程考虑的管道长度不依赖于距离，但是，ICDA 应用条件是针对任何管长主要依赖于可能存在的电解液、流体特性、新的输入和输出条件的改变，温度和压力的改变也是 ICDA 考虑的单独分段因素，这是由于局部压力、温度下凝析液的析出影响或变化倾斜角的影响。

3. 流体模拟

ICDA 方法的第二步是流体模拟而不是地上检测，通常用来模拟最可能遭受腐蚀的位置。

ICDA 方法主要依赖于识别最可能积聚电解液的位置，并计算腐蚀速率。层流是液态水主要的输送方式，任何液滴可能以汽化的方式保存在气体之中，因为天然气输送管道在大多数的时候输送干气，液滴在气相中呈现未饱和状态，大多数的传输条件有利于液滴出现蒸发状态，液滴的表面积与体积之比较高，水直接暴露于气相之中，在液滴附近的气体流速较高，液滴水膜相比较而言不利于液态蒸发的质量传输特征。当作为液滴扩散挥发时，管底的液体表面积与体积之比较小，在液体表面的气体流速比气相液滴低得多，一种不易挥发液体的覆盖作用抑制了水的蒸发是可能的，薄膜流动是由运动的气体和管道倾斜角造成的重力分力施加的剪应力沿着管道驱动。

实施一系列的稳流流体模型模拟来预测水聚集的关键参数，为了将模拟的结果使用一个表达式，一个改进得到 FROUDE 参数 F 被推荐（代表重力与惯性应力作用在流体上单位面积上的比）：

$$F=\frac{\rho_1-\rho_g}{\rho_g}\cdot\frac{gd_{id}}{V_g^2}\cdot\sin\theta \tag{6-41}$$

$$F=0.36\pm0.08,\ \theta\leqslant0.5° \tag{6-42}$$

$$F=0.33+0.143\times(\theta-0.5),\ 0.5°\leqslant\theta\leqslant2° \tag{6-43}$$

$$F=0.56\pm0.018,\ \theta\geqslant2° \tag{6-44}$$

式中 ρ_1，ρ_g——分别为液体和气体密度；

g——重力；

V_g——气体速度；

θ——倾斜角；

d_{id}——管道内径。

气体的密度由压力和温度确定，在角度小于 0.5°,Froude 参数经计算为 0.35（有 0.07 的误差），在角度大于 2° 时，F 是 0.56（有 0.02 的误差），在角度大于 0.5° 小于 2° 时，多相流是层流到紊流的转变，F 在这个转变区域内线形插值。压缩因子 Z 被用来计算气体密度。

$$Z=\frac{pV}{nRT} \tag{6-45}$$

式中 p——压力；

V——体积；

R——常数；

T——温度；

Z——缺省值，对于气体标准状态，该值为 0.83。

流体模拟结果可用来预测水开始积聚的位置，如果水是被输入到管道内部的，水积聚管道上坡的位置，这是因为剪应力与重力达到平衡。对小范围区域管道明显特征（如穿路段）而言，水的积聚将产生在短的上坡区域段，因此需要指出的是这段需要检测和检查。在有大的高程起伏的区域，管道经过高山和陡坡地段，这时气体流速是变化的，在这段内确定液体积聚的位置更加困难。

倾斜角通常以角度给出，高程变化也给出，倾斜角的正弦值即通过距离和高程的变化得出：

$$\sin(\theta)=\frac{\Delta(\text{elevation})}{\Delta(\text{distance})} \tag{6-46}$$

倾斜角为：

$$\theta=\arcsin\left\{\frac{\Delta(\text{elevation})}{\Delta(\text{distance})}\right\} \tag{6-47}$$

倾斜角与水积聚的临界角对比可通过流体模型得出，第一个倾斜角要比水首次积聚的临界角大得多，与其他管长范围内的区域相比，这个位置最有可能是遭受腐蚀的区域。

4. 直接检测

对于 ICDA 按其最严格的定义直接检测是不行的，这是因为即使挖开管道，管道内部检测也是不能进行的，但是详细的检查是可能的，这种详细的检查包括一些技术（如腐蚀预测、腐蚀监测或检测），特别是开挖后超声波和射线检测是经常使用的一种方法。值得注意的是，一旦一个位置确定下来，通过安装腐蚀监测工具（如挂片、探针、超声波探头）可以允许运行人员增加检测次数，在某些易受腐蚀的地点做到实时监控，并从中受益。另外，腐蚀监测工具不只是安装在有异议的位置，而是其他位置也要安装，因此，假如腐蚀是随位置变化的，腐蚀挂片可以安装在任意位置，该位置不一定是腐蚀最严重的区域（管道末端）。对于 ICDA，可能应用到以下位置：这些位置的上游都使用了性价比最好的方式——运行内检测（ILI）工具，ICDA 可使用这些结果来评价下游不能内检测的管段位置。这是因为 ICDA 预测的腐蚀发生的概率在上游的可能要比下游大，通过上游完整性的验证可得出下游位置的腐蚀情况结论。

如果最易遭受腐蚀的位置被确定没有其他损伤，大部分管道的完整性已经被保证，那么，有限的资源可被利用在管道最容易遭受到腐蚀的地方，当然，如果腐蚀被发现，潜在的影响管道完整性的问题就被识别出来，这种方法被认为是成功的。

比较水积聚临界角和管道实际的倾斜角，就可确定需要检测和检查的位置，按照这种推理，这对选择多处腐蚀开挖位置是有帮助的，经过有效地进一步排查和使用更多的历史经验，这些腐蚀开挖点可能要改变，工业现场经验可帮助确定腐蚀点的位置和数量，并能增强识别内腐蚀的自信心。

对于管道在恒定速度下运行，第一个倾斜角比临界角大得多的位置代表着水第一次积聚的位置，所有上游具有较低倾斜角的位置不会引起水积聚，从而不可能发生腐蚀，所有的下游位置或者不可能出现水（因为水会积聚在上游并呈气态存在），或者只在上游管段已经全部充满液体沿管段流下的情况才发生腐蚀。在这种状况下，上游位置将有一段长期的暴露期，因此可能要遭受最严重的腐蚀。对于管道而言，在所有管道倾斜角小于管道内部水积聚的临界倾斜角的位置，最高处的倾斜角是管道长度内所关注。

大多数管道有一个从零到最大的气体速度范围，它使这套程序变得复杂了。严格上讲，在气体任意速度到最大速度的范围内，大倾斜角的管段将积聚水，但是在上游、较低的倾斜角位置处也可能引起管道内部水的积聚。基于此，针对倾斜角的检查，高于临界倾斜角可被用来评价下游管段的完整性。但是，上游管段的完整性仍然是未知的，如果有一段时期内管段的气体运行速度范围信息，若气体的速度的变化率较小并且表现明显，就可用工程判断方法来确定。

ICDA 方法程序步骤如图 6-18 所示。

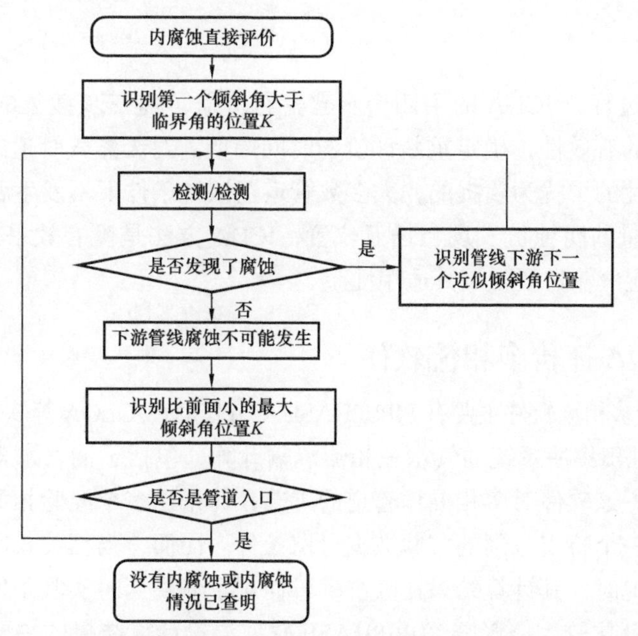

图 6-18 ICDA 程序流程图（K 代表将来按照标结果的验证持续改进）

（1）第一次找出管道倾斜角大于最大临界倾斜角的位置，最大临界倾斜角是由操作条件和流体模拟确定的，如果所有的倾斜角大于临界倾斜角，则沿管道长度找出最大倾斜角。

（2）在目标位置实施详细的检查和检测，如果没有发现腐蚀，得出结论下游腐蚀是不可能的，然而，如果速度范围（或其他相关参数）存在变化，则管段的临界角要比通常情况下小，上游的完整性不能通过下游倾斜角位置的检测确定。

（3）在上游初始、最高倾斜角位置详细地实施检查和检测，这将给下游中间倾斜角位置点提供完整性信息，同时也给下游第一个倾斜角大于最大临界倾斜角的位置提供完整性信息。

沿着大于临界倾斜角的选择位置，可将任何一个水积聚的地点作为检查点（如盲管、阀门、分支）等。当气体达到倾斜角大于临界倾斜角的位置，在上游固定安装设备关键游离水积聚处（如盲管、阀门、分支）的地段能够积聚水（或其他电解液），因此，这些固定安装的设备地段应该被检查，但这些不能代替对管子的检查，因为积聚的速率依赖于固定设备的几何形状。理想情况下，积聚在管道倾斜角大于临界倾斜角位置的水在充满和运输到下一个位置前要蒸发汽化。然而，某种工况下，管道内大量的液体充满了积聚点并被运输到下一个固定的接收地点，如果水的蒸发率是相似的，这种情况下坑洼位置确定为检测位置是可接受的，因为上游积聚点将暴露在水中很长时间（要经受很长时间的腐蚀），然而，如果坑洼形状有严格限制，那么在下游的坑洼内部腐蚀将会变得更加严重。

图 6-18 中的第二个关键要素表示直接检测，位置点的详细检查在步骤（2）中进行。

5. 后评估

后评估的过程是 ICDA 的第四个步骤，它覆盖了前三步搜集的所有数据的分析，评估过程的有效性，确定重新评价的时间周期。对天然气管道的 ICDA 是基于气体质量间断性的干扰为前提的，大多数管道在该种条件下不发生腐蚀或很少发生腐蚀，如果大量的腐蚀被发现在任意位置，ICDA 方法是没有效果的，将来 ICDA 方法可能针对湿气输送要强调其适用性。

三、ICDA 评价多相流软件

ICDA 评价多相流软件主要有 PIPEPHASE、PIPESIM、OLGA 等软件。PIPEPHASE 软件主要用于油田集油系统油气水三相流混输计算，包括了油气水多相混输管道的稳态计算模块。该软件对多相混输管道的工艺计算采用多个经验相关式，由于每个相关式都来自一个特定范围的实验数据录取条件。因而，当相关式用于与当时实验条件相近的工况时，其计算结果比较准确，而用于偏离当时实验条件工况时，其计算结果的误差就比较大。影响 PIPEPHASE 软件混输计算结果的主要因素有介质的流量、油气比、含水率、原油物性（黏度、密度以及流变性）以及混输管道的管径和管道长度等。

PIPESIM作为采油及集输工程计算、分析及设计工具，在油气工业中有着广泛的应用。PIPESIM软件具有油井模型、节点分析、人工智能提升优化、管道和工艺设备模型等稳态和多相流油气生产系统计算和模拟功能。

OLGA软件是开发最早的油气混输管流瞬态模拟软件，是目前世界领先的瞬态多相流模拟软件。可以模拟在油井、管线和油气处理设备中的油气水运动状态，其计算结果相对来说被世界各大石油公司所认可。OLGA已经被广泛应用在可行性研究工程设计和运行模拟中。OLGA还可用于模拟有问题的油井和输油管线，以求解决办法，找出最佳操作步骤并选择合理的控制系统。还可用于对正常生产过程中的实时模拟控制，用作于工程师训练模拟器。在工程实际中，准确模拟和预测混输工艺能够对油田混输技术方案和油田进一步开发、改造提供有效依据。需要说明的是，OLGA软件目前仍不包含流体物性计算模块，其组分数据的输入是通过PVTSIM软件模拟，然后生成OLGA适用的TAB文件。在OLGA中调用TAB文件来完成流体物性输入。

1. PIPEPHASE

多相流动具有复杂性，对混输管道工艺设计计算来说，目前还没有具有普通适用性的模拟计算公式。PIPEPHASE采用比较简单的经验计算公式组合，其数学计算模型比较简单，计算时间短。由于各个经验计算公式的适用范围不一样，同样的条件各个公式计算结果也有不小差异。因为在利用PIPEPHASE计算混输管道压降时，受经验公式的选取影响较大，不同的原油物性适用不同的经验公式。而由于PIPEPHASE软件没有根据不同条件自动选取相应适合公式的功能，计算受人为选择因素影响较大，对于某一条管线不同经验公式计算差异很大，无法单凭PIPEPHASE软件取得最接近实际的计算数据，必须利用试验和现场实际数据进行核实。

PipePhase是稳态多相流模拟器，用于油气生产网络和管道传输、分布系统计算的严格的稳态多相流模拟器，其前身是20世纪70年代由雪弗龙（Chevron）公司开发的多相流模拟软件，SimSci于1980年将其商业化，取名为PipePhase，目前最新版本为9.5版。PipePhase具有广泛的适用性，可用于从单井中关键参数的灵敏度分析，整个油气田跨年度设施规划的分析等各种工作。同时，通过对井下和井筒特征与地面设施进行集成，PipePhase成为全面生产分析工具的终结者。

PipePhase整合了现代油气生产方法和软件分析技术，形成了高效的油田设计和规划工具。PipePhase拥有详尽的物性数据库和友好的用户界面，可处理单相气液体、原油组成混合物和蒸汽、CO_2等各种流体类型，是全球油气生产和设计公司首选的解决方案。

1）应用范围

严格的多相流分析和详尽的热力学计算使得 PipePhase 适合于各种应用，如：

（1）油气生产和地面管网；

（2）天然气集输和分配管网；

（3）工艺管线两相流计算；

（4）公用工程管网（水、蒸汽、仪表风、消防水）；

（5）管线的传热分析；

（6）管线尺寸设计；

（7）节点分析；

（8）水合物生成分析；

（9）油气田的生产规划和资产管理研究；

（10）注蒸汽（水）网络；

（11）气举分析。

2）效益

（1）提高总体产量；

（2）改善油气井和流动管线的性能；

（3）改善管线和设备设计；

（4）整合油田开发和规划；

（5）减少操作费用；

（6）减少投资费用；

（7）提高工程设计的效率。

3）PIPEPHASE 软件的基本结构

PIPEPHASE 软件的基本组件如图 6-19 所示。

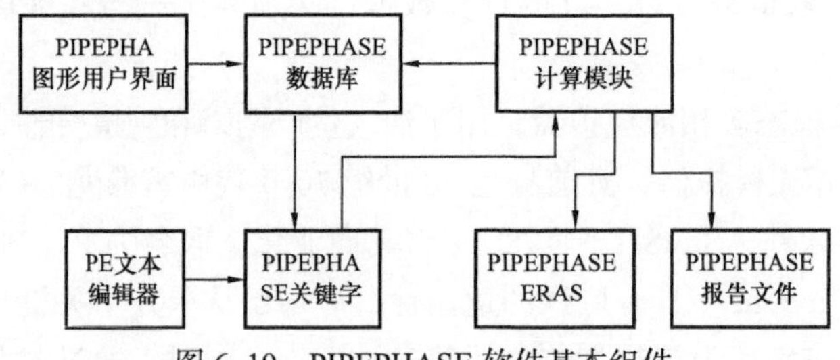

图 6-19　PIPEPHASE 软件基本组件

2. PIPESIM

PIPESIM 软件包为一多相流稳态模拟计算器，生产系统优化分析工具。PIPESIM Base System 是整个软件包的基础模块，其功能为：单井设计分析和人工举升、管道设计和管径优化、设备计算选型和优化。

PIPESIM–Net 是在 PIPESIM Base System 基础模块研究基础上，将井筒和地面生产管网进行统一建模和优化的高级分析工具，可对井和地面管网进行计算模拟分析。PIPESIM 基础模块和管网模块的联合可和油藏数模软件（Eclipse）连接，形成一体化的生产系统建模（从油藏到地面外输点）。

PIPESIM 对流体的描述分为黑油模型和组分模型。黑油模型可以对油、气、水三相，气液两相，以及单相液体进行计算模拟。组分模型可以对化学组分不同的碳氢化合物进行模拟计算。

PIPESIM 最大的特点就是系统的集成性和开放性，它可以模拟从油藏到地面处理站的整个生产系统。斯伦贝谢公司 PIPESIM 是世界公认的工程应用软件，是针对油藏、井筒和地面管网一体化的模拟与优化设计软件。PIPESIM 软件包为整个油气生产系统分析提供了多相流模拟工具。PIPESIM 工具包具有单井 / 单支管设计和分析、井网于地面管网模拟及从有藏到地面外输点的一体化分析三大功能，并能够与油藏模拟软件 ECUIPSE 进行联动分析，是为多任务项目组量身打造的世界一流软件。

1）应用范围

（1）综合的多相流模拟、节点分析及系统分析功能，典型应用包括：

① 单井设计；

② 单井优化；

③ 井流入动态模拟；

④ 气举设计；

⑤ 气举动态分析；

⑥ 电泵举升动态分析；

⑦ 水平井模拟（包括确定最优水平井段长度）；

⑧ 注入井设计；

⑨ 油管和环空流动模拟；

⑩ 生成油藏 VFP 表；

⑪ 在井设计的过程中模拟敏感性分析；

⑫ 计算结果与实测数据的比较。

（2）综合的多相流模拟以及系统分析功能，典型应用包括：

① 管道中的多相流模拟；

② 逐点产生压力和温度剖面；

③ 计算总传热系数；

④ 管道和设备动态分析（系统分析）；

⑤ 在管道设计的过程中模拟敏感性分析；

⑥ 计算结果与实测数据的比较。

（3）管网分析模块功能包括：

① 独特的管网求解算法来模拟大型管网中的井；

② 严格的管网组成部分的热动力学模拟；
③ 多环管网 / 流线功能；
④ 油井流入动态模拟功能；
⑤ 在复杂管网中严格的气举井的模拟；
⑥ 综合的管线设施模型；
⑦ 集输管网。

2）生产优化（GOAL）

该模块在系统中给定了一些约束后，可以对人工举升（气举或电潜泵）油田的生产进行优化。并能够预测最优的人工举升量，以便能优化整个油田的产油量。该模块进行逐点的管网模拟，有多相流的选项。而且，该模块还包括了一个独特的生产预测模块，允许对当前的油田产油速度和压力进行预测，并和实际数据进行对比。该模块主要应用于油田中多井管网系统每天的优化和气举分配。

GOAL 对某些实际的问题也给出了解决方案。例如，当关井后，可以得到多余的举升气和马力。而且，该模块也可以用来确定把多余的气如何以最佳的方案回配给剩余的井。对系统进行以天为单位的快速模拟时，井的模拟和优化过程是分开的。这样就可以通过具体的生产事例来对具体问题作出解答。输入数据是从单井动态模型中导入的，该单井模型是从多相流动模拟器中生成的，生成的形式为动态曲线的形式。要想得到正确的结果，必须对地面管网的压降进行仔细的核实。这是通过标准的多相流动关系式来预测压力损失和液体存容比的。在生产预测模式下，当前的单井生产速度是可以修正的。结果以表格、图表的形式来显示流动速率和压力。解决方案中包括一个综合的报告，包括每口井的要求注气量、操作速度、每个管汇处的流动速率和压力以及经济数据。

模型的特点包括：
（1）与油井分析模块的界面；
（2）求解多井混合的方案；
（3）允许井的生产动态模拟；
（4）为现场操作者提供解决方案；
（5）只适用于黑油模型。

3. OLGA

OLGA 是模拟烃类流体在油井、管道、管网中瞬、稳态多相流动的软件包，由挪威的 SINTEF（The Foundation for Scientific and Industrial Research at the Norwegian Institute of technology）和 IFE（The Institute for Energy Technology）联合开发，是 1984—1989 年期间一些挪威和国际石油公司（NorskHydro，Saga，Statoil，Esso，Texaco，Mobil，Conoco 和 Petro Canada）联合资助的两相流项目的产物。从 1989 年开始，OLGA 的商业化运作由 Scandpower AVS 负责。利用 SINTEF 多相流实验室的大规模

高压环道（长1km，主要为8in管；另有12in、4in等管径，压力可达90bar，实验介质为烃类流体和氮气或氟利昂）的实验数据，OLGA得到不断的改进，相继推出了1984年、1986年、1987年、1990年、1991年、1992年、1994年、1997年、2000年等版本，目前最新的是OLGA 6.2版。OLGA的开发和推广得到Conoco Norway，EIf Petroleum Norway，Mobil Exploration Norway，Norsk Agip，Norsk Hydro和Statoil等许多大型国际石油公司的支持。

OLGA软件目前不包含流体物性计算模块，其组分数据的输入是通过PVTSIM软件模拟，然后生成OLGA适用的TAB文件。在OLGA中调用TAB文件来完成流体物性输入。

PVTSIM是由Calsep公司提供，具有PVI模拟、水合物形成预测、结蜡结垢预测、多相闪蒸计算、回归分析、单元操作计算等功能。任选模块包括段塞跟踪（可跟踪水力学段塞、地形起伏引起的段塞、流量变化引起的段塞、清管引起的段塞、启输引起的段塞等）、三相流［气液水三相流（主要为层流）模拟］、管束（管束结构中单相流管和多相流管之间的传热计算）、土壤（埋地管道与土壤传热的二维模拟）、多相流泵（离心泵和容积式泵模拟）、腐蚀（井筒和管道内部CO_2腐蚀速率、分布规律计算）、蜡（井筒和管道内蜡沉积分布规律计算）、井筒（油气藏流入动态、钻井、试井和井喷过程模拟）、服务器（提供与其他模拟软件，如动态过程模拟器的接口）等模块。

1）应用范围

（1）管流计算；

（2）油井流入动态；

（3）完井设计；

（4）段塞控制；

（5）人工举升设计与优化（气举、电潜泵）；

（6）启动与关井；

（7）井筒及环空积液；

（8）传热分析；

（9）油井积水；

（10）欠平衡钻井培训；

（11）管径与路径；

（12）操作（段塞、启动、停输、产量变化管、内积液处理与清管、卸压）；

（13）传热计算（保温层与埋地管、水合物和蜡沉积、管束与复杂立管）；

（14）管道运行管理；

（15）段塞捕集器设计；

（16）海底分离器设计；

（17）控制器设计；

（18）抑制剂管理；

（19）火炬设计；

（20）停输分析（有计划停输、紧急停输、自动控制）；

（21）有害气体跟踪；

（22）过载保护；

（23）管道迸裂；

（24）阀门失效；

（25）低温安全分析；

（26）压力激动；

（27）水击；

（28）卸压；

（29）热交换器迸裂。

OLGA软件可以模拟计算多相混输管道的压降、温降、流型、持液率、流速、瞬时流量、累积流量等参数，还建有专门的段塞流跟踪模块，可预测段塞的位置、速度、长度、段塞体持液率等参数，具有预测流型、判断段塞生成、预测段塞特性的功能。该软件在预测管道内某一位置是否形成段塞及段塞特性时，不仅考虑管道参数、流动参数，还考虑整个管道走势、管段间、段塞间的相互作用和段塞体的相互影响等。

另外，OLGA软件还具有多相混输系统在线监测并进行生产状态预测模拟的功能，通过对生产状况的预测，为生产系统的操作运行提供指导，可用于多相混输现场生产系统的监测，为管道生产运行安全提供流动保障。

2）OLGA软件的组成

OLGA软件主要由物性处理程序和模拟计算程序两大部分组成。

（1）物性处理程序。

OLGA软件在模拟中所采用的油气介质物性是由丹麦Calsep公司开发的PvtSim物性处理软件提供的。这部分软件需要用户输入一定的油气物性分析数据，并选择相应的物性参数计算方法，该软件具有以下功能：

① 生成OLGA软件模拟计算所需的物性参数表；

② 进行两相或三相闪点计算；

③ 生成相态图；

④ 生成水合物形成条件的 P–T 曲线图。

（2）OLGA模拟计算程序。

OLGA模拟计算程序是软件的核心部分，主要功能是根据用户设定的条件来完成模拟计算，用户通过图形界面菜单（GUI）来调用数据输入、模拟计算、数据输出等相关的功能。OLGA软件的计算结果还可以通过内嵌的程序输出成EXECL文件，便于制作各种图表。

参考文献

[1] 徐晓刚，贾如磊，郑建国．油气储运设施腐蚀与防护技术［M］．北京：化学工业出版社，2013.
[2] 吴荫顺，曹备．阴极保护和阳极保护——原理、技术及工程应用［M］．北京：中国石化出版社，2003.
[3] 崔之健，史秀敏，李又绿．油气储运设施腐蚀与防护［M］．北京：石油工业出版社，2009.
[4] 郭昕．管道腐蚀缺陷剩余强度研究［J］．管道技术与设备，2018（1）：39-41.
[5] 路民旭．油气管道腐蚀缺陷检测与安全评价［C］// 中国科学技术协会．西部大开发科教先行与可持续发展——中国科协 2000 年学术年会文集．北京：中国科学技术出版社，2000.
[6] 赵金洲，喻西崇，李长俊．缺陷管道适用性评价［M］．北京：中国石化出版社，2005.
[7] 何仁洋．油气管道检测与评价［M］．北京：中国石化出版社，2009.
[8] 何利民，高祁．油气储运工程施工［M］．北京：石油工业出版社，2007.
[9] 石仁委，龙媛媛．油气管道防腐蚀工程［M］．北京：中国石化出版社，2008.
[10] 饶晓龙．埋地金属管道被动式弱磁检测技术研究［D］．南昌：南昌航空大学，2016.
[11] 卢泓方，吴晓南，Tom Iseley，等．国外天然气管道检测技术现状及启示［J］．天然气工业，2018，38（2）：103-111.
[12] 王秀丽，朱晓红，夏飞，等．管道内检测技术及标准体系发展现状［J］．石油化工自动化，2018，54（2）：1-5.
[13] 周燕，董怀荣，周志刚，等．油气管道内检测技术的发展［J］．石油机械，2011，39（3）：74-77.
[14] 彭星煜，梁光川，蒋宏业．油气管道运行与管理［M］．北京：石油工业出版社，2019.
[15] 赵金洲，喻西崇，李长俊．缺陷管道适用性评价技术［M］．北京：中国石化出版社，2005.
[16] 董绍华，费凡，王东营，等．油气管道完整性评价技术［M］．北京：中国石化出版社，2017.
[17] 陈敬和．管道外腐蚀直接评价技术［J］．油气储运，2011（7）：7-8，59-63.
[18] 罗旭．电磁法水下管道埋深检测及防腐层缺陷定位技术研究［D］．成都：西南石油大学，2015.
[19] 竺哲明，黄伟勇，郭伟灿．聚乙烯管道热熔对接接头的超声相控阵检测［J］．无损检测，2017，39（1）：61-65.

附录　埋地钢质管道外防腐层分级评价

本附录提出了埋地钢质管道外防腐层的分级评价指标。外防腐层状况不开挖检测评价可采用外防腐层电阻率（R_g 值）、电流衰减率（Y 值）、破损点密度（P 值）等不开挖检测指标进行分析，评价指标见附表 1 至附表 3。

附表 1　外防腐层电阻率 R_g 值分级评价

防腐类型	R_g 值，kΩ·m²			
	1	2	3	4
3LPE	$R_g \geqslant 100$	$20 \leqslant R_g < 100$	$5 \leqslant R_g < 20$	$R_g < 5$
硬质聚氨酯泡沫防腐保温层和沥青防腐层	$R_g \geqslant 10$	$5 \leqslant R_g < 10$	$2 \leqslant R_g < 5$	$R_g < 2$

注：本标准中 R_g 值是基于线传输理论计算所得；电阻率是基于标准土壤电阻率 10Ω·m。

附表 2　外防腐层电流衰减率 Y 值分级评价

外防腐层类型	管径，mm	Y 值，dB/m			
		1	2	3	4
3LPE	323	$Y \leqslant 0.013$	$0.013 < Y \leqslant 0.06$	$0.06 < Y \leqslant 0.129$	$Y > 0.129$
	660	$Y \leqslant 0.02$	$0.02 < Y \leqslant 0.072$	$0.072 < Y \leqslant 0.158$	$Y > 0.158$
	813	$Y \leqslant 0.021$	$0.021 < Y \leqslant 0.078$	$0.078 < Y \leqslant 0.2$	$Y > 0.2$
硬质聚氨酯泡沫防腐保温层和沥青防腐层	219	$Y \leqslant 0.08$	$0.08 < Y \leqslant 0.11$	$0.11 < Y \leqslant 0.2$	$Y > 0.2$
	323	$Y \leqslant 0.093$	$0.093 < Y \leqslant 0.129$	$0.129 < Y \leqslant 0.216$	$Y > 0.216$
	529	$Y \leqslant 0.11$	$0.11 < Y \leqslant 0.15$	$0.15 < Y \leqslant 0.23$	$Y > 0.23$
	660	$Y \leqslant 0.112$	$0.112 < Y \leqslant 0.158$	$0.158 < Y \leqslant 0.24$	$Y > 0.24$
	813	$Y \leqslant 0.114$	$0.114 < Y \leqslant 0.2$	$0.2 < Y \leqslant 0.28$	$Y > 0.28$
	914	$Y \leqslant 0.15$	$0.15 < Y \leqslant 0.24$	$0.24 < Y \leqslant 0.3$	$Y > 0.3$

注：（1）Y 是基于标准土壤电阻率 10Ω·m 情况下的计算值，根据实际情况，在试验分析的基础上，分界点可以适当调整。

（2）dB 值 $=20|\lg(I_1/I_2)|$，I_1，I_2 为相邻 2 个检测点的实测电流值，此电流值为在管道上施加 128Hz 电流的检测值，仪器采用不同频率时，分级评价可参照执行。

（3）位于两者之间的管径，采用插值法，位于表中所列范围之外的，参照表中最接近的管径执行，可据经验进行适当调整。

附表 3　不同外防腐层破损点密度 P 值分级评价

防腐层类型	P 值，处 /100m			
	1	2	3	4
沥青防腐层和硬质聚氨酯泡沫防腐层	$P \leqslant 0.2$	$0.2 < P < 1$	$1 \leqslant P \leqslant 2$	$P > 2$
三层 PE 防腐层	$P \leqslant 0.1$	$0.1 < P < 0.5$	$0.5 \leqslant P \leqslant 1$	$P > 1$
环氧粉末防腐层	$P \leqslant 0.1$	$0.1 < P < 0.5$	$0.5 \leqslant P \leqslant 1.5$	$P > 1.5$

注：相邻最小距离不超过 2 倍管道中心埋深的两个破损点可当作 1 处。